职业教育课程改革规划新教材
机电类专业教学与考工用书

机械加工基础

主　编　吴光明
参　编　邓承志　马　广
缪遇春　刘惠强　谭卫锋
主　审　胡松涛

机 械 工 业 出 版 社

本书是根据当前职业教育的人才培养要求，邀请长期工作在教学第一线、具有丰富教学和工厂实践经验的专家编写的。

本书包括金属切削加工基础、金属切削刀具、机械加工工艺规程、典型零件的机械加工、工件的定位与装夹、各类机床夹具六章内容。

本书以培养学生掌握金属加工与夹具及其定位的基础知识、了解机械制造所必须掌握的基础知识为目标。本书可作为各类职业院校机械类专业的教材，也可作为国家职业技能鉴定培训用书。

图书在版编目（CIP）数据

机械加工基础/吴光明主编. —北京：机械工业出版社，2011.7（2018.6重印）

职业教育课程改革规划新教材

ISBN 978-7-111-35171-9

Ⅰ.①机… Ⅱ.①吴… Ⅲ.①机械加工－职业教育－教材 Ⅳ.①TG506

中国版本图书馆CIP数据核字（2011）第123896号

机械工业出版社（北京市百万庄大街22号 邮政编码100037）

策划编辑：汪光灿 责任编辑：汪光灿 王莉娜

版式设计：张世琴 责任校对：肖 琳

封面设计：王伟光 责任印制：李 昂

中国农业出版社印刷厂印刷

2018年6月第1版第4次印刷

184mm×260mm · 13.25印张 · 321千字

标准书号：ISBN 978-7-111-35171-9

定价：33.00元

前　言

本书是根据当前职业教育的人才培养要求，邀请长期工作在教学第一线、具有丰富教学和工厂实践经验的专家编写的。

“机械加工基础”是机械类专业的一门重要的技术基础课程，该课程具有基础性、实用性、知识性、实践性与创新性等特点，是培养现代复合型人才的重要基础课程之一。本书注重学生获取知识、分析问题与解决工程技术问题能力的培养，并且注重学生素质与创新思维能力的培养。

本书共分六章，第一章介绍了金属切削加工基础知识；第二章介绍了金属切削刀具的相关知识；第三章讲述了机械加工工艺规程；第四章介绍了几种典型零件的机械加工工艺，主要内容都结合加工实例进行了细致的分析；第五章讲述了工件的定位原理与装夹方法；第六章介绍了生产中常用的各类机床夹具。

在内容的选择和编写上，本书有如下特点：

1. 编写力求适应机械类专业的应用实际，处理好基础知识与现代新技术的关系；内容的选择和安排上既系统丰富又重点突出，每个章节既相互联系又相对独立，以便适应不同学习背景、不同学时和不同层次的学生选用。

2. 介绍机械加工基础的概念时，力求反应机械加工领域的新产品、新工艺、新方法，努力使本书成为一本内容先进，能开阔学生视野、培养学生的创新素质和能力的教材。

3. 在内容的选择上，考虑到了机械类各专业的不同需要，使本书具有一定通用性的同时，删除了大量过时的内容，扩充了现代制造技术的新知识，以适应生产发展的需要。

4. 为加深学生对课程内容的理解，掌握和巩固所学的基本知识，在分析问题和独立解决问题的能力方面得到应有的训练，在每章后都附有习题，供学生学完有关内容后及时进行消化和复习。

5. 在内容的安排上，基本理论叙述以够用为度，注重与实际操作的结合，突出了模具应用与制造相关的基础知识，大量采用了来自生产一线的实例，使教学内容更加贴合生产实际，注重了学生实际动手能力的培养。

本书从培养机械类专业人才的角度出发，本着以综合素质为基础、以能力为本位的原则，以企业需求为基本依据、以就业为导向，适应企业技术发展，从生产实践角度精选内容，系统介绍机械加工、模具制造的相关知识和技能，帮助同学学习掌握机械加工的基础知识。

本书围绕中高级模具工、数控加工操作工职业岗位基础知识的要求，合理地安排了内容，将机械制造理论与技能有机地结合起来，针对性、实用性强，适合职业院校机械类专业学生的专业学习和国家职业技能鉴定考工培训使用。本书的教学目标是：培养学生掌握金属切削原理、刀具、加工工艺与夹具及其定位的基础知识，了解机械加工所必须掌握的基础知识，为后续课程打下坚实的基础。

本书由吴光明任主编，胡松涛任主审。参加编写的人员及分工如下：邓承志编写了第一章，马广编写了第二章，缪遇春编写了第三章，吴光明编写了第四、五、六章，刘惠强、谭卫锋、杨书参与了部分章节的编写工作。全书由吴光明统稿。在编写过程中，相关院校及企业给予了大力支持，在此一并表示衷心的感谢。

为方便教学，本书配备了助教课件，凡选用本书作为授课教材的教师均可登录 www. cmpedu. com 以教师身份免费下载，或来电咨询：010－88379201。

限于编者的水平，书中难免有错误和不妥之处，恳请广大读者批评指正。

编者

目 录

第一章

金属切削加工基础

【学习目标】

1. 了解金属切削加工的特点。
2. 了解金属切削加工的种类。
3. 理解不同加工方法的原理。

第一节　切削加工及其分类

一、切削加工的概念

用切削刀具从工件上切除多余的金属材料，从而使工件的形状、尺寸精度及表面质量都合乎预定要求的加工，称为切削加工，如图 1-1 所示为部分切削加工实例。

a）

b）

c）

d）

图 1-1　部分切削加工实例

a）车削加工　b）铣削加工　c）钻削加工　d）磨削加工

要切下金属，必须使刀具和工件之间有相对运动，例如用车床加工时，工件必须旋转，车刀必须做直线（或曲线）运动；用铣床加工时，铣刀必须旋转，工件必须做直线（或曲线）运动；用刨床加工时，工件和刨刀之间必须有相对的直线往复运动和垂直于直线往复运动方向上的移动。总之，只有在刀具和工件产生相对运动的情况下，才能实现对金属材料的切削加工。

二、切削加工的种类

金属材料的切削加工有许多分类方法，常见的有按工艺特征分类、按材料切除率和加工精度分类和按表面成形方法分类三种。

1）按工艺特征不同，切削加工一般可分为车削、铣削、钻削、刨削、磨削、镗削、铰削、插削、拉削、锯削、研磨、珩磨、抛光、齿轮加工和蜗轮加工等。

2）按材料切除率和加工精度不同，切削加工可分为粗加工、半精加工、精加工、精整加工、修饰加工和超精密加工等。

3）按表面成形方法不同，切削加工可分为刀尖轨迹法、成形刀具法和展成法。

其中，用刃形和刃数都固定的刀具进行切削的方法有车削、钻削、镗削、铣削、刨削、拉削和锯削等；用刃形和刃数都不固定的磨具或磨料进行切削的方法有磨削、研磨、珩磨和抛光等。

三、切削加工的原理特点

总的来说，切削加工的原理就是利用刀具和工件产生相对运动来实现对金属材料的切削加工。下面介绍的是车削加工、铣削加工、钻削加工、刨削加工和磨削加工的特点。需要注意的是，相同的加工方法，用的机床可能不尽相同，例如都是车削加工，可能用的是普通车床，也可能用的是数控车床；同样是普通车床或者数控车床，可能是卧式车床也可能是立式车床。

1. 车削加工的特点

车削加工是在车床上利用工件的旋转运动和刀具的直线（或曲线）运动来加工各种回转体表面的方法，如图 1-2 所示为车床与车削加工及其工件。车削运动的特点：工件的旋转运动为主运动，刀具的直线（或曲线）运动为进给运动。

a）

b）

c）

图 1-2 车床与车削加工及其工件

a）车床 b）车削加工 c）加工工件

车削加工是机械加工中应用最为广泛的加工方法之一，其加工范围很广（见图 1-3）。在机械加工中，车床占机床总数的 1/3 以上。无论是在大批量生产、单件小批量生产还是在机械维护修理方面，车削加工都占有非常重要的地位。

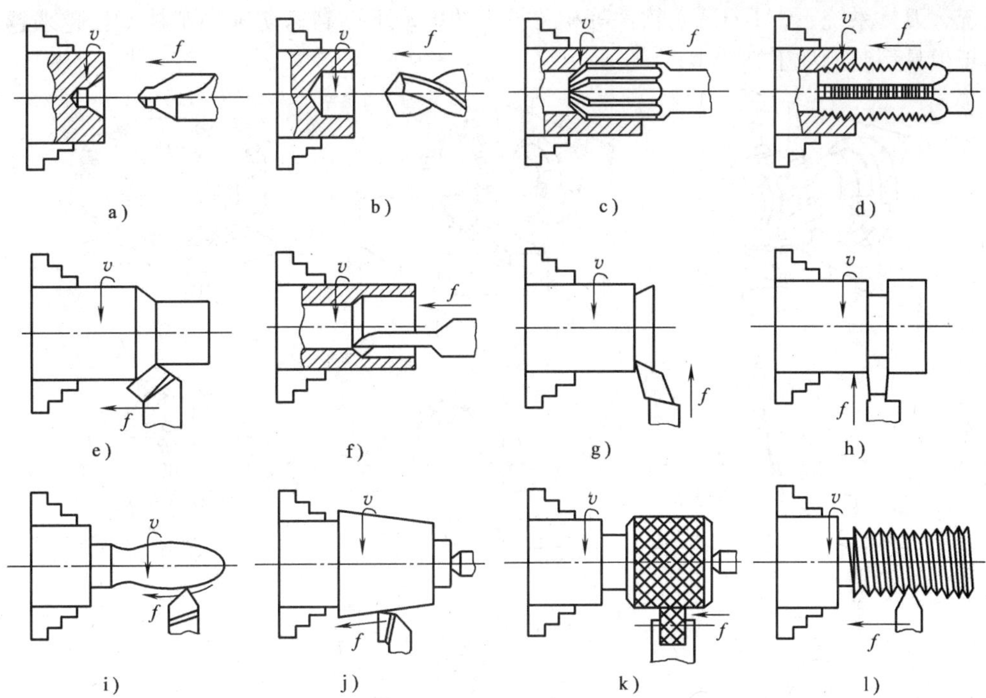

图 1-3　车床的加工范围

a）钻中心孔　b）钻孔　c）铰孔　d）攻螺纹　e）车外圆　f）车内孔
g）车端面　h）切槽　i）车成形面　j）车锥面　k）滚花　l）车螺纹

2. 铣削加工的特点

铣削加工是在铣床上利用刀具的旋转运动和工件的移动（或转动）来加工工件的方法，如图 1-4 所示为铣床与铣削加工及其工件。铣削运动的特点：刀具的旋转运动为主运动，工件随工作台的移动为进给运动。

a)

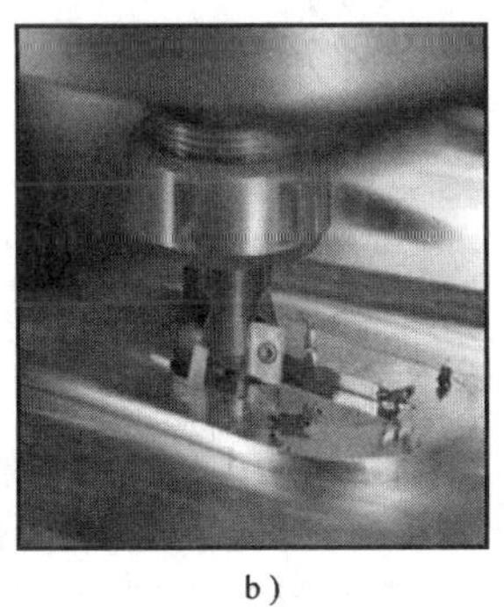
b)

c)

图 1-4　铣床与铣削加工及其工件

a）普通铣床　b）铣削加工　c）加工工件

铣削加工是机械加工中应用最为广泛的方法之一，其加工范围非常广（见图 1-5）。在模具制造中，铣床约占机床总数的一半，所以铣削加工的地位相当重要。随着数控技术的发展，出现了高速铣削加工，该加工最突出的优势是可以获得较高的金属切除率、很高的加工精度和良好的加工表面质量。随着对高速加工技术研究的不断深入，尤其是在加工机床、数控系统、刀具系统、CAD/CAM 软件等相关技术的推动下，高速切削加工技术已越来越多地应用于模具型腔的加工制造中。

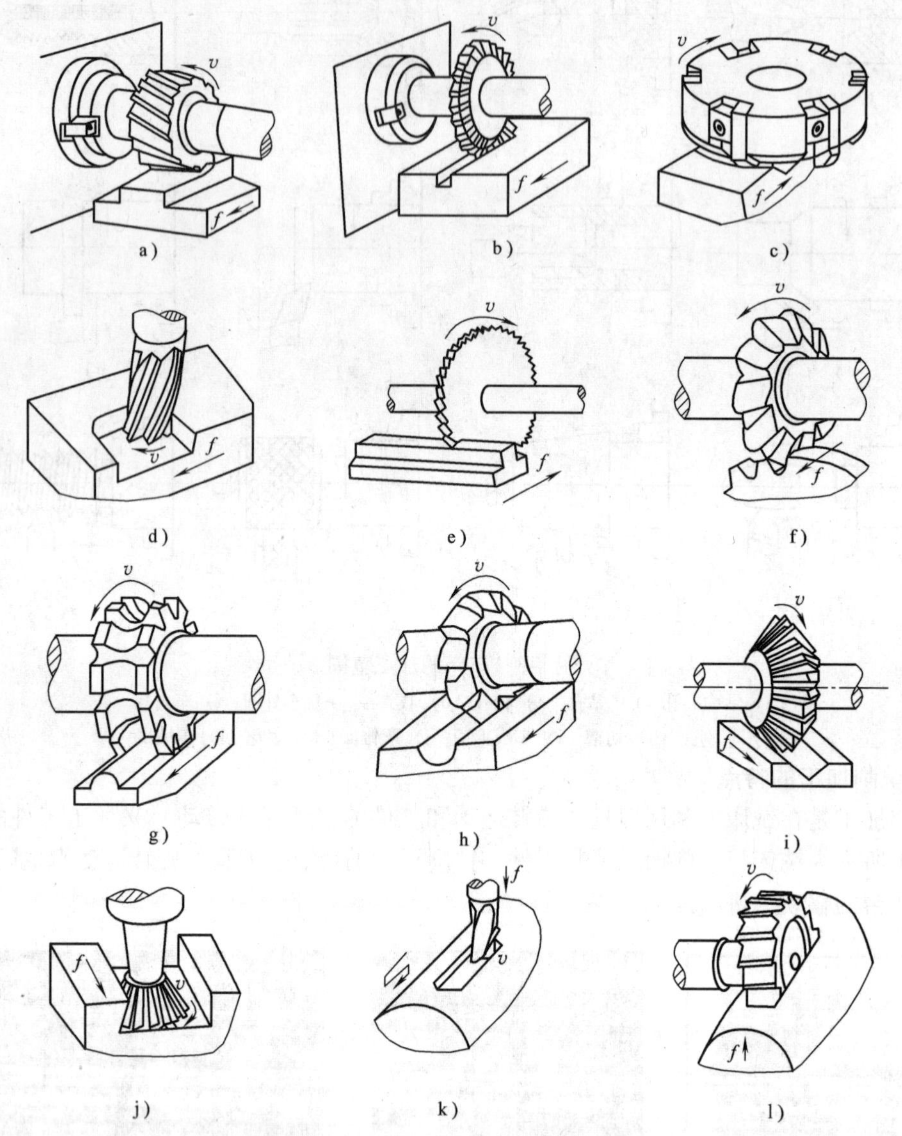

图 1-5 铣床的加工范围

a）圆柱铣刀铣平面 b）三面刃铣刀铣台阶面 c）面铣刀铣平面 d）立铣刀铣凹面 e）锯片铣刀切断 f）齿轮铣刀铣齿轮 g）凹半圆铣刀铣凸圆弧面 h）凸半圆铣刀铣凹圆弧面 i）角度铣刀铣 V 形槽 j）燕尾槽铣刀铣燕尾槽 k）键槽铣刀铣键槽 l）半圆键槽铣刀铣半圆键槽

3. 钻削加工的特点

钻削加工是在钻床上利用刀具的旋转运动和刀具从上到下的移动来加工工件的方法。钻削运动的特点是：刀具的旋转运动为主运动，刀具从上到下的移动为进给运动。钻削加工的目的就是钻孔，如图 1-6 所示为钻床与钻削加工及其加工的孔。

4. 刨削加工的特点

刨削加工是在刨床上，工件与刀具产生相对的直线往复运动，工件（或刀具）在垂直

a) b) c)

图 1-6 钻床与钻削加工及其加工的孔

a）钻床 b）钻削加工 c）钻头与加工的孔

于往复运动方向上做间歇的移动，用这种方式来进行切削加工的方法。刨削运动的特点是：工件和刀具之间相对的直线往复运动为主运动，工件（或刀具）在垂直于往复运动方向上做间歇的移动为进给运动。如图 1-7 所示为刨床与刨削加工及其加工工件。

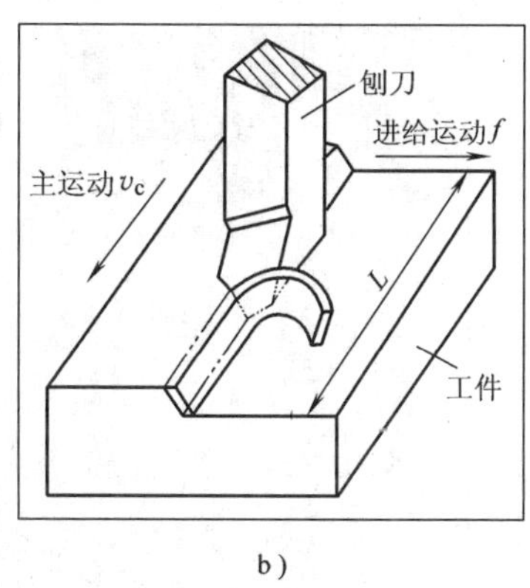

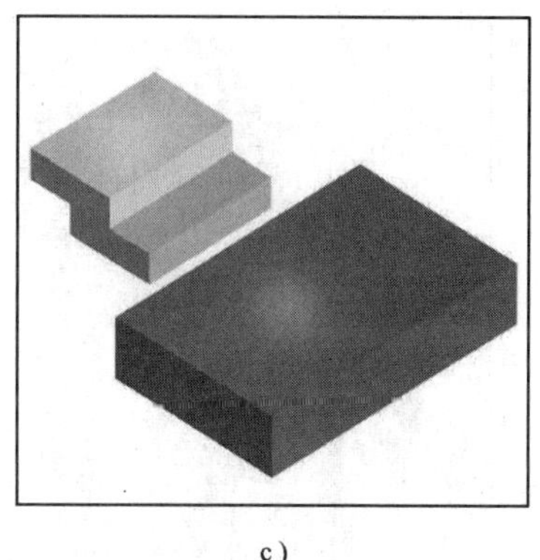

a) b) c)

图 1-7 刨床与刨削加工及其加工工件

a）刨床 b）刨削加工 c）加工工件

刨床可以加工各种平面，在一些特殊装置下还可以加工一些曲面。刨床有不同的种类，其中牛头刨床主要是用来加工比较短的平面；龙门刨床主要用来加工尺寸比较大的平面。因为加工平面的效率比较低，一般刨床用于批量小而产品种类比较多的情况。在加工比较大批量平面的时候，一般都选用铣床等机床，所以刨床在一般工厂很少见到，但在加工狭长平面的时候，龙门刨床在多刀加工的时候效率很高，甚至超过铣床。刨床加工成本低、刀具简单，且比较灵活。

5. 磨削加工的特点

磨削加工是利用砂轮的旋转运动以及工件和砂轮的相对移动来加工工件的方法，其切削运动的特点是：砂轮的旋转运动为主运动，工件和砂轮的相对移动为进给运动。磨削加工的形式有平面磨削、外圆磨削、内圆磨削和切割磨削，如图 1-8 所示。平面磨削、外圆磨削和内圆磨削都是在磨床上进行的，而切割磨削用的是砂轮切割机。

磨削加工的切削是靠砂轮表面的磨粒完成的。砂轮表面有无数尖锐的磨粒和无数圆钝的磨粒，砂轮高速旋转时，尖锐的磨粒以极高的速度从工件表面切下一条条极细微的切屑，圆

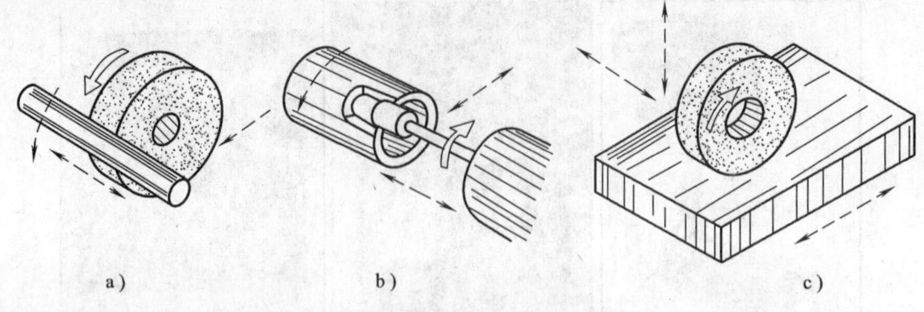

图 1-8　磨削加工的形式
a）外圆磨削　b）内圆磨削　c）平面磨削

钝的磨粒又起到挤压、抛光的作用，所以经过磨削加工的表面残留面积的高度极小，表面质量较好。一般来说，刀具加工属于粗加工或半精加工，而磨削加工属于精加工。磨削加工易获得较高的加工精度，在一般的加工条件下，其精度都可以达到 IT5 ~ IT6。对硬材料的精加工或高精加工，常常选用磨削加工。目前，磨削加工是应用最为广泛的精加工方法之一，如图 1-9 所示为磨床与磨削加工。

a）

b）

图 1-9　磨床与磨削加工
a）磨床　b）磨削加工

第二节　切削运动

一、零件加工表面的形成

机械零件的形状很多，但分析起来，组成零件的表面主要有以下几种：

1）圆柱面。是以直线为母线、以圆为轨迹，且母线垂直于轨迹所在平面做旋转运动时所形成的表面，如图 1-10a 所示。

2）圆锥面。是以直线为母线、以圆为轨迹，且母线与轨迹所在平面相交成一定角度做旋转运动时形成的表面，如图 1-10b 所示。

3）平面。是以直线为母线、以另一直线为轨迹做平移运动时所形成的表面，如图1-10c所示。

4）成形面。是以曲线为母线、以圆为轨迹做旋转运动或以直线为轨迹做平移运动时所形成的表面，如图 1-10d、图 1-10e 所示。

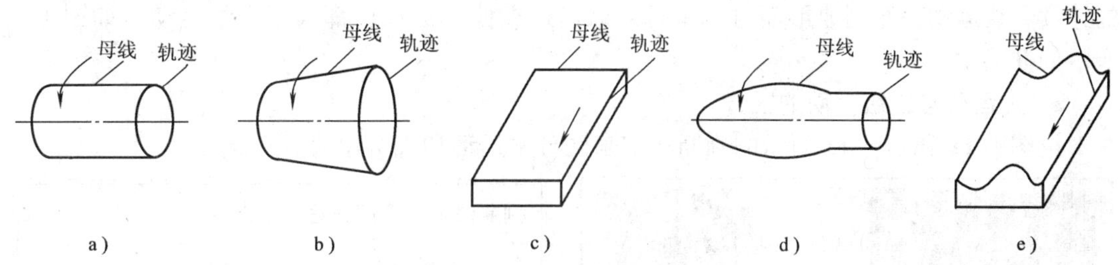

图 1-10 零件加工表面的形成

a）圆柱面 b）圆锥面 c）平面 d)、e）成形面

二、切削运动的分类

零件表面都是靠刀具与工件之间一定的相对运动，即切削运动形成的。按切削运动所起的作用，切削运动可分为主运动和进给运动。

1. 主运动

主运动是切屑被切除下来所需要的最基本的运动。在切削运动中，主运动的速度最高、消耗的功率最大，且主运动只有一个，其运动形式有旋转运动和直线往复运动两种。车削外圆时，工件的旋转运动；磨削外圆面时，砂轮的旋转运动；钻孔时，钻头的旋转运动；铣削平面时，铣刀的旋转运动；刨削平面时，刨刀的直线往复运动；都属于主运动，如图 1-11 所示的 I 运动。

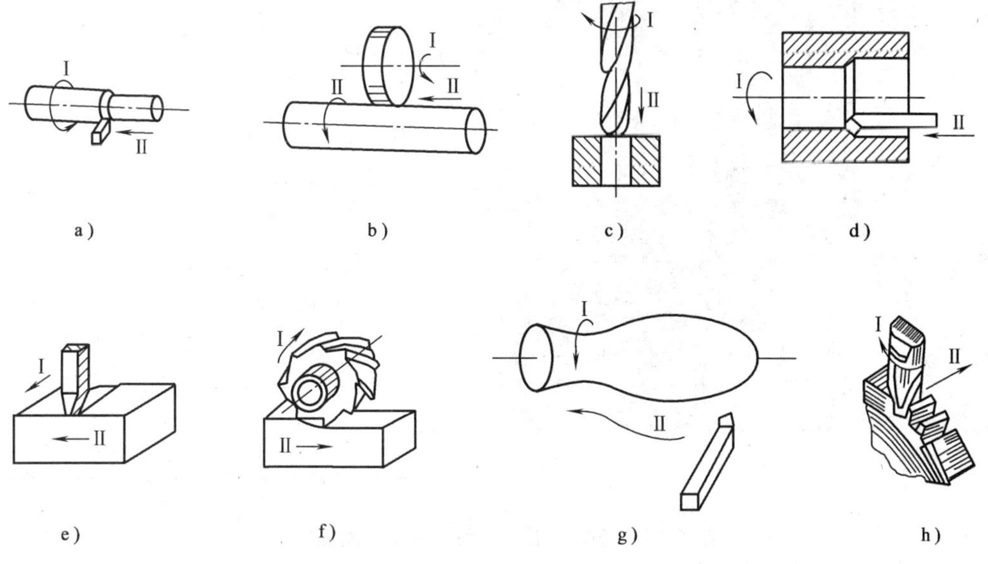

图 1-11 切削运动

a）车削外圆 b）磨外圆面 c）钻孔 d）车削内孔 e）刨平面 f）铣平面 g）车成形面 h）铣成形面

2. 进给运动

进给运动是使刀具连续切下金属层所需要的运动，进给运动可以由一个或多个运动组成，通常它的速度较低、消耗动力较少，其形式也有旋转运动和直线运动两种。进给运动可以是连续的，也可以是间歇的。磨削外圆面时，砂轮的纵向连续直线运动和工件的旋转运动；钻孔时，钻头向下的直线运动；刨削平面时，工件的间歇直线运动；铣削平面时，工件的连续直线运动；车削成形面时，车刀的纵向连续曲线运动；都属于进给运动，如图 1-11 所示的Ⅱ运动。

3. 主运动与进给运动的区分

按图 1-12 和图 1-13 所示的判断法则来区分主运动和进给运动。

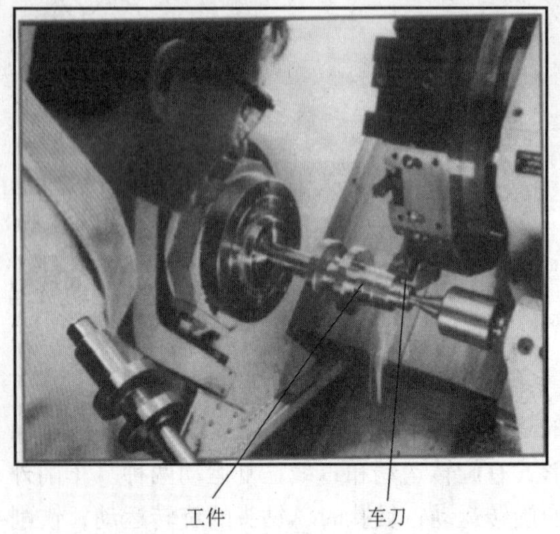

判断法则（三问三答一结果）：

（1）几个运动？

答：两个。

（2）什么运动？

答：工件有旋转运动和车刀的直线运动。

（3）哪个速度最高、功耗最大？

答：工件的旋转运动。

结果：工件的旋转运动为主运动；其他的运动（即车刀的直线运动）为进给运动。

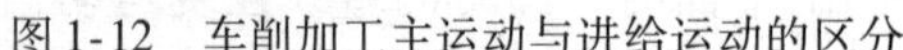

图 1-12　车削加工主运动与进给运动的区分

判断法则（三问三答一结果）：

（1）几个运动？

答：3 个。

（2）什么运动？

答：工件的旋转运动、砂轮的旋转运动、砂轮往左（或往右）的移动。

（3）哪个速度最高、功耗最大？

答：砂轮的旋转运动。

结果：砂轮的旋转运动为主运动；其他的运动（即工件的旋转运动、砂轮的左右移动）为进给运动。

图 1-13　磨削加工主运动与进给运动的区分

4. 加工过程中形成的三种表面

工件在切削过程中将形成三种表面，如图 1-14 所示：

1）待加工表面。是指工件上有待切除的表面。

2）已加工表面。是指工件上经刀具切削后产生的表面。

3）过渡表面。是指由切削刃形成的那部分表面。

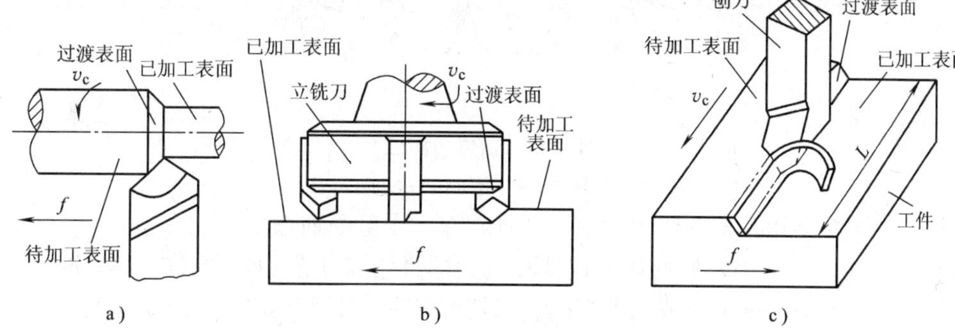

图 1-14 加工过程中形成的三种表面

a）车削外圆 b）铣削平面 c）刨削平面

值得注意的是，三种表面会随着加工时间的变化而变化。例如，粗车外圆时，在同一次进给车削中，随着时间的变化，待加工表面会由长变短，过渡表面会随着车刀的移动而移动，从工件的一端移向另外一端，已加工表面会由短变长；下一次进给车削时，前次进给车削时的已加工表面就变成了待加工表面，而过渡表面和已加工表面将在车削中产生。

第三节 金属切削过程及其物理现象

金属的切削过程实际上是切屑形成的过程，在这个过程中，切削力、积屑瘤、加工硬化和刀具磨损等都直接对加工质量和生产效率产生很大的影响。所以，理解切削过程及其物理现象对实际生产有非常重要的意义。

一、切屑的形成过程及切屑的种类

1. 切屑的形成过程

金属的切削过程是被切削金属层在刀具切削刃和前刀面的挤压作用下而产生剪切、滑移变形的过程。切削金属时，切削层金属受到刀具的挤压开始产生弹性变形（第一阶段）；随着刀具的推进，应力、应变逐渐加大，当应力达到材料的屈服强度时产生塑性变形（第二阶段）；刀具再继续切入，当应力达到材料的抗拉强度时，金属层被挤裂而形成切屑（第三阶段）。实际上，由于加工材料的性能与切削条件等不同，上述过程的三个阶段不一定能完全显示出来。

2. 切屑的种类

工件材料的塑性不同，刀具角度及切削用量不同，会形成不同类型的切屑，并对切削加工有不同的影响。常见的切屑分为三种，如图 1-15 所示。

（1）带状切屑 使用较大前角的刀具，以较高的切削速度和较小的进给量切削塑性材料时，容易形成带状切屑。形成带状切屑时，切削过程中的切削力和切削热均较小，切削过程较平稳，加工表面较光洁，但切屑连续不断，会缠在工件或刀具上，影响工件的质量且不

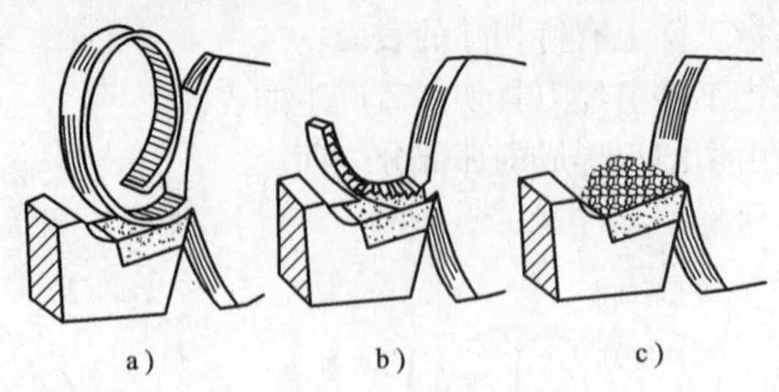

图 1-15　切屑的种类

a）带状切屑　b）节状切屑　c）崩碎切屑

安全，生产中通常要用其他办法协助断屑（如在车刀上磨断屑槽）。

（2）节状切屑　采用较低的切削速度和较大的进给量切削中等硬度的钢材料时，容易形成节状切屑。这种切屑的形成是典型的金属切削过程，由于其切削力波动较大，故工件表面一般比较粗糙。

（3）崩碎切屑　在加工铸铁、青铜等脆性材料时，易形成崩碎切屑。产生崩碎切屑时，切削力和切削热都集中在主切削刃和刀尖附近，刀尖易磨损，容易产生振动，影响加工表面质量。

二、积屑瘤和加工硬化

在一定条件下切削塑性金属材料时，往往在前刀面上靠近切削刃处粘结着一小块很硬的楔形的金属，这块金属叫做积屑瘤，又叫刀瘤，如图 1-16 所示。

1. 积屑瘤的形成

切削塑性金属时，在一定的切削条件下，随着切屑和刀具前刀面温度的升高、压力的增大，摩擦阻力增大，使切削刃处的切屑底层流速降低。当摩擦阻力超过这层金属与切屑本身分子间的结合力时，这部分金属便粘附在切削刃附近，形成楔形的积屑瘤。

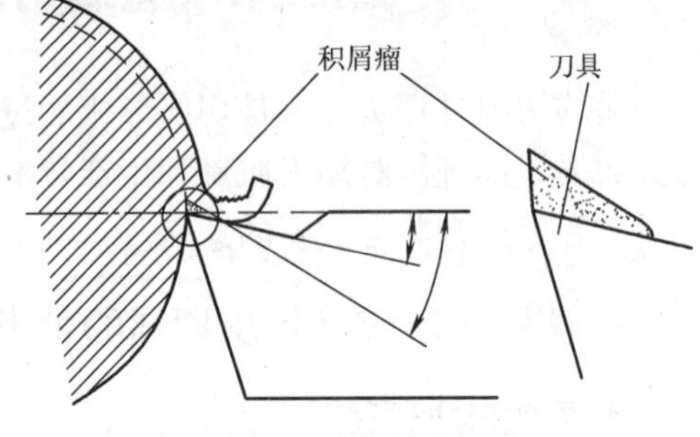

图 1-16　积屑瘤

2. 积屑瘤对切削加工的影响

积屑瘤经过强烈的塑性变形而被硬化，其硬度很高，可代替切削刃进行切削，起到保护切削刃的作用，同时，积屑瘤增大了刀具的实际工作前角，使切削轻快。因此粗加工时，积屑瘤对切削加工和刀尖保护都是有利的，但是积屑瘤是不稳定的，会不断产生和脱落，其顶端伸出切削刃之外，使背吃刀量不断变化，从而影响尺寸精度，还导致切削力变化，引起振动，使工件表面粗糙度增大。所以，精加工时应避免产生积屑瘤。

3. 避免积屑瘤的措施

采用低速（2～5m/min）或高速（>75m/min）切削、减少进给量、增大刀具前角、降低前刀面粗糙度值、合理使用切削液、适当降低材料塑性等，都是防止积屑瘤产生的有效措施。

4. 加工硬化及防止措施

在切削塑性材料时，有时会发现工件已加工表面金属的硬度比工件加工前表面的硬度有明显提高，而塑性降低，这种现象称为加工硬化。加工硬化主要是由于刀具对已加工表面的挤压和摩擦使已加工表面材料发生复杂的变形的结果。例如，在切断工件时，当某一瞬间吃刀过小或停止了吃刀，使刀具在原位置与工件摩擦，这时便可以看到工件表面被挤得发亮，如果此后再吃刀就难以切入，这就是由于刀具与工件间的挤压和摩擦而使工件表面产生加工硬化的结果。另外，当使用变钝了的刀具进行切削时，刀尖圆角增大，工件表面也常常被挤压和摩擦得发亮，硬度有显著的提高。

为了防止产生加工硬化，应该适当加大背吃刀量或者降低切削速度；对已经被硬化的表面，要适当改变切削用量，背吃刀量一定要大于硬化表面的厚度，切削速度也要适当降低，才能把硬化表面切除。

第四节　切削热与切削温度

切削热与切削温度是切削过程中产生的又一重要物理现象。切削时做的功，可转化为等量的热。切削热除少量散逸在周围介质中外，其余均传给刀具、切屑和工件，并使它们温度升高，引起工件变形，加速刀具磨损。因此，研究切削热与切削温度具有重要的实用意义。

一、切削热的产生与传散

在切削加工过程中，绝大部分的切削功都转变成热，这些热称为切削热。被切削的金属在刀具的作用下，发生弹性和塑性变形而消耗功，这是切削热的一个重要来源，占切削热总热量的2/3～3/4。此外，切屑与前刀面、工件与后刀面之间的摩擦也要消耗功，也产生出大量的热量。因此，切削时共有三个发热区域，即剪切面、切屑与前刀面接触区、后刀面与已加工表面接触区，如图1-17所示。三个发热区与三个变形区相对应，越靠近这三个区温度越高，越远离这三个区温度越低。所以，切削热的来源就是切屑变形功和前、后刀面的摩擦功。切削塑性金属时，切削热主要由剪切区变形热和前刀面摩擦热形成；切削脆性金属时，切削热中后刀面摩擦热占的比例较多。

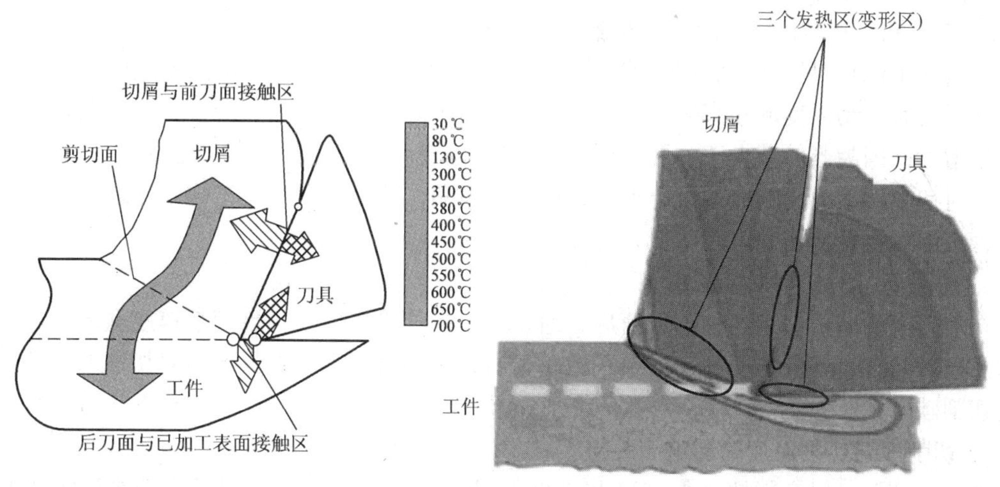

图1-17　切削热的产生与传散

切削热通过切屑、刀具、工件和周围介质传散，各部分传热的比例取决于工件材料、切削速度、刀具材料及其几何形状、加工方式以及是否使用切削液等。例如，不用切削液车

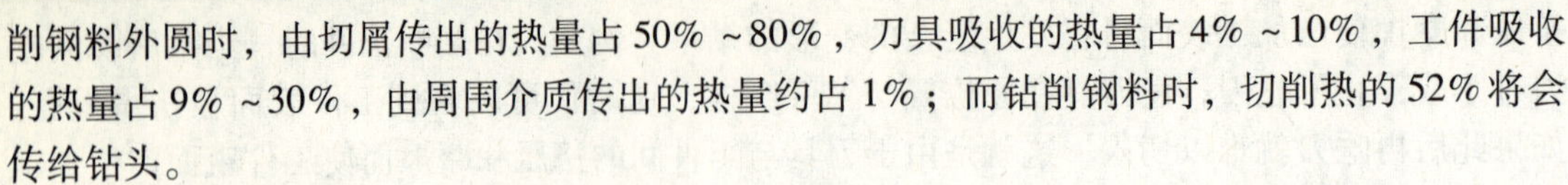

削钢料外圆时，由切屑传出的热量占50%～80%，刀具吸收的热量占4%～10%，工件吸收的热量占9%～30%，由周围介质传出的热量约占1%；而钻削钢料时，切削热的52%将会传给钻头。

二、切削温度

切削温度一般指切削区的平均温度。

尽管切削热是切削温度上升的根源，但直接影响切削过程的却是切削温度。切削温度与切削热在概念上是两码事，前者指的是“温度”，后者指的是“热能”。举个例子说，用一支点着的蜡烛烤一根钢针，几秒钟后这根钢针就被烤红了，这时钢针的温度非常高，但它所“吸入的热能”非常少；如果用这支蜡烛来烤一根铁棒，一两分钟后这根铁棒也没有什么明显的变化，不会被烤红，温度要比钢针低得多，但它所“吸入的热能”可能是钢针吸入热能的几十倍。

三、影响切削温度的主要因素

切削温度的高低取决于切削热的产生和传散情况，它受切削用量、工件材料、刀具材料及其几何形状等因素的影响。

1. 切削用量对切削温度的影响

分析各因素对切削温度的影响，主要应从这些因素对单位时间内产生的热量和传出的热量的影响入手。如果某些因素使产生的热量大于传出的热量，则这些因素将使切削温度增高；某些因素使传出的热量增大，则这些因素将使切削温度降低。切削速度对切削温度的影响最大，随切削速度的提高，切削温度迅速上升；背吃刀量 a_p 变化时，散热面积和产生的热量亦作相应变化，故 a_p 对切削温度的影响很小；增大切削用量，单位时间内的金属切除量增加，产生的切削热也相应增多，切削温度上升。切削速度增加一倍，切削温度上升20%～30%；进给量增大一倍，切削温度上升10%；背吃力量增大一倍，切削温度约上升3%。

2. 刀具几何参数对切削温度的影响

前角和主偏角对切削温度的影响较大。切削温度会随着车刀前角的增大而降低，这是因为前角增大时，切屑变形和摩擦减小，单位切削力下降，因而切削热减少，但是前角也不能随意地增大，因为当前角大于18°～20°后，刀具的楔角变小，散热体积也减小，这时前角的增大对切削温度的影响会减小。另外，减小主偏角，能使切削刃的工作长度增加，散热条件改善，因而也会使切削温度降低。

3. 刀具磨损对切削温度的影响

在后刀面的磨损值达到一定数值后，对切削温度的影响增大，且切削速度愈高，这种影响就愈显著。合金钢的强度高、导热系数小，所以切削合金钢时刀具磨损对切削温度的影响就比切削碳素钢时大。

4. 切削液对切削温度的影响

使用切削液可以有效地降低刀具和工件的温度，同时还可以起润滑、清洗和防锈的作用。不同的切削液有不同的散热效果，这与切削液的导热性能、比热容、流量、浇注方式以及切削液本身的温度有很大的关系。从导热性能来看，油类切削液不如乳化液；乳化液不如水基切削液。

5. 工件材料对切削温度的影响

工件材料的强度（包括硬度）和导热系数对切削温度的影响是很大的。由理论分析得知，单位切削力是影响切削温度的重要因素，而工件材料的强度（包括硬度）直接决定了单位切削力，所以工件材料的强度（包括硬度）越高，切削中消耗的功就越多，产生的切削热也越多，切削温度就会升高。另外，材料的导热性好，可以使切削温度降低；反之，如果材料的导热性差，切削温度就会容易上升。

四、切削温度对工件、刀具和切削过程的影响

切削温度高是刀具磨损的主要原因，它将限制生产率的提高；切削温度还会使加工精度降低，使已加工表面产生残余应力以及其他缺陷。

1. 切削温度对工件材料的硬度、强度和切削力的影响

切削时的温度虽然很高，但是切削温度对工件材料的硬度和强度的影响并不很大，对剪切区域的应力影响也不很明显。

2. 切削温度对刀具材料的影响

适当的切削温度，可以提高硬质合金刀具的韧性。

3. 切削温度对工件尺寸精度的影响

生产加工过程中，由于切削温度高使工件受热膨胀，会引起较大的测量误差，同时刀具切除材料的程度也会改变，从而产生加工误差。

4. 利用切削温度自动控制切削速度或进给量

随着测量技术的提高，检测系统能够把切削温度反馈到数控系统的电脑里，电脑迅速完成数据分析后，可依据切削温度自动调节切削速度或进给量。

5. 利用切削温度与切削力控制刀具磨损

先进的数控切削加工设备，可以实现切削温度与切削力的检测，从而实现对刀具磨损的控制。

五、切削温度的分布情况

1）剪切面上各点的切削温度几乎相同。

2）前刀面和后刀面上的最高温度都不在切削刃上，而是在离切削刃有一定距离的地方。

3）在剪切区域中，垂直剪切面方向上的温度梯度很大。

4）在切屑靠近前刀面的一层（简称底层）上温度梯度很大，离前刀面0.1～0.2mm处，温度就可能下降一半。

5）后刀面的接触长度较小，因此温度的升降是在极短的时间内完成的。

6）工件材料塑性越大，则前刀面上的接触长度越大，切削温度的分布也就较均匀些；反之，工件材料的脆性越大，则最高温度所在的点离切削刃越近。这也是加工脆性材料要比加工塑性材料刀具容易磨损的主要原因。

第五节 切削要素

在机械制造中，理解切削要素、合理地选择切削用量，对获得合格的加工质量、最高的

生产率和最低的生产成本，有着非常重要的意义。

一、切削用量

切削用量是用来衡量切削运动量大小的要素。在一般的切削加工中，切削用量包括切削速度 v_c、进给量 f 和背吃刀量 a_p 三要素。

1. 切削速度 v_c

在切削加工时，切削刃上选定点相对于工件主运动的瞬时速度称为切削速度，也即在单位时间内，工件和刀具沿主运动方向的相对位移，其单位为 m/min 或 m/s。

若主运动为旋转运动（如车削、钻削、镗削、铣削、磨削加工）时，切削速度一般为其加工表面的最大线速度，可按下式计算

$$v_c = \frac{\pi d_w n}{1000} \text{m/min}$$

$$v_c = \frac{\pi d_w n}{1000 \times 60} \text{m/s}$$

式中 d_w——工件待加工表面直径或刀具的最大直径，单位为 mm；

n——工件或刀具（砂轮）的转速，单位为 r/min。

例 1-1 在车床上车一直径为 50mm、长度为 100mm 的轴，假设车床的主轴转速为 400r/min，问这时的切削速度应该是多少？

解 根据题意，得

$$v_c = \frac{\pi d_w n}{1000} = \frac{3.14 \times 50 \times 400}{1000} \text{m/min} \approx 62.8 \text{m/min}$$

2. 进给量 f

刀具在进给运动方向上相对工件的位移量称为进给量。用单齿刀具（如车刀、刨刀等）加工时，进给量常用刀具或工件每转或每行程刀具在进给运动方向上相对工件的位移量来度量，称为每转进给量或每行程进给量，以“f”表示，单位为 mm/r 或 mm/str。车削时，进给量为工件旋转一周，车刀沿着进给方向移动的距离（mm/r）；刨削时，进给量为刨刀（或者工件）每往复一次，工件（或者刨刀）沿着进给方向移动的距离（mm/str）；铣削时，由于铣刀为多齿加工，刀具每转或每行程中每齿相对工件在进给运动方向上的位移量称每齿进给量，以“f_z”表示，单位为 mm/z，每转的进给量还是为 f（mm/r）。另外，在数控加工（如数控车、数控铣）中，还常常以进给运动的瞬时速度称为进给速度，以 F 表示，单位为 mm/min 或 mm/s。进给速度、每齿进给量和进给量之间有如下关系

$$F = fn = f_z Zn \quad (\text{mm/min 或 mm/s})$$

式中 n——刀具或工件的转速，单位为 r/min 或 r/s；

Z——刀具的齿数。

3. 背吃刀量 a_p

待加工表面与已加工表面之间的垂直距离，称为背吃刀量（也叫切削深度），单位为 mm。车削时，可用下式计算

$$a_p = \frac{d_w - d_m}{2}$$

式中　d_w——工件待加工表面直径，单位为 mm；

　　　d_m——工件已加工表面直径，单位为 mm。

钻孔时，a_p 为钻头直径尺寸的一半。

例 1-2　在车床上一次进刀车削某工件，其直径尺寸从 80mm 变至 75mm，问背吃刀量是多少？

解　根据题意，得

$$a_p = \frac{d_w - d_m}{2} = \frac{80-75}{2}\text{mm} = 2.5\text{mm}$$

二、切削层参数

切削层是指切削过程中，由刀具切削部分的一个单一动作（如车削时工件转一周，车刀主切削刃移动一段距离，也就是移动一个进给量 f）所切除的工件材料层。

切削层决定了切屑的尺寸及刀具切削部分的载荷。切削层的尺寸和形状，通常是在切削层尺寸平面中测量的，参数有切削层公称宽度 b_D、切削层公称厚度 h_D 和切削层公称横截面积 A_D，如图 1-18 所示。

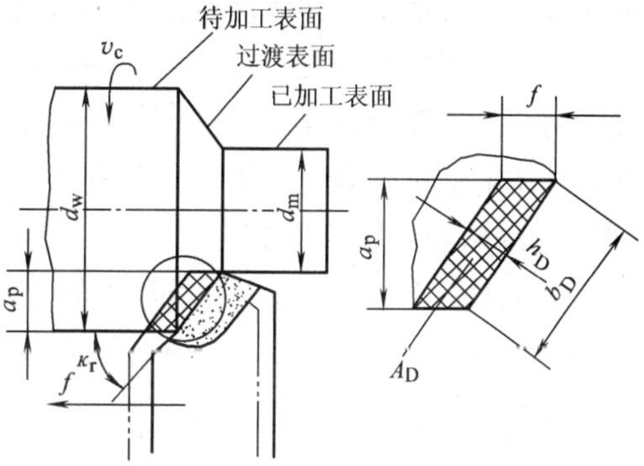

图 1-18　车外圆的切削要素

1. 切削层公称横截面积 A_D

在给定瞬间，切削层在切削层尺寸平面里的实际横截面积称为切削层公称横截面积，简称切削面积，单位为 mm^2。车削外圆时

$$A_D \approx a_p f \approx b_D h_D$$

2. 切削层公称宽度 b_D

在给定瞬间，沿着刀具主切削刃量得的待加工表面到已加工表面之间的距离称为切削层公称宽度，也就是主切削刃与工件的接触长度，单位为 mm。

3. 切削层公称厚度 h_D

在同一瞬间，刀具或工件每移动一个进给量 f 以后，主切削刃相邻两位置间的垂直距离称为切削层公称厚度，单位为 mm。

b_D、h_D 与进给量 f、背吃刀量 a_p 之间有下面的关系

$$b_D = \frac{a_p}{\sin\kappa_r}$$

$$h_D = f\sin\kappa_r$$

式中　κ_r——主偏角。

三、切削用量的选择

1. 切削用量选择的原则

在实际生产中，切削速度 v_c、进给量 f 和背吃刀量 a_p 均受到加工质量、刀具寿命、机床动力及其刚性等因素的影响，不可能任意选取。合理选择切削用量，也就是 v_c、f 和 a_p 数值的最佳组合，才能使之在一定的生产条件下获得合格的加工质量、最高的生产效率和最低的生产成本。

粗加工时，应尽快地切除工件的加工余量，同时还要保证规定的刀具寿命。实践证明，对刀具寿命影响最大的是切削速度 v_c，影响最小的是背吃刀量 a_p。因此，粗加工时应该尽可能选取较大的背吃刀量 a_p，使加工余量在一次或少数的几次进给中切除；切削表层有硬皮的铸、锻件或加工硬化较严重的不锈钢等材料时，应尽量使 a_p 越过硬皮或硬化层深度；其次，在机床、刀具等工艺系统刚性允许的前提下，尽可能选择大的进给量 f；最后，根据工件材料和刀具材料确定切削速度 v_c，粗加工时，v_c 一般选中、低速。

精加工时，首先应保证零件的加工精度和表面质量，同时也要考虑刀具寿命和获得较高的生产效率。精加工往往采用逐渐减小背吃刀量的方法来逐步提高加工精度。进给量的大小主要依据表面粗糙度的要求来选取。一般情况下，精加工时选用较小的背吃刀量和进给量以及较高的切削速度，这样既可保证加工质量，又可提高生产效率。因此，硬质合金刀具常采用较高的切削速度；高速工具钢刀具则采用较低的切削速度。

2. 切削用量选择的方法

（1）背吃刀量 a_p 的选择　粗加工的背吃刀量应根据工件的加工余量确定，在保留半精加工余量的前提下，应尽量用一次走刀就切除全部粗加工余量；当加工余量过大或工艺系统刚性过差时，可分两次走刀。第一次走刀的背吃刀量，一般为总加工余量的2/3～3/4。在加工铸、锻件时，应尽量使背吃刀量大于硬皮层的厚度，以保护刀尖。半精、精加工的切削余量较小，其背吃刀量通常都是一次走刀切除全部余量。

（2）进给量 f 的选择　粗加工时，进给量的选择主要受切削力的限制。在工艺系统刚度和强度良好的情况下，可选用较大的进给量。由于进给量对工件的已加工表面的粗糙度值影响很大，一般在半精加工和精加工时，进给量取得都较小。通常按照工件加工表面粗糙度值的要求，根据工件材料、刀尖圆弧半径、切削速度等条件来选择合理的进给量。当切削速度提高、刀尖圆弧半径增大或刀具磨有修光刃时，可以选择较大的进给量，以提高生产效率。用硬质合金车刀、高速工具钢车刀粗车外圆和端面时的进给量参考值见表1-1。

（3）切削速度 v_c 的选择　在背吃刀量和进给量选定以后，可在保证刀具合理寿命的条件下，确定合适的切削速度。粗加工时，背吃刀量和进给量都较大，切削速度受刀具寿命和机床功率的限制，一般较低。精加工时，背吃刀量和进给量都取得较小，切削速度主要受加工质量和刀具寿命的限制，一般较高。选择切削速度时，还应考虑工件材料的强度和硬度以及切削加工性等因素。用硬质合金外圆车刀车削外圆的切削速度参考值见表1-2。

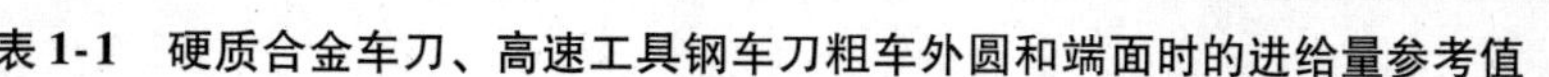

表 1-1 硬质合金车刀、高速工具钢车刀粗车外圆和端面时的进给量参考值

工件材料	车刀刀杆尺寸（B/mm）×（H/mm）	工件直径/mm	背吃刀量 a_p/mm ≤3	3~5	5~8	8~12	>12
			进给量 f/(mm/r)				
碳素结构钢 合金结构钢	16×25	20	0.2~0.4				
		40	0.4~0.5	0.3~0.4			
		60	0.5~0.7	0.4~0.6	0.3~0.5		
		100	0.6~0.9	0.5~0.7	0.5~0.6	0.4~0.5	
		400	0.8~1.2	0.7~1.0	0.6~0.8	0.5~0.6	
	20×30 25×25	20	0.2~0.4				
		40	0.4~0.5	0.3~0.4			
		60	0.6~0.7	0.5~0.7	0.4~0.6		
		100	0.8~1.0	0.7~0.9	0.5~0.7	0.4~0.7	
		600	1.2~1.4	1.0~1.2	0.8~1.0	0.6~0.9	0.4~0.6
	25×40	60	0.6~0.9	0.5~0.8	0.4~0.7		
		100	0.8~1.2	0.7~1.1	0.6~0.9	0.5~0.8	
		1000	1.2~1.5	1.1~1.5	0.9~1.2	0.8~1.0	0.7~0.8
铸铁及铜合金	16×25	40	0.3~0.5				
		60	0.6~0.8	0.5~0.8	0.4~0.6		
		100	0.8~1.2	0.7~1.0	0.6~0.8	0.5~0.7	
		400	1.0~1.4	1.0~1.2	0.8~1.0	0.6~0.8	
	25×30 25×25	40	0.4~0.5				
		60	0.6~0.9	0.5~0.8	0.4~0.7		
		100	0.9~1.3	0.8~1.2	0.7~1.0	0.5~0.8	
		600	1.2~1.8	1.2~1.6	1.0~1.3	0.9~1.1	0.7~0.9

注：1）加工断续表面及有冲击的加工时，表内的进给量应乘系数 $K=0.75\sim0.85$。

2）加工耐热钢及其合金时，不采用大于 1.0mm/r 的进给量。

3）加工淬硬钢时，表内进给量应乘系数 $K=0.8$（当材料硬度为 44~56HRC 时）或 $K=0.5$（当硬度为 57~62HRC 时）。

表 1-2 硬质合金外圆车刀车削外圆的切削速度参考值

工件材料	热处理状态	$a_p=0.3\sim2$mm $f=0.08\sim0.3$mm/r	$a_p=2\sim6$mm $f=0.3\sim0.6$mm/r	$a_p=6\sim10$mm $f=0.6\sim1$mm/r
		切削速度 v_c/(m/min)		
低碳钢 易切削钢	热轧	140~180	100~120	70~90
中碳钢	热轧	130~160	90~110	60~80
	调质	100~130	70~90	50~70
合金结构钢	热轧	100~130	70~90	50~70
	调质	80~110	50~70	40~60

（续）

工件材料	热处理状态	$a_p=0.3\sim2\text{mm}$	$a_p=2\sim6\text{mm}$	$a_p=6\sim10\text{mm}$
		$f=0.08\sim0.3\text{mm/r}$	$f=0.3\sim0.6\text{mm/r}$	$f=0.6\sim1\text{mm/r}$
		切削速度 v_c/（m/min）		
工具钢	退火	90~120	60~80	50~70
不锈钢		70~80	60~70	50~60
灰铸铁	<190HBW	90~120	60~80	50~70
	190~225HBW	80~110	50~70	40~60
高锰钢			10~20	
铜及铜合金		200~250	120~180	90~120
铝及铝合金		305~600	200~400	150~300
铸铝合金		100~180	80~120	60~100

注：切削钢及灰铸铁时刀具寿命为60~90min。

第六节　常用材料的切削加工性能

从实际生产中知道，有些材料容易切削，所以加工效率高、表面质量好；而有些材料却很难切削，这都关系到材料的切削加工性能。因此，理解材料的切削加工性能及应对措施，对提高生产效率、保证工件表面质量是非常有意义的。

一、材料切削加工性能的概念及其衡量指标

1. 切削加工性能

材料的切削加工性能是指用刀具对材料进行切削加工的难易程度。切削加工性能好的材料，在加工时刀具的磨损量小、切削用量大、加工的表面质量好。铸铁比钢的切削加工性能好，一般碳素钢比高合金钢的切削加工性能好。对一般钢材来说，硬度在200HBW左右时，具有良好的切削加工性能。良好的切削加工性能是指：

1）刀具的寿命较高，或在一定的寿命下允许的切削速度较高。

2）在相同的切削条件下，切削力较小。

3）切削温度较低，容易获得较低的表面粗糙度值，容易控制切屑形状或者断屑。

2. 切削加工性能的衡量指标

切削加工性能的概念具有相对性，所谓某种材料的切削加工性能好与坏，是相对于另一种材料而言的。另外，具体的加工条件和要求不同时，加工的难易程度也有差异。因此，在不同情况下，要用不同的指标来衡量材料的切削加工性能。切削加工性能常用的指标主要有：

（1）一定刀具寿命下的切削速度 v_T　即当刀具寿命为 T（min）时，切削某种材料所允许的切削速度。v_T 越高，材料的切削加工性能越好。若取 $T=60\text{min}$，则 v_T 可写作 v_{60}。

例如：在各种条件相同的情况下，用相同型号相同质量的刀具切削材料A和材料B，刀具寿命为60min，切削材料A所允许的切削速度为100m/min，切削材料B所允许的切削速度为20m/min，则材料A的切削加工性能要比材料B好。

（2）相对加工性 K_r　相对加工性是指各种材料的 v_{60} 与45钢（正火）的 v_{60} 之比值。由于把后者的 v_{60} 作为比较的基准，故写作 $(v_{60})_j$，则

$$K_r = v_{60}/(v_{60})_j$$

此比值越大，说明这种材料越容易加工；相反，说明这种材料越难加工。表1-3为常用金属材料的切削加工性能比较表。材料的切削加工性能对生产效率和表面质量有很大影响，因此在满足零件使用要求的前提下，应尽量选用加工性能较好的材料。

表1-3　常用金属材料的切削加工性能比较

等级	切削加工性能	相对加工性 K_r	代表性的材料
1	很容易加工	8～20	铝、镁合金
2	易加工	2.5～3.0	易切削钢
3	易加工	1.6～2.5	30钢正火
4	一般	1.0～1.5	45钢、灰铸铁
5	一般	0.7～0.9	85钢（轧材）、20Cr13调质
6	难加工	0.5～0.65	65Mn钢调质、易切削不锈钢
7	难加工	0.15～0.5	06Cr18Ni11Ti、W6Mo5Cr4V2
8	难加工	0.04～0.14	耐热合金、钴合金

二、改善材料切削加工性能的主要途径

切削加工性能与材料的化学成分、力学性能及显微组织有密切关系。一般认为，硬度在160～230HBW范围内切削加工性能较好，硬度过高或过低都难于加工。当硬度大于300HBW时，切削加工性能显著下降；当硬度约为400HBW时，切削加工性能很差；而当硬度过低时，易形成很大的切屑，缠绕在刀具及工件上，造成刀具发热、磨损，加工后表面粗糙度 Ra 值大，切削加工性能也很差。另外，球状碳化物组织比层状碳化物组织的切削加工性能好；马氏体和奥氏体的切削加工性能都很差。在选材以及选择热处理方法时，应考虑这些方面的问题。

生产中常采用一些措施来改善材料的切削加工性能，其中热处理是一个重要途径。通过适当的热处理，可以改变材料的内部组织及力学性能，达到改善其切削加工性能的目的。

1）对塑性大的材料如低碳钢，经过正火调质，可降低塑性、提高硬度，使之容易切削。

2）对脆性材料如高碳钢和工具钢，进行球化退火后可以降低硬度，改善其切削加工性能。

3）对白口铸铁，可在高温下长时间退火，以消除其白口组织、降低硬度，使切削加工容易进行。

另外，可以通过适当调整材料的化学成分来改善材料的切削加工性能。例如，在钢中添加适当的硫、铅元素，可使刀具寿命提高、切削力减小、容易断屑。近年来，易切削钢在汽车、机床、仪器仪表等制造业中的应用范围逐渐扩大，它也是通过调整材料的化学成分，从而改善了材料的切削加工性能。

三、几种难加工材料的切削加工性能

难加工的材料主要有高强度钢、超高强度钢、高锰钢、冷硬铸铁、不锈钢和钛合金等。

1. 高强度钢、超高强度钢的切削加工性能

高强度钢、超高强度钢的半精加工、精加工和部分粗加工常在调质状态下进行，其切削加工措施为：

1）选用耐磨性好的刀具材料，如P（YT）类硬质合金中添加钽、铌，以提高耐磨性。

2）刀具的前角应取得小些，一般取0°左右，也即 $\gamma_o = -4° \sim 6°$。

3）在工艺系统刚性允许的情况下，主偏角 κ_r 选得小些，以提高刀尖的强度，改善散热条件。

4）切削用量应比加工中碳钢（正火）时适当减小些。

2. 高锰钢的切削加工性能

高锰钢经过水韧处理后，硬度不高，但塑性特别高，加工硬化特别严重，导热系数很小，因此切削温度很高，切削力约比切削45钢时大60%，所以高锰钢要比高强度钢更难加工。高锰钢的切削加工措施为：

1）选用硬度高、有一定韧性、导热系数较大、高温性能好的刀具材料。粗加工时，可选用K（YG）类或（YW）M类硬质合金；精加工时，可选用YT14或YG6X等硬质合金，若选用复合氧化铝陶瓷高速精车，效果更好。

2）前角 γ_o 不宜选得过大或过小，一般取 $\gamma_o = -3° \sim 3°$。

3）切削速度应较低，一般选 $v_c = 20 \sim 40\text{m/min}$，只有用复合氧化铝陶瓷精车时，才可以采用 $v_c > 100\text{m/min}$；a_p 和 f 不应选得过小，以免因上一道工序的加工硬化而难以切下金属。

3. 冷硬铸铁的切削加工性能

冷硬铸铁硬度较高，是其难加工的主要原因。它的塑性很低，刀与切屑的接触长度很小，切削力和切削热都集中在切削刃附近，因而切削刃极易崩刃。冷硬铸铁的切削加工措施为：

1）选用硬度与强度都较好的刀具材料。一般均采用细晶粒K（YG）类硬质合金或用复合氧化铝对其进行半精加工或精加工，效果比较好。

2）为提高刀具的强度以及散热性能，前角取 $\gamma_o = 0° \sim 4°$、刃倾角 $\lambda_s = 0° \sim 5°$、主偏角 κ_r 适当减小。

4. 不锈钢的切削加工性能

06Cr18Ni11Ti和20Cr13都是典型的难加工不锈钢。06Cr18Ni11Ti属于奥氏体材料，20Cr13属于马氏体材料，在切削加工时，因其韧性大、加工硬化严重、导热系数小，致使切削温度高，刀具磨损快、寿命降低。不锈钢的切削加工措施为：

1）对20Cr13进行调质处理，对06Cr18Ni11Ti进行850～950℃退火处理。

2）选用K（YG）类硬质合金刀具进行切削加工，以减小粘结。

3）前角一般取 $\gamma_o = 12° \sim 30°$，对20Cr13前角可以取较大值，而对06Cr18Ni11Ti，前角要取较小值，并采用较小的主偏角 κ_r，以增强刀具的散热性能。

4）在切削用量方面，为减小粘结现象，切削速度 v_c 不宜过高（$v_c = 50 \sim 80\text{m/min}$）；

切削深度 a_p 不宜过小（$a_p = 0.4 \sim 4mm$），否则容易产生加工硬化。

5. 钛合金的切削加工性能

加工钛合金时，刀具磨损快、寿命短，其原因如下：

1）因钛的化学性能活泼，温度在600℃以上时，表面形成氧化硬层，对刀具有强烈的磨损作用。

2）钛合金的导热系数极小，仅为45钢的1/7～1/5，切削热集中在切削刃的附近，故切削温度很高，比加工45钢时要高出一倍。

3）加工表面常出现硬而脆的外皮，给后一道工序的加工带来困难。

钛合金的切削加工措施为：

1）为避免刀具与工件中钛元素的亲和作用，加工钛合金时，不宜选用P（YT）类硬质合金，应选用K（YG）类或M（YW）类。

2）采用较小的前角和较大的后角以增大切屑与前刀面的接触长度，减小工件与后刀面的摩擦，刀尖采用圆弧过渡刃以提高强度，避免尖角烧损和崩刃。

3）切削速度 v_c 宜低，以免切削温度过高；进给量 f 应适中，因为进给量过大易烧刀，过小则因切削刃在加工硬化层中工作而磨损过快；切削深度 a_p 可较大，使刀尖在硬化层以下工作，有利于提高刀具寿命。

习　　题

1. 试叙述车床、铣床、钻床、刨床和磨床的切削加工原理。
2. 简述加工过程中的三种表面是什么。随着加工的进行，这三种表面会发生怎样的变化？
3. 试说明下列加工方法的主运动和进给运动：车外圆、车床钻孔、车床车孔、钻床钻孔、镗床镗孔、车头刨刨平面、龙门刨刨平面、铣床铣平面、插床插键槽、外圆磨床磨外圆、内圆磨床磨内孔。
4. 切屑的种类有哪些？影响切屑种类的因素是什么？
5. 刀具磨损有哪几种形式？刀具的磨损过程有哪几个阶段？
6. 试叙述影响切削温度的主要因素。
7. 简述在加工过程中，切削温度对工件尺寸精度的影响。
8. 简述切削热的产生和传散过程。
9. 切削要素包括哪些内容？
10. 粗、精加工选择切削用量的原则是什么？
11. 何谓材料的切削加工性能？其衡量指标是什么？改善材料的切削加工性能的主要途径有哪些？
12. 粗加工铸铁件、铸钢件和不锈钢件应选用哪种硬质合金？
13. 简述不锈钢的切削加工性能，其切削加工措施是什么？

第二章

金属切削刀具

【学习目标】

1. 了解金属切削刀具的结构。
2. 了解金属切削刀具材料的种类和性能。
3. 掌握切削用量的选择方法。

第一节　金属切削刀具的结构

根据用途和加工方法的不同，金属切削刀具有很多种分类方法，按照切削刃的多少可分为单刃（如车刀）刀具和多刃刀具（如铣刀）；按照标准化程序不同可分为标准刀具（如麻花钻、丝锥）和非标准刀具（如拉刀、成形刀具）；按照尺寸规格不同分为定尺寸刀具（如铰刀、扩孔钻）和非定尺寸刀具（如车刀、刨刀）；按照刀具结构形式可分为整体式刀具、机夹刀具和复合式刀具。金属切削刀具的种类很多，但它们的切削部分的几何形状与参数都有着共性，即不论刀具结构如何复杂，它们的切削部分总是近似地以外圆车刀的切削部分为基本形态。

一、车刀

1. 车刀的种类及用途

车刀是金属切削加工中使用最广泛的刀具，它可以在卧式车床、转塔车床、立式车床以及自动与半自动车床上完成工件的外圆、内圆、端面、切槽或切断等不同的加工工序。车刀按其用途不同，可分为外圆车刀、内孔车刀、端面车刀、切断或切槽车刀和成形车刀等类型。

（1）外圆车刀　它主要用来加工工件的圆柱形或圆锥形外表面，通常采用的是直头外圆车刀，用于加工外圆柱和外圆锥表面，如图 2-1a 所示；还可以采用弯头外圆车刀，该类车刀通用性好、应用广，用于加工外圆柱、外圆锥表面、端面和倒棱，如图 2-1b 所示；当加工细长轴和刚性不好的轴类零件、阶梯轴、凸肩或端面时，可以采用主偏角为 $\kappa_r=90°$ 的偏刀，如图 2-1c 所示。

（2）端面车刀　它专门用来加工工件的端面。一般情况下，这种车刀都是由外圆向中心进给，如图 2-2 所示，加工带孔的工件端面时，也可由中心向外圆进给。

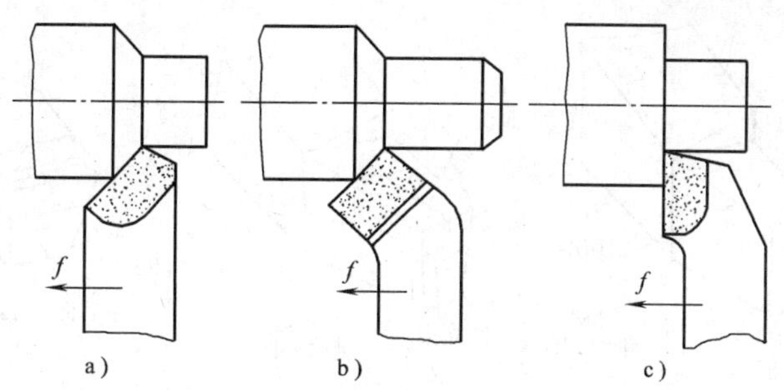

图 2-1 外圆车刀加工简图
a）直头外圆车刀 b）弯头外圆车刀 c）90°外圆车刀

（3）切断车刀 它专门用于切断工件或切窄槽。切断刀和切槽刀的结构形式相同，不同点在于：切槽刀刀头伸出的长度和宽度取决于所加工的工件上槽的深度和宽度，而切断刀为了切断工件并尽量减少工件材料的消耗，刀头必须伸出很长（一般应比工件半径大 5 ~ 8mm），且宽度很小（一般为 2 ~ 6mm），如图 2-3 所示。因此，切断刀狭长、刚性差。如图 2-4 所示为宽刃光刀，主要用于低速大进给精车。

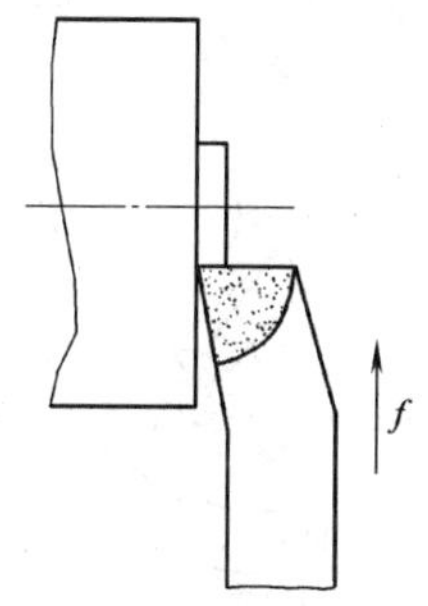

图 2-2 端面车刀

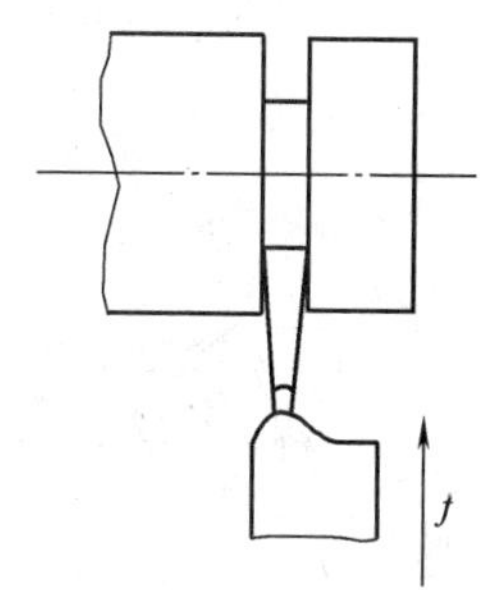

图 2-3 切断车刀

（4）内孔车刀 它主要用于车削圆孔，工作条件比车削外圆差，车刀的刀杆伸出长度和刀杆截面尺寸都受所加工孔的尺寸限制，如图 2-5 所示。

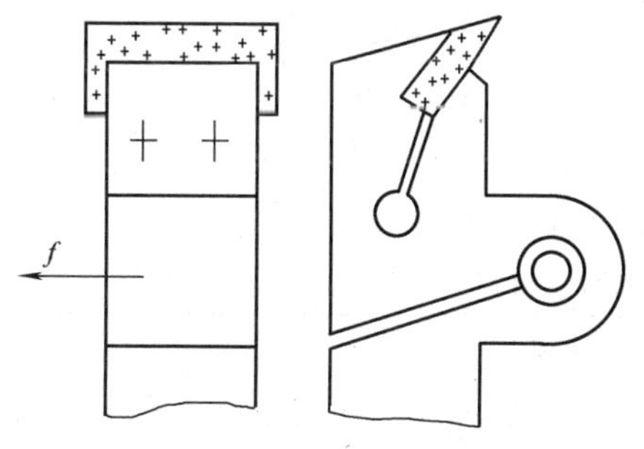

图 2-4 宽刃光刀

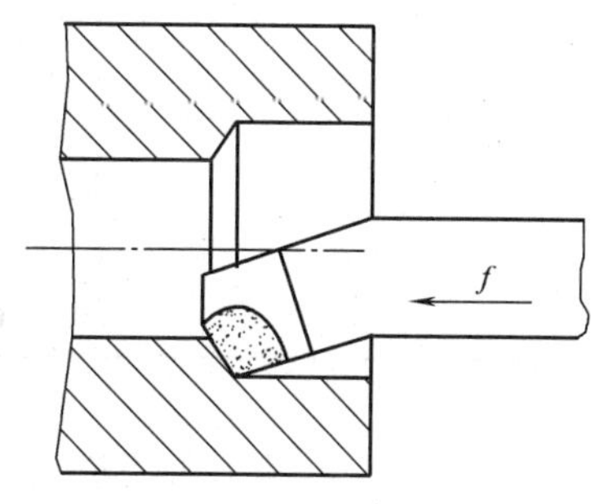

图 2-5 内孔车刀

2. 车刀切削部分的组成

刀具切削部分的组成如图 2-6 所示。

3. 车刀的切削角度及其作用

车刀的切削角度如图 2-7 所示，车刀切削角度的作用见表 2-1。

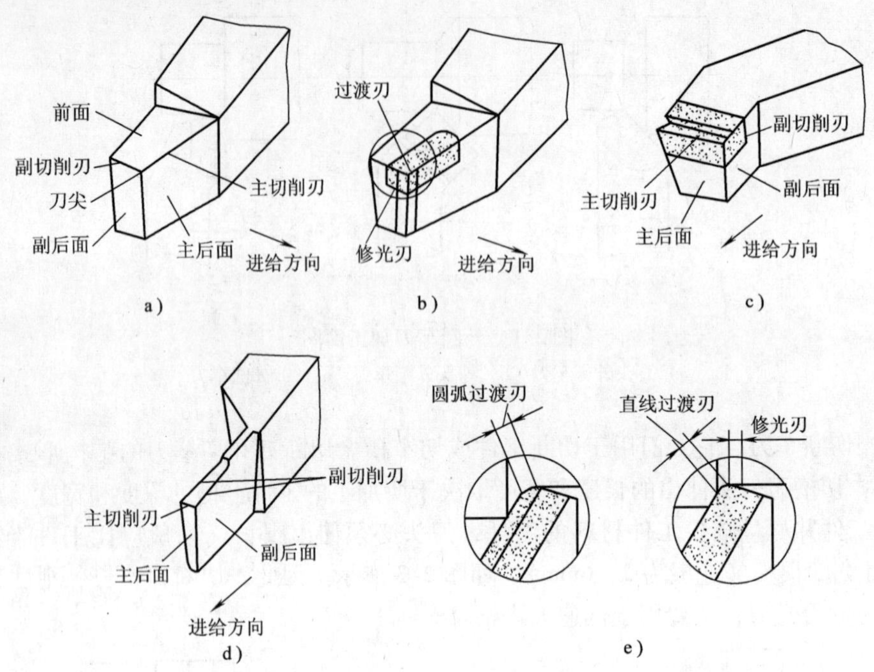

图 2-6　车刀切削部分的组成

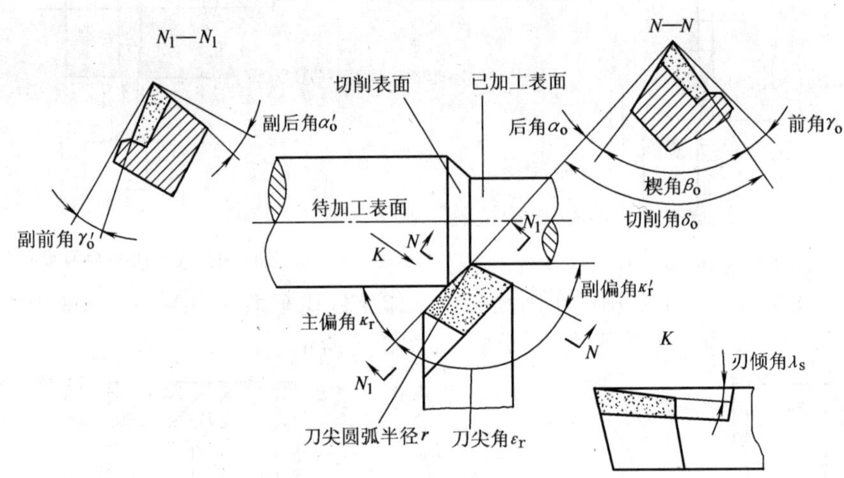

图 2-7　车刀的切削角度

表 2-1　车刀切削角度的作用

名称	代号	位置和作用
前角	γ_o	在主剖面内测量，前面经过主切削刃与基面的夹角。它影响切屑变形和切屑与前面的摩擦及刀具强度
副前角	γ'_o	在副剖面内测量，前面经过副切削刃与基面的夹角
后角	α_o	在主剖面内测量，后面与切削平面的夹角，用来减少后面与工件的摩擦
副后角	α'_o	在副剖面内测量，副后面与通过副切削刃并垂直于基面的平面之间的夹角，用来减少副后面与已加工表面的摩擦

（续）

名称	代号	位置和作用
主偏角	κ_r	主切削刃与被加工表面（进给方向）之间的夹角。当背吃刀量和进给量一定时，改变主偏角可以使切屑变薄或变厚，影响散热情况和切削力的变化
副偏角	κ'_r	副切削刃与已加工表面（进给方向）之间的夹角。它可以避免副切削刃与已加工表面之间的表面摩擦，影响已加工表面的粗糙度
过渡偏角	Φ_o	过渡切削刃与被加工表面（进给方向）之间的夹角，用来增加刀尖强度
刃倾角	λ_S	主切削刃与基面之间的夹角。它可以控制切屑流出的方向，增加切削刃强度并能使切削力均匀
楔角	β_o	前面与后面之间的夹角，在主剖面内测量。它影响刀头截面的大小
切削角	δ_o	前面和切削平面间的夹角，在主剖面内测量
刀尖角	ε_r	主切削刃与副切削刃在基面上投影的夹角。它影响刀头强度和导热能力

4. 车刀的结构

车刀的结构可分为整体式、焊接式、机械夹固式、可转位式和成形车刀等。

（1）整体式车刀　其材料为高速工具钢，因耗用刀具材料多，一般只用作切槽、切断刀，如图2-8a所示。

（2）焊接式车刀　焊接式车刀是将硬质合金刀片焊接在碳钢或铸铁刀杆的槽上的车刀。它的质量好坏及使用是否合理，与刀片选择、刀具几何参数、刀槽的形状、焊接工艺和刃磨质量有密切关系，其优点是结构简单、紧凑、刚性好、制造方便，缺点是由于焊接产生的应力会降低刀片的使用性能。如图2-8b所示为焊接式车刀。

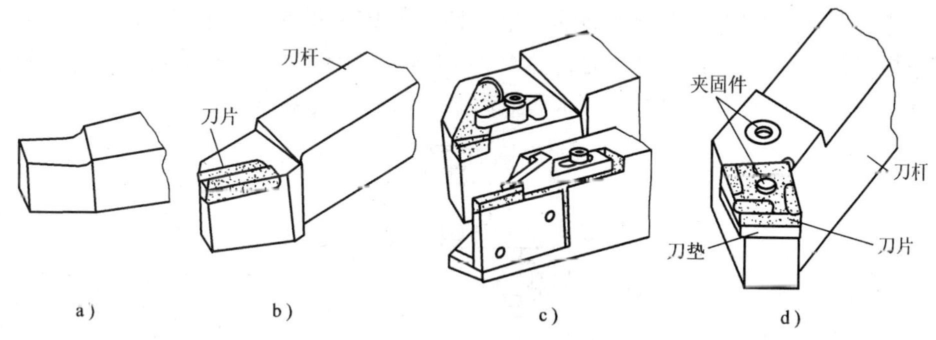

图2-8　常见车刀的结构示意图

a）整体式车刀　b）焊接式车刀　c）机械夹固式车刀　d）可转位式车刀

（3）机械夹固式车刀　简称机夹车刀，是采用普通硬质合金刀片，使用机械夹固的方法将刀片夹持在刀柄上使用的车刀，如图2-8c所示。与焊接式车刀相比，机夹车刀具有以下优点：

1）刀片不经高温焊接，避免了因焊接而引起的刀片硬度下降及热应力所造成的裂纹等缺陷，提高了刀具寿命。在同样的寿命下，机夹车刀可加大切削用量，提高生产效率。此外，车刀磨钝后，不必拆动刀杆，只需卸下刀片重磨或更换即可。这样不仅大大缩短了车刀更换和调整的时间，还减轻了工人的劳动强度，对于重型车床上使用的大型车刀来讲，效果尤为显著。

2）刀杆使用寿命长，可多次重复使用，节省了制造刀杆的材料和工时。车刀重磨多次后，尺寸变小，可以装在小一号的刀杆上继续使用，从而提高刀片的利用率。

3）刀片的夹紧元件往往同时起到断屑台的作用，有利于断屑。

但是，与焊接车刀相比，机夹车刀结构复杂、不紧凑。常用的刀片夹固结构有上压式、侧压式和弹性夹固式三种，如图2-9所示。

（4）可转位式车刀　它的组成如图2-8d所示，由刀杆、刀片、刀垫和夹紧元件组成。当刀片的切削刃磨钝后，不需要重磨，只要松开夹紧装置，将刀片转过一个位置，重新夹紧后便可用新的切削刃继续加工，当全部切削刃用钝后，更换新的刀片。这种可转位车刀具有寿命长、节约材料、减少辅助时间、效率高等很多优点。

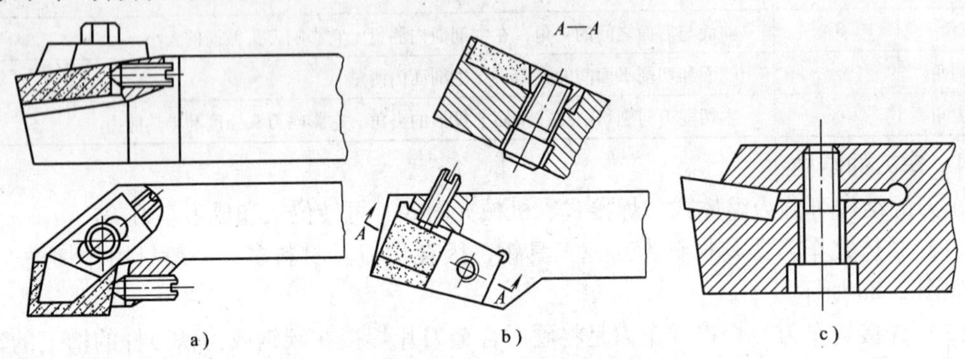

图2-9　常用机夹刀片的夹固结构

a）上压式机夹车刀　b）侧压式机夹车刀　c）弹性夹固式机夹车刀

5. 成形车刀

成形车刀是加工回转体成形表面的专用刀具，主要有平体、棱体和圆体三种，其刀具的刃形是根据被加工工件的廓面设计的，如图2-10所示。成形车刀主要应用于大批量生产成形回转体表面，具有加工质量稳定、生产效率高、刀具使用寿命长的特点。

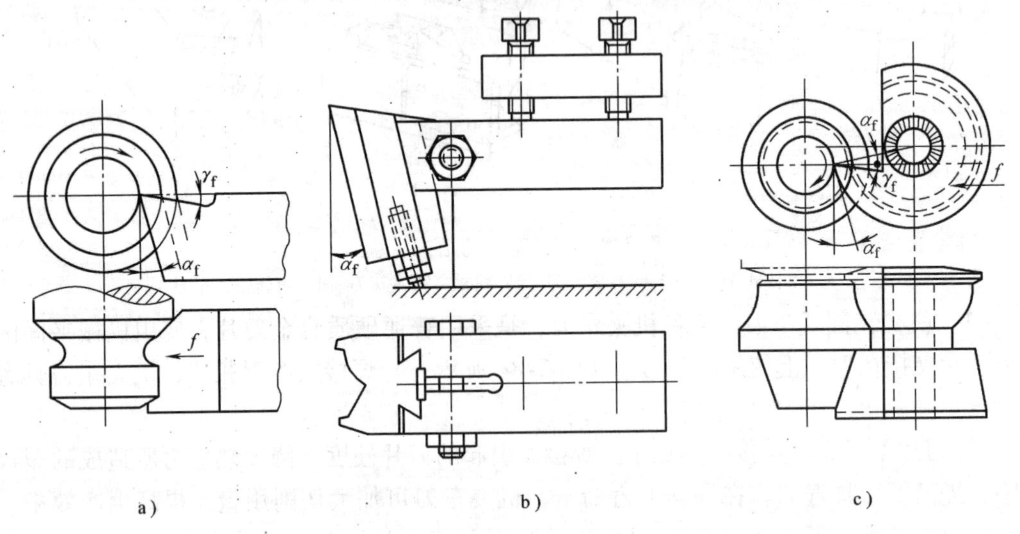

图2-10　成形车刀示意图

a）平体成形车刀　b）棱体成形车刀　c）圆体成形车刀

（1）平体成形车刀 这种车刀除了切削刃具有一定的形状要求外，结构上和普通车刀相同，结构简单、使用方便，但这种车刀沿前刀面的重磨次数少、使用寿命短，一般只用来加工宽度不大、较简单的外成形表面。

（2）棱体成形车刀 刀体呈棱形，强度高，重磨次数多，可用来加工外成形表面。

（3）圆体成形车刀 刀体外形为回转体，切削刃在圆周上分布，其重磨次数比棱体成形车刀还多。

二、孔加工刀具

孔加工刀具的种类及用途见表2-2。

表2-2 孔加工刀具的种类及用途

名称	刀具简图	特点及用途
扁钻	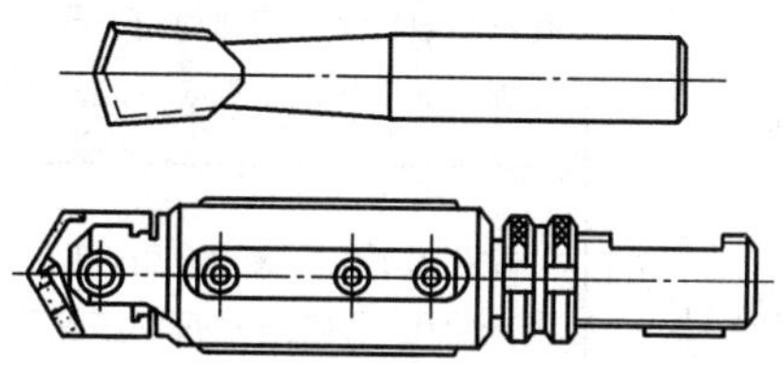	扁钻分整体式和装配式两种类型。整体式主要用于加工直径为12mm以下的孔，装配式主要用于加工较大直径的孔。扁钻轴向尺寸小、刚性好、结构简单、制造成本低、刃磨容易、便于使用优质刀具材料、换刀方便，适用于数控机床及加工中心等，尤其是加工大直径（$d_0>38$mm）孔时，采用扁钻比采用麻花钻更为经济
麻花钻	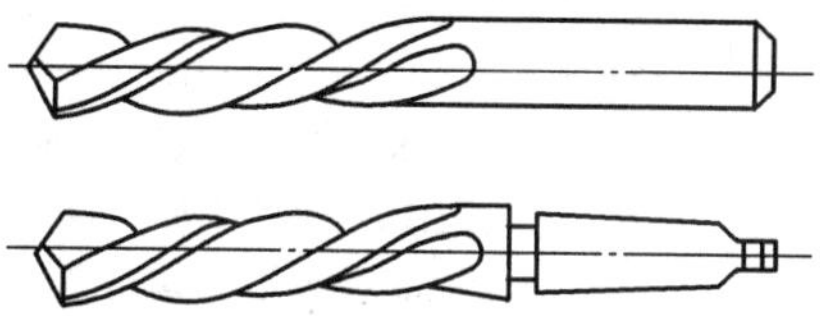	麻花钻分直柄和锥柄两种类型（见左图），加工孔径范围为0.1～80mm。麻花钻应用最广，约占钻头使用量的70%，是孔粗加工的主要工具，加工出的孔精度一般为H10～H11级，表面粗糙度值一般为$Ra50 \sim Ra6.3\mu m$；对主切削刃及前刀面进行修磨改进后，精度可达到H7～H9，表面粗糙度值可达$Ra1.6 \sim Ra0.8\mu m$，特点是允许重磨次数较多，使用方便、经济
中心钻	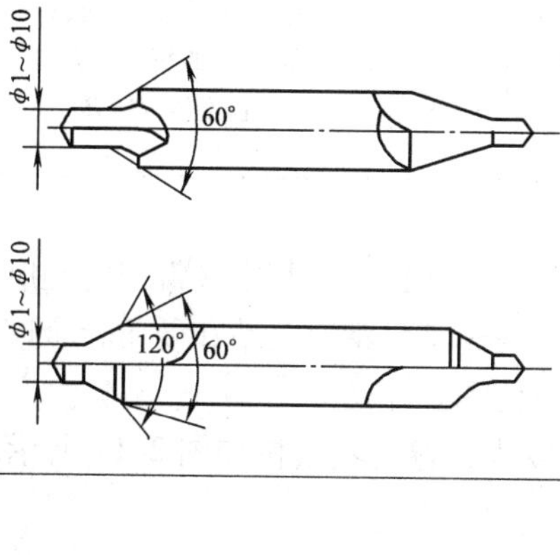 φ1～φ10　60°　φ1～φ10　120°　60°	中心钻主要有无护锥复合中心钻和带护锥复合中心钻两种（见左图），专门用于加工各种轴类工件两端的中心孔。在轴上加工直径为1～10mm的中心孔时，一般采用不带护锥中心钻；对于工序较长、加工精度要求较高的工件，为避免60°定心锥被破坏，一般采用带护锥中心钻

（续）

名称	刀具简图	特点及用途
深孔钻	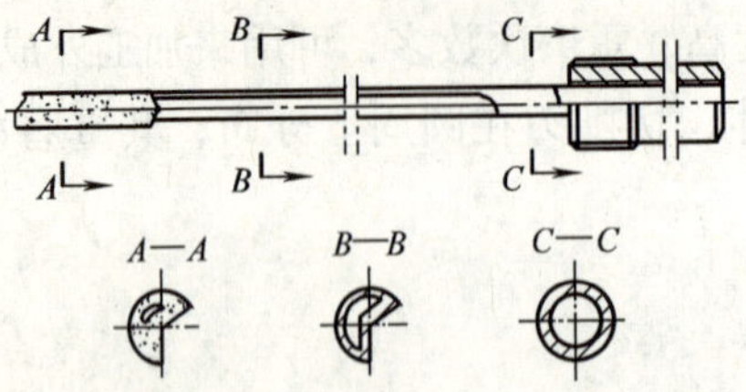 A—A B—B C—C	深孔钻是用于加工深度与直径之比大于5的孔所用的钻头。用普通麻花钻加工深孔时，冷却、排屑以及导向都会产生很多困难，故深孔加工的刀具在结构上与普通麻花钻有较大差别。目前采用的各种深孔钻，主要有枪钻和环孔钻（套料钻），具有导向和切削稳定等优点，加工深孔的直线度和圆度都较好，尤其是单刃深孔枪钻，没有横刃以及因横刃所产生的弊病
扩孔钻		扩孔钻用来对工件上已有的孔进行扩大或提高孔的加工质量。它常用作铰或磨孔前的预加工，加工精度可达IT10～IT11级，表面粗糙度值达Ra6.3～Ra3.2μm，在批量生产时应用较广。扩孔钻齿数较多，切削稳定，导向性好，且对预有孔加工的形状误差有一定的修正能力
锪钻	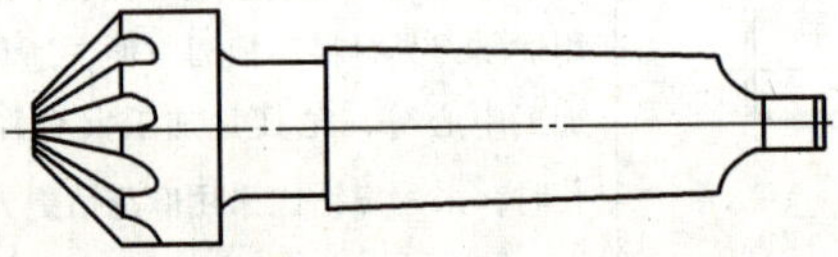	在孔加工中，锪钻应用较广，它专用于在已加工出的孔上加工各种沉头座孔和锪端面凸台等表面，加工的表面粗糙度值可达Ra1.6～Ra0.4μm
铰刀	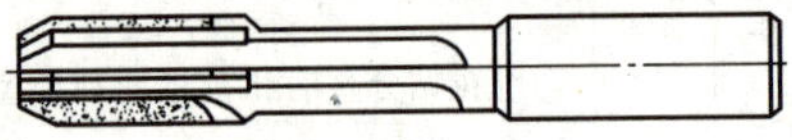	铰刀用于对已有孔的半精加工和精加工，可加工柱形孔及锥孔，加工精度可达IT6～IT10，粗糙度值达Ra1.6～Ra0.2μm
镗刀	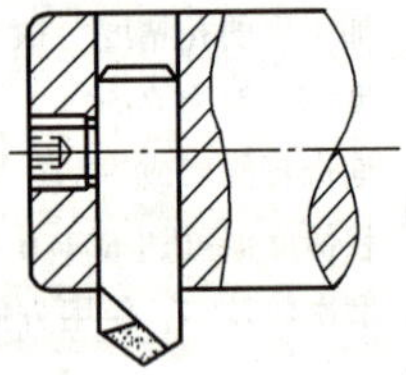	镗刀一般用于孔径大于80mm的孔的粗、精加工，加工精度可达IT6～IT7，表面粗糙度值达Ra6.3～Ra0.8μm，最高可达Ra0.4μm，其特点是能有效修正上道工序所带来的轴线歪斜和偏斜等缺陷
拉刀	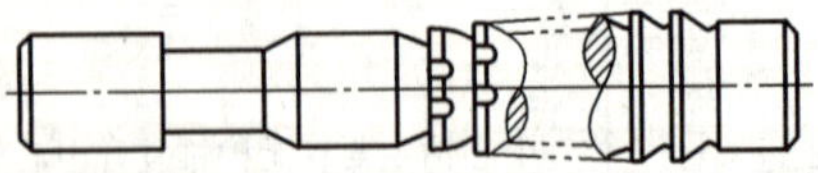	拉刀是高效率孔加工刀具，在大批量生产中用于对预有孔的半精、精加工，加工精度可达H7～H8，粗糙度值可达Ra0.8～Ra0.1μm

1. 钻孔刀具

常用的钻孔刀具有麻花钻、中心钻、扁钻和深孔钻等，其中最常用的是麻花钻。根据制造麻花钻的材料不同，可分为碳素钢麻花钻、高速工具钢麻花钻和硬质合金麻花钻等。由于碳素钢麻花钻的切削性能差，现在基本上不再使用。

（1）麻花钻　高速工具钢麻花钻的使用较为普遍，其结构如图2-11所示，由下面四部分组成：

1）柄部。柄部是用以夹持并传递转矩的，主要有锥柄和直柄两种，此外，还有使用不多的方斜柄。直径较大的钻头做成锥柄，较小的做成直柄。锥柄后端的扁尾，除传递转矩外，还便于从钻床主轴上用楔铁将钻头顶出。

2）颈部。颈部是柄部和工作部分的连接部分，也是磨削钻头时砂轮的退刀槽，此外，钻头的标记（直径、生产厂家等）也打在此外。直柄钻头无此部分，标记打在柄部。

3）导向部分。即钻头的整个螺旋槽部分，有两条排屑槽通道，切屑由这两条排屑槽排出。两条螺旋形的刃瓣中间由钻心连接，钻心直径一般取为钻头直径的 1/8 ~ 1/7。钻心直径不能太小，因为钻头要承受很大的进给力和转矩。如果钻心直径过小，易引起钻头损坏。导向部分又是切削部分的备用和重磨部分，为了减小导向部分与孔内壁的摩擦，常将导向部分做成锥形。

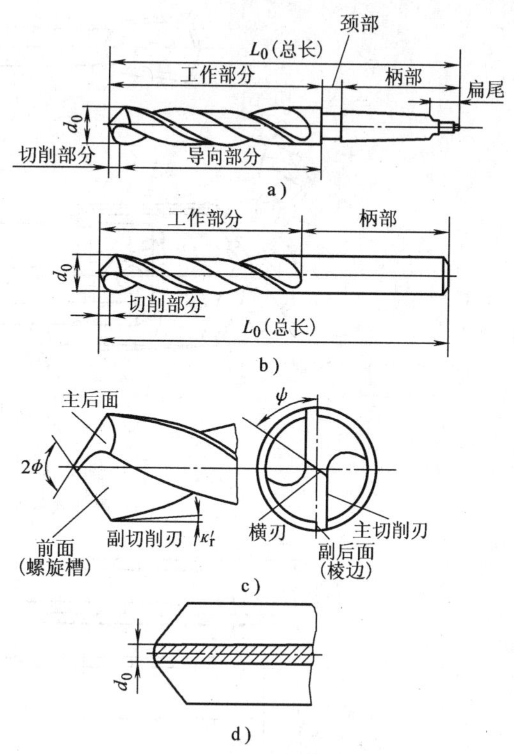

图 2-11　麻花钻的结构

4）切削部分。切削部分主要担负切削工作，由容屑槽的两个螺旋形前刀面、两个经刃磨获得的主后刀面和两个圆弧段副后刀面（刃带）所组成。前刀面与后刀面的交线形成了切削刃，故麻花钻有两条主切削刃、两条副切削刃（棱边）；由于有钻心，麻花钻还有一条由两个主后面相交形成的横刃。因此，钻头切削部分包括了六个刀面和五条切削刃，如图 2-12 所示。

（2）扁钻　扁钻是最早使用的一种孔加工刀具，其主要特点是制造简单、刚性好、成本低、易刃磨，但因其前角小、导向差、排屑困难、重磨次数少，故生产效率低。扁钻分整体式和装配式两种类型，如图 2-13 所示，整体式扁钻应用较少，但在加工脆硬材料的浅孔和微小孔方面仍有应用。扁钻切削部分的材料为硬质合金或高速工具钢，其切削部分的径向截形是扁的，但两个扁平面不是平行的，而是制成由切削部分向尾部增厚的形状。

目前主要用硬质合金刀片焊接和机夹式结构制造扁钻。机械装配式扁钻的结构由钻杆和可换刀片两部分组成，刀片材料为硬质合金或高速工具钢，主要用于钻削直径为 25 ~ 150mm 的孔。深孔用钻杆中心还有轴向通孔供导入切削液。

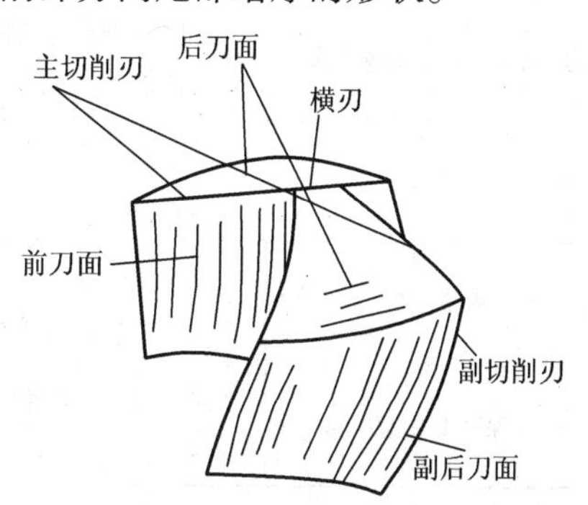

图 2-12　麻花钻的切削部分

（3）深孔钻　深孔加工常采用的深孔钻按工艺的不同分为钻孔、扩孔和套料三种；按切削刃多少分为单刃和多刃；按排屑方式分为外排屑和内排屑两种。如图 2-14 所示为典型的双刃外排屑深孔钻。常

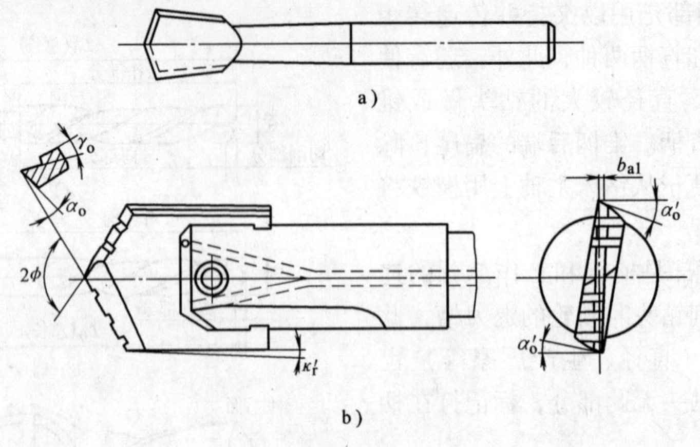

图 2-13　扁钻示意图

a）整体式扁钻　b）装配式扁钻

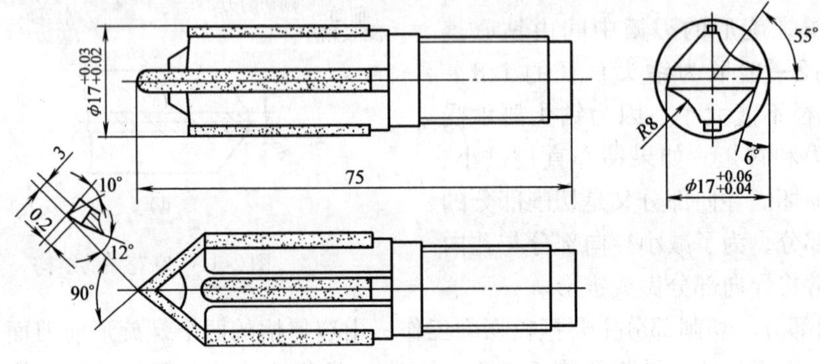

图 2-14　双刃外排屑深孔钻示意图

见深孔钻的类型、结构特点及加工范围见表 2-3。

表 2-3　常见深孔钻的类型、结构特点及加工范围

类型	结构特点	加工范围
单刃外排屑深孔钻（枪钻）	由带有 V 形切削刃和切削液孔的钻头、钻杆和柄部组成	直径 2～20mm，深径比大于 100
双刃内排屑深孔钻	刀片采用焊接结构	直径 ϕ12mm 以上
多刃错齿内排屑深孔钻	刀齿分别位于轴线的两侧，刀齿数有 2～5 个不等	直径 24～53mm
喷吸钻	由钻头，内、外钻杆，连接器及钻套等组成	直径 20～65mm
DF 系统深孔钻	由钻头、钻杆、钻杆座、引导装置、密封套和喷嘴等组成	直径 15～65mm
深孔套料钻	刀片为硬质合金，有 4～6 个刀头	直径 ϕ50mm 以上

（4）中心钻　中心钻分为钻中心孔用的中心钻和钻孔定中心用的中心钻，其中钻中心

孔用的中心钻又有不带护锥中心钻、带护锥中心钻和弧形中心钻三种形式，见表 2-4。

表 2-4　中心钻的类型及规格范围

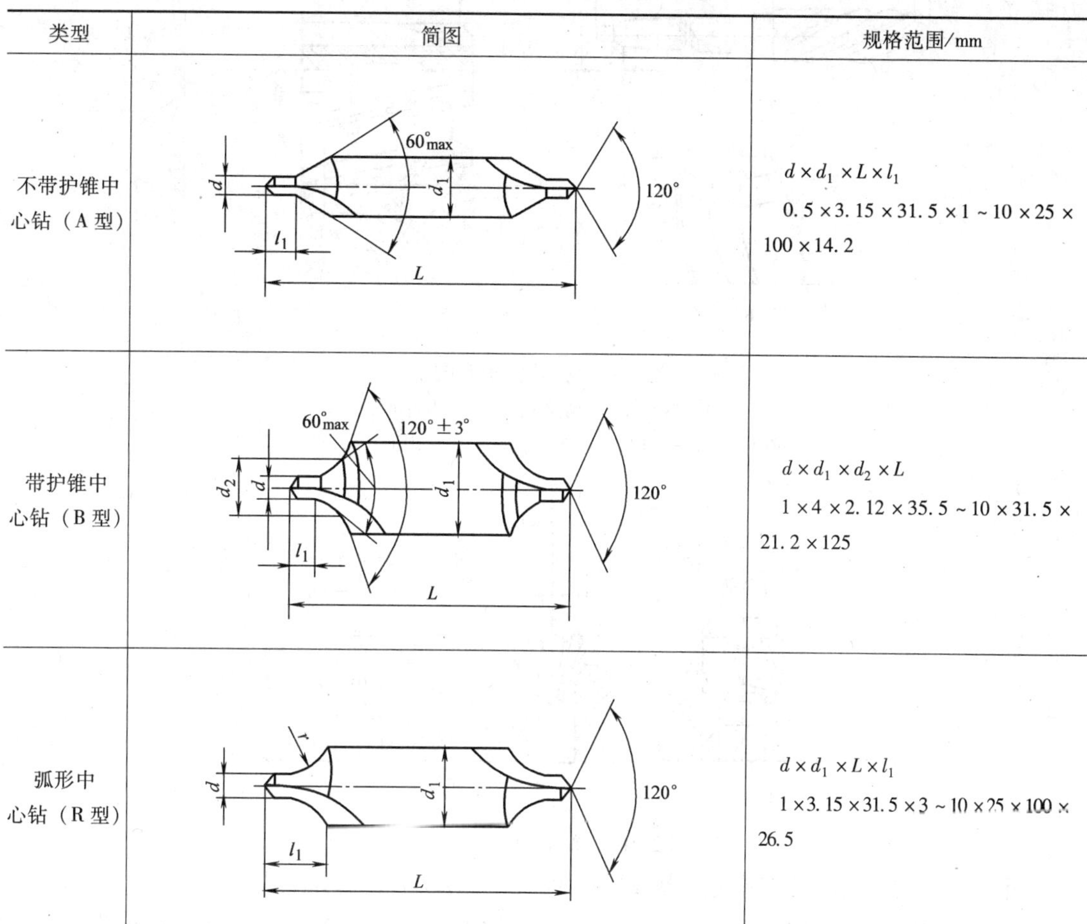

类型	简图	规格范围/mm
不带护锥中心钻（A 型）	d，d_1，l_1，L，$60°_{max}$，$120°$	$d \times d_1 \times L \times l_1$ 0.5 × 3.15 × 31.5 × 1 ~ 10 × 25 × 100 × 14.2
带护锥中心钻（B 型）	d_2，d，d_1，l_1，L，$60°_{max}$，$120° \pm 3°$，$120°$	$d \times d_1 \times d_2 \times L$ 1 × 4 × 2.12 × 35.5 ~ 10 × 31.5 × 21.2 × 125
弧形中心钻（R 型）	r，d，d_1，l_1，L，$120°$	$d \times d_1 \times L \times l_1$ 1 × 3.15 × 31.5 × 3 ~ 10 × 25 × 100 × 26.5

2. 扩孔钻

标准扩孔钻的结构和几何参数类似麻花钻，如图 2-15a 所示，它由以下三部分组成：

1）刀体部分：由切削部分和导向部分组成。切削部分是指扩孔钻最前端的倒锥部分，在切削时担任主要的切削任务；导向部分是指切削部分以外的螺旋槽部分（包含两条棱边），在扩孔时起导向作用。

2）颈部：连接工作部分和柄部的部分，也是打标记的地方。

3）柄部：钻头的装夹部分，起传递进给力与转矩的作用。

标准扩孔钻的切削部分及切削角度如图 2-15b、2-15c 所示，切削部分由前刀面 1、主切削刃 2、钻心 3、后刀面 4 和刃带 5 组成。

3. 锪钻

锪钻是用来加工圆柱形或圆锥形沉头座孔和锪平端面用的，如图 2-16 所示。锪钻上有一定位导向柱，用来保证被锪的孔或端面与原来的孔保持一定的同轴度或垂直度。导向柱可以拆卸，以便制造锪钻的端齿。锪钻的夹持部分类似麻花钻，根据锪钻直径的大小有制成锥柄、直柄或套装的。锪钻已标准系列化，可以参考选用，也可自行设计。

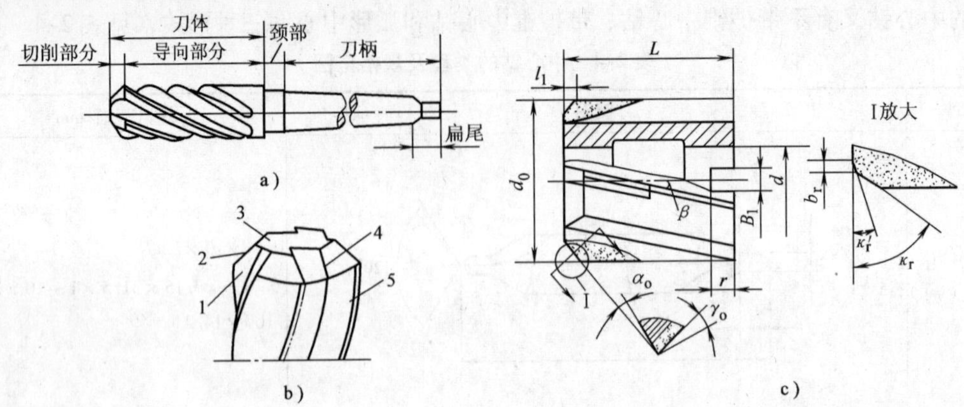

图 2-15　扩孔钻示意图

a）结构　b）切削部分　c）切削角度

1—前刀面　2—主切削刃　3—钻心　4—后刀面　5—刃带

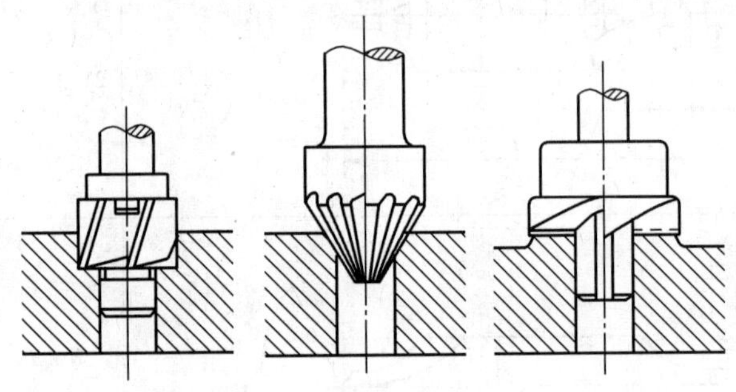

图 2-16　锪钻的加工示意图

标准锪钻的结构和几何参数如图 2-17 所示，它由以下三部分组成。

1）刀体部分：由切削部分和定位导向柱部分组成。切削部分是指锪钻最前端的倒锥（加工锥面）或平面（锪平面）部分，在切削时担任主要的切削任务。定位导向柱部分是指切削部分以外的导柱部分（有的不带导柱），在锪孔时起定位导向作用，以保证被锪的孔或端面与原来的孔保持一定的同轴度或垂直度。

2）颈部：连接工作部分和柄部的部分，也是打标记的地方。

3）柄部：锪钻的装夹部分，起传递进给力与转矩的作用。

标准锪钻的切削部分及切削角度如图 2-17 所示，其切削部分由前刀面 1、主切削刃 2、后刀面 3 和刃带 4 组成。

4. 铰刀

铰刀的使用范围较广，种类也很多，按使用方式可分为手用铰刀和机用铰刀两种；按结构可分为整体式铰刀、套式铰刀和可调节式铰刀三种；按用途可分为圆柱铰刀和锥度铰刀。铰刀是孔的精加工刀具，其材料可为高速工具钢、硬质合金或金刚石。

铰刀的结构如图 2-18 所示，由柄部、颈部和工作部分组成，各部分的作用与钻头相似。工作部分由引导锥、切削部分和校准部分组成。引导锥用于引导铰刀进入底孔，便于切入工件。校准部分除了刮削、挤压并保证孔径尺寸外，还起引导作用。对于手用铰刀，校准部分

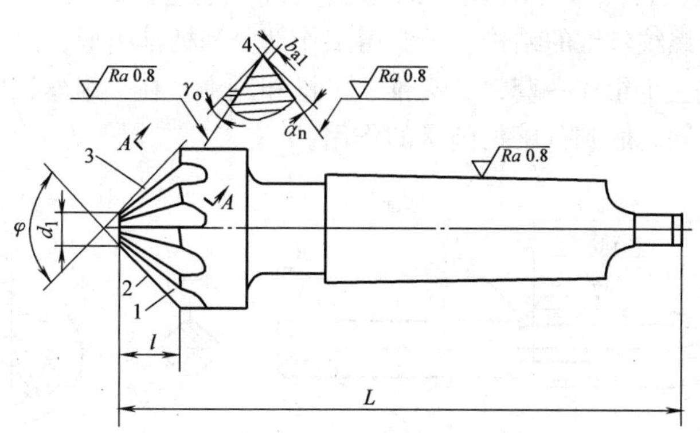

图 2-17　标准锪钻的结构和几何参数

1—前刀面　2—主切削刃　3—后刀面　4—刃带

应做得长一些；对于机用铰刀，可稍短一些，因为其导向精度主要由机床保证。

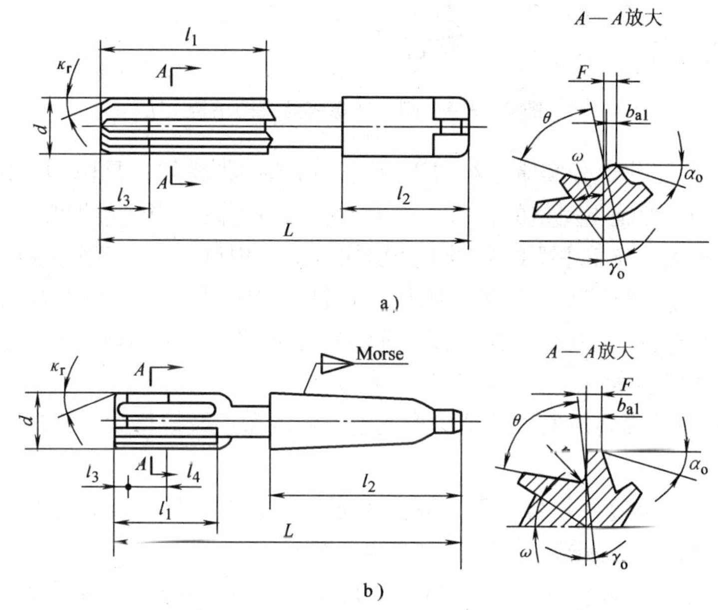

图 2-18　铰刀的结构

a）直柄手用铰刀　b）锥柄机用铰刀

d—铰刀直径　L—总长　l_1—工作部分　l_2—柄部　l_3—切削部分　l_4—圆柱校准部分

θ—齿槽截形夹角　κ_r—主偏角　γ_o—前角　α_o—后角　ω—齿间夹角　b_{a1}—棱边　F—齿背宽度

5. 丝锥

丝锥是加工各种中、小尺寸内螺纹的刀具，它结构简单、使用方便，既可手工操作，也可以在机床上工作，在生产中应用得非常广泛。

（1）丝锥的分类　对于小尺寸的内螺纹来说，丝锥几乎是唯一的加工刀具。丝锥的种类有手用丝锥、机用丝锥、螺母丝锥和挤压丝锥等。

（2）丝锥的结构及特点　尽管丝锥的种类很多，但它的结构基本上是相同的，如图2-19所示为公制普通螺纹丝锥的结构。丝锥由工作部分和柄部组成，用碳素工具钢制成。手用丝锥一般由两个或三个组成一套，分头锥、二锥和三锥。在一组丝锥中，丝锥的直径都一样，只是切削锥角不同，起到分配切削量的作用。

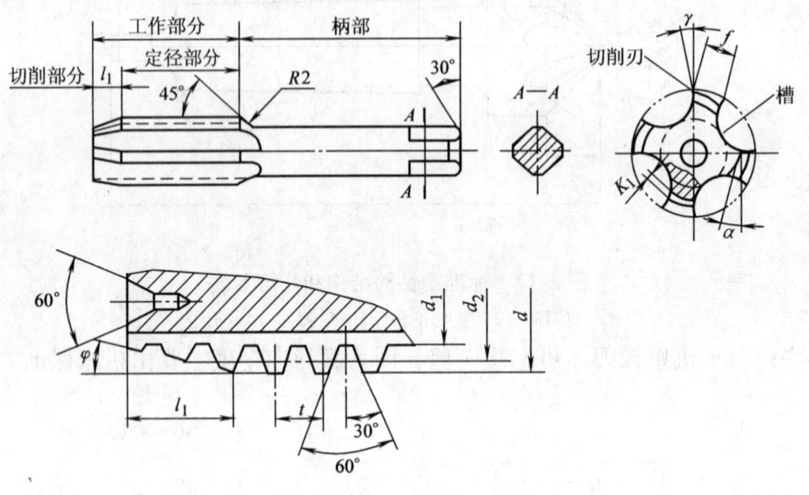

图2-19　公制普通螺纹丝锥的结构

1）工作部分。工作部分实质上类似于表面开有槽的外螺纹，是由切削部分和定径部分组成的。切削部分齿形是不完整的，后一刀齿比前一刀齿高。当丝锥做螺旋运动时，每一个刀齿都切下一层金属，丝锥主要的切屑工作由切削部分担负。定径部分又称校准部分，齿形是完整的，它主要用来校准及修光螺纹廓形，并起导向作用，以引导丝锥沿轴向运动。丝锥工作部分沿轴向开有3~4条容屑槽，以形成切削刃和排屑。手用丝锥柄部为圆柱形，末端为方棒，供夹持并传递转矩。

2）柄部是用来传递转矩的，其结构形式视丝锥的用途及规格大小而定。

6. 镗刀

镗刀按切削刃的数量可分为单刃、双刃和多刃镗刀；按加工表面可分为内孔和端面镗刀；按刀具结构可分为整体式、装夹式和可调式镗刀。

单刃镗刀（见图2-20）只有一个主切削刃，结构与车刀类似。镗孔的尺寸通过调整镗刀头的位置来保证。双刃镗刀有浮动和定装两种，如图2-21所示。

多刃镗刀是在一个圆形刀盘的圆周上镶嵌有两个以上单刃镗刀头的镗刀，如图2-22所示，镗孔时每个镗刀头同时参与切削，生产效率高，适合于孔的粗加工。

微调镗刀都有一个精密的刻度盘，刻度盘的螺母同刀头的丝杠组成一个精密的丝杠螺母副，如图2-23所示。当转动刻度盘时，丝杠带动刀头做直线运动实现微调。微调镗刀的安装有直角型和倾斜型，直角型用于镗通孔，倾斜型用于镗不通孔。

三、铣刀

铣刀是应用广泛的多刃回转体刀具，可以加工平面、沟槽、螺旋表面、齿轮表面和其他成形面。

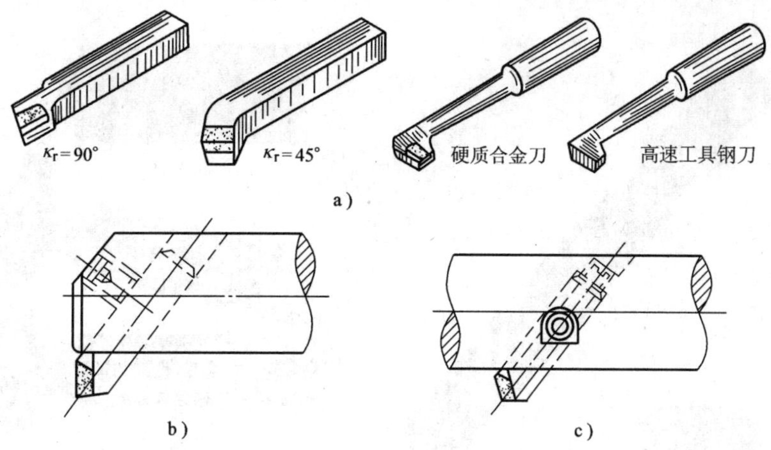

图 2-20　单刃镗刀

a）整体式单刃镗刀　b）机夹式不通孔镗刀　c）机夹式通孔镗刀

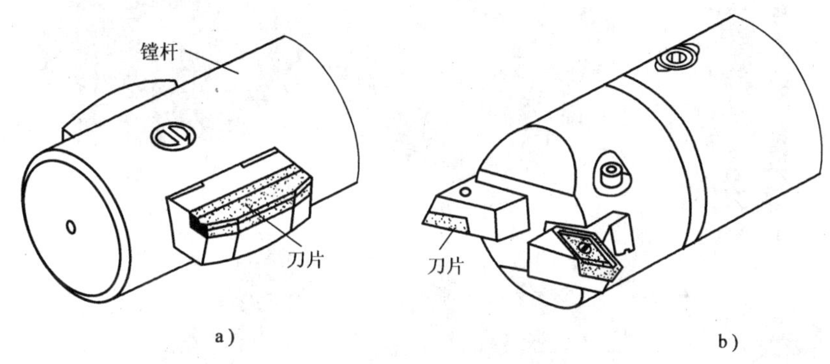

图 2-21　双刃镗刀

a）浮动镗刀　b）定装镗刀

图 2-22　多刃镗刀

图 2-23　微调镗刀

1. 常用铣刀的类型

常用铣刀有立铣刀、直柄键槽铣刀、T 形槽铣刀、半圆键槽铣刀、燕尾槽铣刀、锯片铣刀、三面刃铣刀、圆柱形铣刀、铲齿成形铣刀和角度铣刀等类型，如图 2-24 所示。

图 2-24　常用铣刀的类型

2. 可转位铣刀

（1）可转位铣刀用刀片型号表示规则　铣刀片和车刀片的型号表示规则基本相同，唯一的区别是刀片型号的第 7 项，刀片转角形状或刀片圆角半径（车刀片）的代号不同。

（2）可转位铣刀的类型和型号表示方法

1）可转位面铣刀的型号表示方法。可转位面铣刀的型号表示方法由 10 位代号组成，各位代号及表示的内容如图 2-25 所示。

2）可转位立铣刀的型号表示方法。可转位立铣刀的型号表示方法由 11 位代号组成，各位代号及表示的内容如图 2-26 所示。

3）可转位三面刃铣刀的型号表示方法。可转位三面刃铣刀的型号表示方法由 11 位代号组成，各位代号及表示的内容如图 2-27 所示。

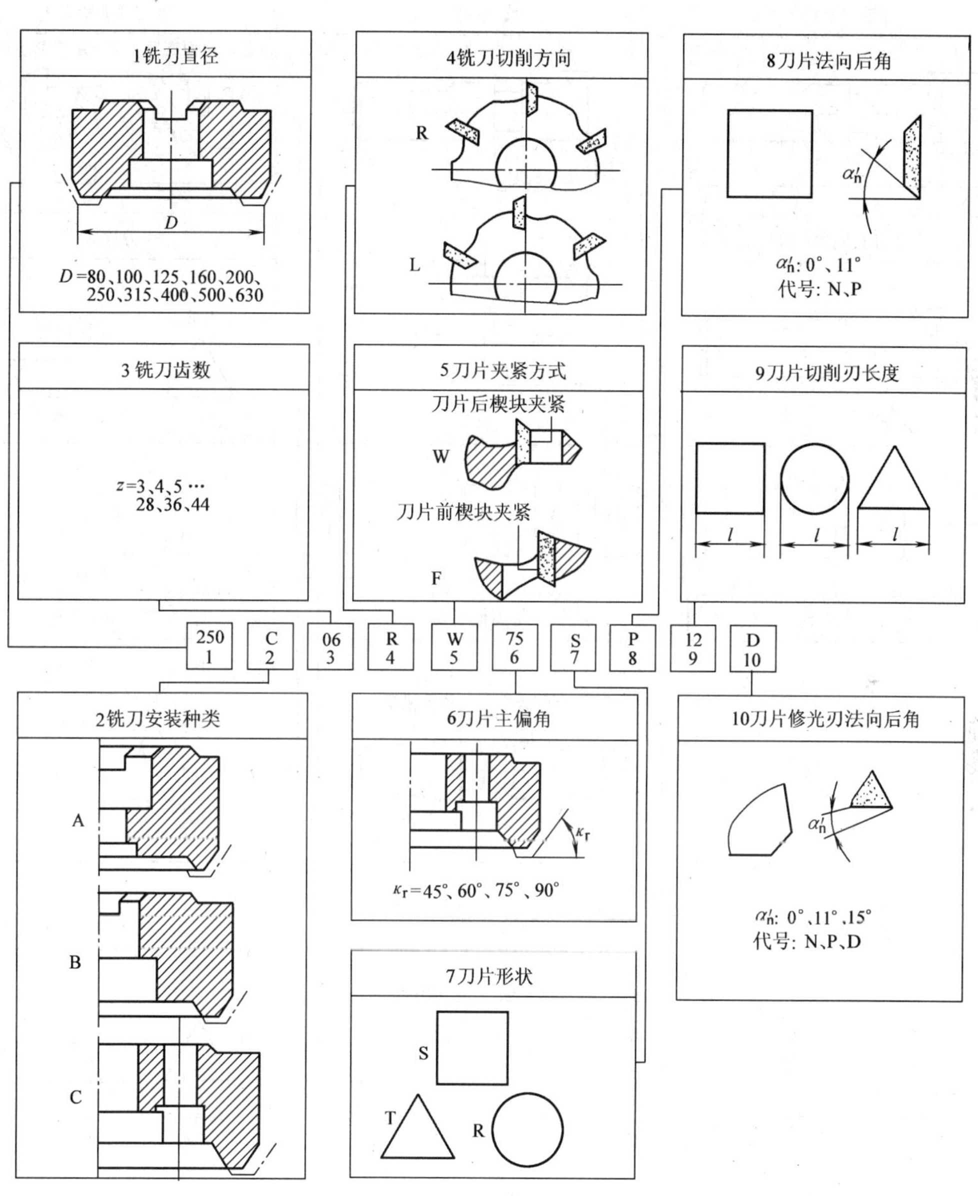

图 2-25 可转位面铣刀的型号标记图

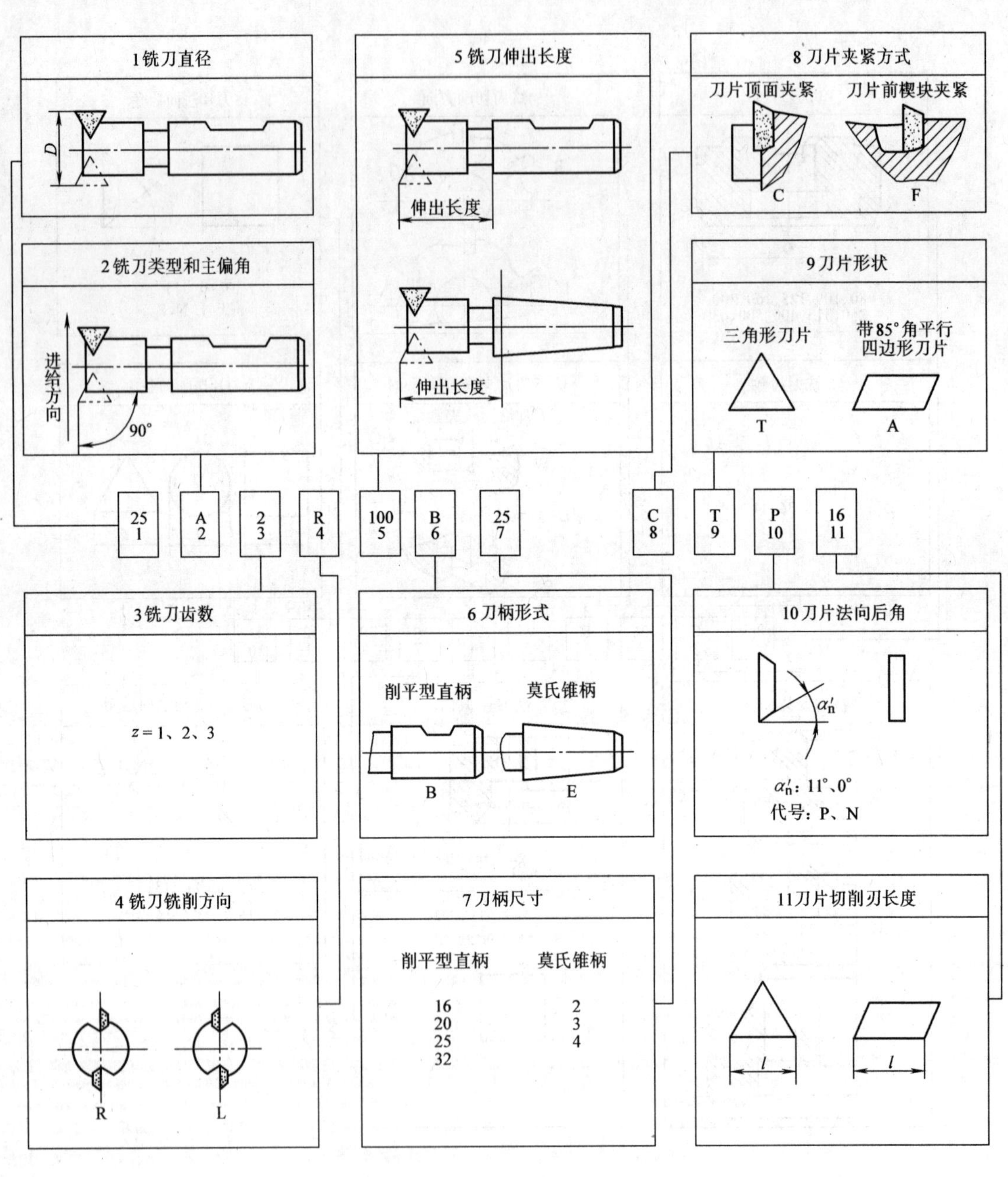

图 2-26　可转位立铣刀的型号标记图

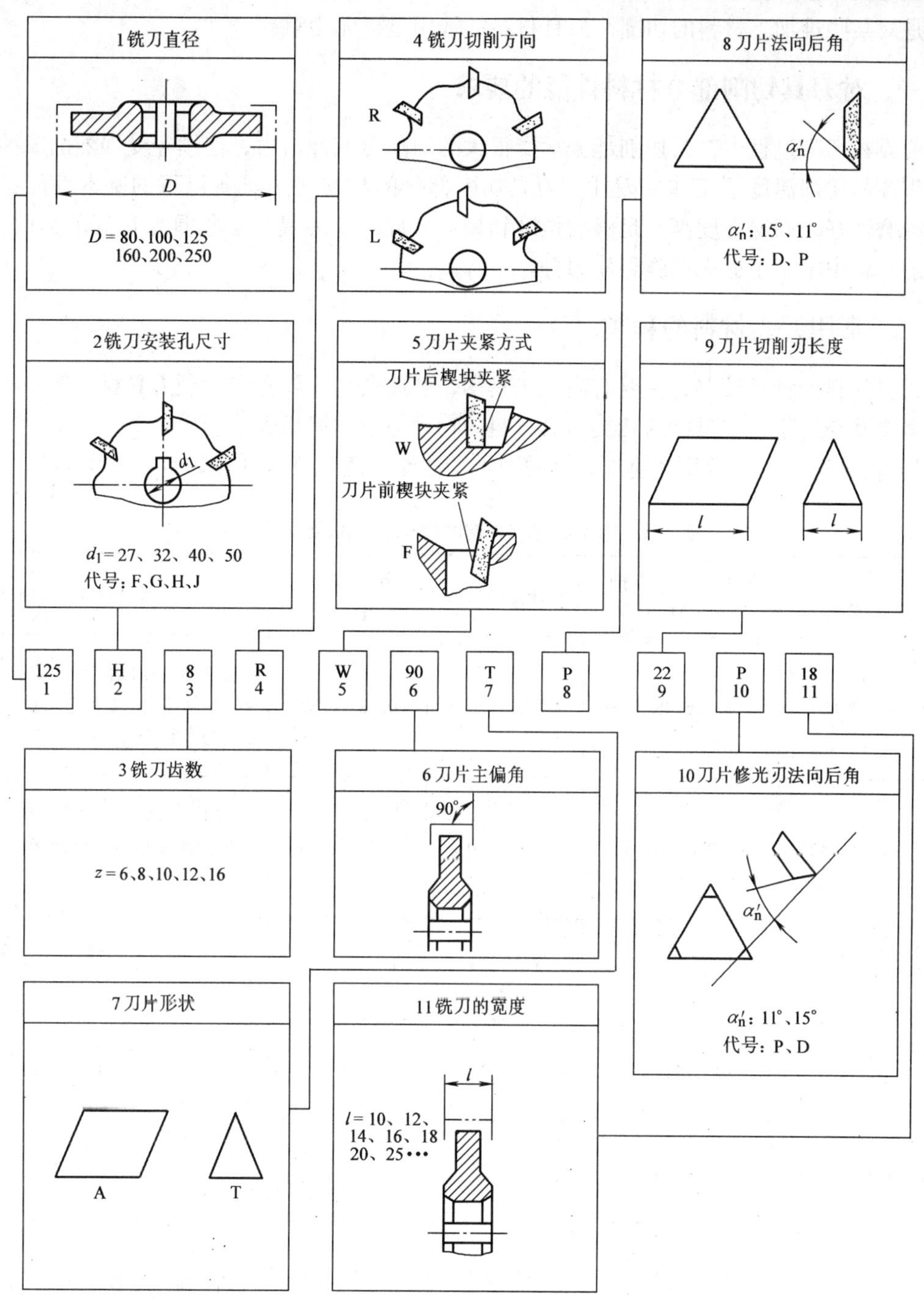

图 2-27　可转位三面刃铣刀的型号标记图

第二节　金属切削刀具的材料

在金属切削加工中，刀具材料的切削性能直接影响着生产效率、工件的加工精度和已加工表面质量、刀具消耗和加工成本。正确选择刀具材料是设计和选用刀具的重要内容之一，

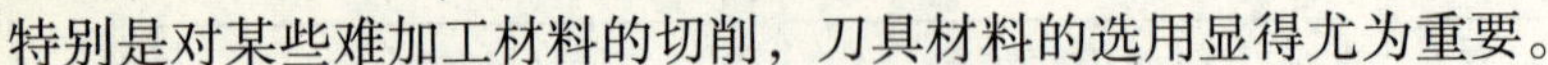

特别是对某些难加工材料的切削，刀具材料的选用显得尤为重要。

一、对刀具切削部分材料性能的要求

刀具在切削过程中，其切削部分承受很大的切削力或冲击力，连续经受强烈的摩擦，并且在很高的切削温度下工作。因此，刀具切削部分的材料必须具备以下的基本性能：高硬度、耐磨性好、高温硬度高、足够的强度和韧性。此外，刀具还必须具备良好的刃磨性能，在刃磨过程中不至于退火、脆裂崩刃等。

二、常用刀具材料的种类

刀具材料的种类较多，主要有高速工具钢、硬质合金、陶瓷和超硬刀具材料等。为了便于读者查阅与比较，本书将这几类刀具材料的物理力学性能用表格列出。

1）高速工具钢。常见高速工具钢的牌号、性能及适用范围见表2-5。

表2-5 常见高速工具钢的牌号、性能及适用范围

钢 号	硬度（600℃时的硬度）HRC	抗弯强度/GPa	冲击韧度/（MJ/m²）	主要性能及适用范围
W18Cr4V（W18）	63～66（48.5）	3.0～3.4	0.18～0.32	适于制造加工轻合金、碳钢、合金钢、普通铸铁的精加工和复杂刀具，如螺纹车刀、成形车刀、拉刀等
W6Mo5Cr4V2（M2）	63～66（47～48）	3.5～4.0	0.30～0.40	适于制造加工轻合金、碳钢、合金钢的热成形刀具以及承受冲击、结构薄弱的刀具
W9Mo3Cr4V（W9）	65～66.5	4.0～4.5	0.35～0.40	适于制造加工普通合金、钢材和铸铁的刀具
W10Mo4Cr4V3Co10（EV4）	66～67（52）	～3.2	～0.1	适合切削对刀具磨损极大的材料，如纤维、硬橡胶和塑料等，用于加工不锈钢、高强度钢和高温合金等，效果也很好
W6Mo5Cr4V3（M3）	65～67（51.7）	～3.2	～0.25	
W2Mo9Cr4VCo8（M42）	67～69（55）	2.7～3.8	0.23～0.30	适合加工高强度耐热钢、高温合金、钛合金等难加工材料，M42耐磨性好，适于制造精密复杂刀具，但不宜在受冲击的切削条件下工作
W10Mo4Cr4V3Co10（HSP－15）	67～69（55.5）	～2.35	～0.1	
W7Mo4Cr4V2Co5（M41）	67～69（54）	2.5～3.0	0.23～0.30	属美国生产的M40系列，使用范围与M42相同

（续）

钢 号	硬度（600℃时的硬度）HRC	抗弯强度/GPa	冲击韧度/(MJ/m²)	主要性能及适用范围
W6Mo5Cr4V2Al (501)	67～69(55)	2.9～3.9	0.23～0.3	宜于制造铣刀、钻头、铰刀、齿轮刀具和拉刀等，用于加工合金钢、不锈钢、高强度钢和高温合金等
W6Mo6Cr4V2 (5F－6)	67～69(54)	3.1～3.5	0.20～0.28	

注：1）本表由于资料来源并非在同一条件下试验，数字仅作参考。
2）表中所列性能参数，均指淬火处理以后。

2）硬质合金。常用硬质合金的性能及适用范围见表2-6；几种新牌号硬质合金的性能及适用范围见表2-7；硬质合金切削刀片组别与相应牌号对照表见表2-8。

表2-6 常用硬质合金的性能及适用范围

牌号	性能及适用范围
YG3	在K(YG)类合金中，耐磨性仅次于YG3X和YG6A，能适用较高的切削速度，但对冲击和振动比较敏感，适用于铸铁、非铁金属及其合金、非金属材料（橡胶、纤维、塑料、板岩、玻璃、石墨电极等）连续精车及半精车
YG3X	属细晶粒合金，是K(YG)类合金中耐磨性最好的一种，但冲击韧度较差，适用于铸铁、非铁金属及其合金的精车、精镗等，也适用于淬硬钢及钨、铝材料的精加工
YG6	耐磨性较高，但低于YG3X和YG3，适用于铸铁、非铁金属及其合金、非金属材料连续切削时的粗车、间断切削时的半精车、精车、连续断面的半精铣与精铣
YG8	使用强度较高，抗冲击和抗振动性能较YG6好，耐磨性和允许的切削速度较低，适用于铸铁、非铁金属及其合金、非金属材料的粗加工
YT5	在P(YT)类合金中，强度最高、抗冲击和抗振动性能最好，但耐磨性较差，适用于碳钢及合金钢不连续面的粗车、粗刨、半精刨、粗铣和钻孔等
YT14	使用强度高，抗冲击和抗振动性能好，但较YT5稍差，耐磨性及允许的切削速度较YT5高，适用于碳钢和合金钢的粗车、间断切削时的半精车和精车、连续面的粗铣等
YT15	耐磨性优于YT14，但抗冲击性能较YT14差，适用于碳钢与合金钢加工中连续切削时的粗车、半精车及精车，间断切削时的断面精车，连续面的半精铣与精铣等
YT30	耐磨性及允许的切削速度较YT15高，但使用强度及冲击韧度较差，焊接及刃磨损易产生裂纹，适用于碳钢及合金钢的精加工，如小断面精车、精镗和精扩等
YW1	扩展了P(YT)类合金的使用性能，能承受一定的冲击载荷，通用性较好，适用于耐热钢、高锰钢、不锈钢等难加工材料的精加工，也适合一般钢材和铸铁及非铁金属的精加工

（续）

牌号	性能及适用范围
YW2	耐磨性稍次于YW1合金，但使用强度较高，能承受较大的冲击载荷，适用于耐热钢、高锰钢、不锈钢及高级合金钢等难加工钢材的精加工、半精加工，也适合一般钢材和铸铁及非铁金属的加工
YN10	耐磨性和耐热性好，硬度与YT30相当，强度比YT30稍高，焊接性能及刃磨性能较YT30好，适用于碳素钢、合金钢、不锈钢、工具钢及淬硬钢的连续面精加工，对于较长件和表面粗糙度要求低的工件，加工效果尤佳
YN05	硬度和耐热性是硬质合金中最高者，耐磨性接近陶瓷，但抗冲击和抗振动性能差，适用于钢、淬硬钢、合金钢、铸钢和合金铸铁的高速精加工及工艺系统刚性特别好的细小件的精加工

表2-7　几种新牌号硬质合金的性能及适用范围

牌号	物理力学性能			适用范围
	密度/(g/cm^3)	硬度 HRA	抗弯强度 σ_{bb}/GPA	
YM051（YH1）	14.2～14.4	≥93.0	1.76～2.158	适于铁基、铁镍基和镍基高温合金、高强度钢、高锰钢的粗、精加工，淬火钢、特殊耐热不锈钢的精加工和半精加工及非金属铸石、陶瓷和花岗岩的加工
YS2（YG10H）	14.3～14.5	91.5	2.158	适于低速粗车、铣削高温合金及钛合金，做切断刀及丝锥更佳
YD15（YGRM）	15	92	1.76	适于精车、半精车钛合金、高温合金以及多种类铸铁及高强度钢的加工
YG8W（W4）	14.7	92	1.962	适于加工钛合金、高温合金及耐热不锈钢
YW3	12.7～13.3	92	1.373	适于耐热合金钢、高强度钢、低合金超高强度钢的精加工和半精加工，也可在冲击小的情况下粗加工
YT05	12.5～12.9	92.5	1.177	适于碳素钢、合金钢和高强度钢的精加工和半精加工，也适于淬火钢及含钴较高的合金钢的加工
YS30（YTM30）	12.45	91.3	1.765	适于大走刀、高效率铣削各种钢材，尤其是合金钢的铣削
YT798	11.8～12.5	150	≥0.892	适于高强度钢、高锰钢、不锈钢及一般低碳合金钢的断续车削、铣削，特别适于制作铣刀及喷射钻
YT712	11.5～12.0	130	≥0.897	适于高强度合金钢、高速工具钢、高锰钢以及硅钢片组合件、中硬度合金钢的粗车和半精车

（续）

牌号	物理力学性能			适用范围
	密度/（g/cm³）	硬度HRA	抗弯强度 σ_{bb}/GPA	
YG643M	13.7	150	≥0.912	适于高温合金及超高强度钢的精加工及半精加工
1#		160	≥0.892	适于高温合金、不锈钢、钛合金、纯钨、纯铁的加工，宜采用大前角切削
3#		100	≥0.902	适于铸铁、非铁金属及其合金的精镗，也适用于合金钢、淬火钢的精加工
M2		170	≥0.882	适于高强度合金钢、高锰钢的加工，尤适用于铣削加工
M3		190	≥0.877	适用于高强度合金钢、高锰钢、反磁钢、硅钢片组合件的车削加工
T20		110	≥0.902	适用于碳素钢、合金钢的精加工，并可加工60HRC左右的淬火钢
T40		90	≥0.907	可加工60HRC以上的钢材

表2-8 硬质合金切削刀片组别与相应牌号对照表

按加工材料分类	新标准组别	相应的硬质合金牌号
P类钢、铸铁、长切屑的可锻铸铁	P01	YT30、YN05、T20
	P05	YT05、YN10、T40
	P10	YT15、YT712、YM10、YT707、YT715、YT758、T20
	P20	YT14、YS25、YT712、YT715、YT758、YT798、M2
P类钢、铸铁、长切屑的可锻铸铁	P25	YS30、YT535、YT798
	P30	YT5、YS30、M3、YT535
	P35	YC35、YT535、M3
	P40	YS25、YC45、YT540、M3
	P50	YC45
M类钢、铸钢、硬质锰钢、合金铸铁、奥氏体钢、球墨铸铁、高速钢	M10	YW1、YW3、YM10、YD15、YT707、YT712、YT767、YG643、T20、1#、3#
	M15	YT767
	M20	YW2、YW3、YS25、YT758、YT726、YT767、YG813、M2、1#、YT798、YG532
	M30	YS25、YS2
	M40	YG640

（续）

按加工材料分类	新标准组别	相应的硬质合金牌号
K类铸铁、高硬度铸铁、短切屑的可锻铸铁、淬火钢、有色金属、非金属、合成材料、木材	K01	YG3X、YD05、YG600、YG610、3#、YG3
	K05	YM052、YM053、YT726、YG600、YG610、YG643、3#
	K10	YG6X、YM051、YM053、YM052、YD15、YDS15、YG6A、YT726、YG610、YG543、YG813、YG532、1#、3#
	K15	YG532、YG813、1#
	K20	YG6、YG8N、YDS15、YG532、YG813、1#
	K30	YG8、YS2、YG546、YG640、YG8N
	K40	YG546、YG640

3）陶瓷刀具材料。陶瓷材料是以氧化铝为主要成分，冷压或热压成形，在高温下烧结而成的一种刀具材料。这种材料近几年有较大的发展，与硬质合金相比，具有很高的硬度、很好的高温性能和耐磨性、很好的化学稳定性和抗粘结性能、摩擦系数低，但陶瓷刀具材料的强度和韧性差，热导率低。表2-9是部分国产陶瓷刀具的牌号及性能。

表2-9　部分国产陶瓷刀具的牌号及性能

牌号	成 分	密度 /(g/cm^3)	硬度 HRA (HRN15)	抗弯强度 /MPa	冲击韧度 /(kJ/m^2)
P	Al_2O_3	≥3.95	(≥96.5)	500~550	
M16	Al_2O_3 - TiC	4.5	(≥97)	700~850	4.83
M4	Al_2O_3 - 碳化物 - 金属	5	(≥96.5~97)	800~900	6.616
SG3	Al_2O_3 - (W、Ti)C	5.55	94.5~94.8	825	(15)
SG4	Al_2O_3 - (W、Ti)C	≥6.65	94.7~95.3	800~1180	(15)
SG5	Al_2O_3 - SiC		94	700	(15)
LT35	Al_2O_3 - TiC - Mo - Ni	≥4.75	93.5~94.5	900~1100	(8.5)
LT55	Al_2O_3 - TiC - Mo - Ni	≥4.96	93.7~94.8	1000~1200	(20)
AT6	Al_2O_3 - TiC	4.75~4.78	93.5~94.5	900	(8.5)
AG2	Al_2O_3 - TiC	4.55	93.5~95	800	
SM	SI3N4	3.26	91~93	750~850	(4)
HS78	SI3N4	3.14	91~92	600~800	4.7~6.609(4)
FT80	Si_3N_4 - TiC - Co	4.41	93~94	600~800	7.21(4.4~5.5)
F85	Si_3N_4 - TiC - 其他	3.41	93.5	700~800	6~7(5~7)

注：1）资料来源不同，数据仅供参考。

2）HRN15是指载荷为150N（即15kgf）的表面洛氏硬度。

3）陶瓷韧性用断裂韧度表示。

4）超硬刀具材料。超硬刀具材料主要指金刚石及立方氮化硼。国产超硬材料的牌号、性能及适用范围见表2-10。

表 2-10 国产超硬材料的牌号、性能及适用范围

牌号	硬度 HV	抗弯强度 σ_{bb}/GPa	热稳定性/℃	适用范围
FJ	≥7000	≥1.5	<800	各种耐磨非金属，如玻璃钢、粉末冶金毛坯、陶瓷材料等；各种耐磨非铁金属，如各种硅铝合金；各种非金属光加工
FRS－F	7200		950（开始氧化）	
FD	≥5000	≥1.5	≥1000	各种淬硬钢（小于65HRC）的粗精加工；各种高硬度铸铁；各种喷涂、堆焊材料；含钴量大于10%的硬质合金
LDP－CFⅡ	7000～8000	0.46～0.53	1000～1200	粗车、半精车淬硬钢、热喷涂零件、耐磨铸铁、部分高温合金等
LDP－J－XF				适用于异形和多刃（铣刀等）刀具
DLS－F	5800	0.35～0.58	1057～1121	

第三节 刀具磨损与刀具寿命

在金属切削的过程中，刀具在切除金属的同时，其本身也逐渐被磨损，当磨损到一定程度时，刀具便失去切削能力。刀具磨损的快慢用使用寿命来衡量。刀具磨损过快，会增加刀具消耗、影响加工质量、降低生产效率、增加成本。分析刀具磨损的机理对合理选择切削条件、正确使用刀具及确定刀具使用寿命具有重要的意义。

一、刀具的磨损形式

刀具的磨损形式可分为正常磨损和非正常磨损两大类。刀具正常磨损是指在刀具与工件或切屑的接触面上，刀具材料的微粒被切屑或工件带走的现象，而由于冲击、振动、热效应等原因致使刀具崩刃、卷刃、断裂、表层剥落而损坏则称为非正常磨损或刀具的破损。

刀具的正常磨损方式一般有以下几种：

1. 前刀面磨损

前刀面磨损也称月牙洼磨损。在切削速度较高、切削层标准厚度较大的情况下加工塑性金属时，切屑会在前刀面上磨出一个月牙洼，如图 2-28 所示，月牙洼处是切削温度最高的地方。在磨损过程中，月牙洼逐渐加深加宽，当月牙洼扩展到使棱边变得很窄时，切削刃的

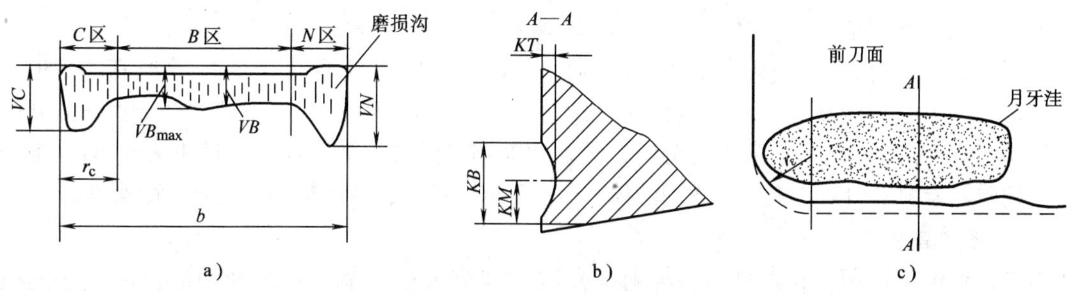

图 2-28 刀具磨损示意图

强度大为削弱，极易导致崩刃。月牙洼的磨损量以其深度“*KT*”表示。

2. 后刀面磨损

切削脆性金属材料或以较小的切削层标准厚度（$h_D < 0.1mm$）和较低的切削速度切削塑性金属时，刀具前刀面上的压力和摩擦较小，温度较低，而后刀面与工件加工表面之间却存在着强烈的摩擦，因而刀具的磨损主要发生在后刀面上。在后刀面上邻近切削刃的地方很快被磨出后角为零的小棱面，这种磨损称后刀面磨损，如图2-28a所示。

后刀面的磨损是不均匀的，由图2-28a可见，在刀尖部分（*C*区）由于强度和散热条件较差，磨损剧烈，其最大值用“*VC*”表示；在切削刃靠近工件表面处（*N*区），由于毛坯的硬皮或加工硬化等原因，磨损也较大，该区的磨损量用“*VN*”表示。在参与切削刃的中部（*B*区），其磨损均匀，并以平均磨损值“*VB*”表示。

3. 前后刀面磨损

前后刀面磨损是兼有上述两种情况的磨损形式。当切削塑性金属时，如果切削速度、切削层标准厚度适中（$h_D = 0.1 \sim 0.5mm$），则经常发生这种磨损。

二、刀具磨损的原因

刀具是在高温和高压下受到机械的和热化学的作用而发生磨损的，其原因如下：

1. 磨料磨损

磨料磨损也称机械磨损。由于切屑或工件的摩擦面上有一些微小的硬质点，能在刀具表面刻划出沟纹，这就是磨料磨损。硬质点有碳化物或积屑瘤碎片。磨料磨损在各种切削速度下都存在，但对低速切削刀具（如拉刀、板牙等），磨料磨损是其主要的磨损原因；高速工具钢刀具的硬度和耐磨性低于硬质合金，故磨料磨损所占比重较大。

2. 粘结磨损

粘结磨损也称冷焊磨损，是切屑或工件的表面与刀具表面之间发生的粘结现象。由于切削时有相对运动，刀具上的微粒被对方带走而造成粘结磨损。粘结磨损与切削温度有关，也与刀具及工件的化学成分有关（元素的亲和作用）。

粘结磨损一般在中等偏低的切削速度下比较严重。高速工具钢刀具在正常工作的切削速度下、硬质合金刀具在偏低的切削速度下时，粘结磨损所占的比重较大。

3. 扩散磨损

扩散磨损是刀具材料和工件材料在高温下化学元素相互扩散而造成的磨损。在高温下（900～1000℃）刀具材料中的Ti、W、Co等元素会扩散到切屑或工件材料中去，而工件材料中的Fe元素也会扩散到刀具表层里，这样就改变了硬质合金刀具的化学成分，使其表层变脆弱，从而加剧了刀具的磨损，如图2-29所示。

扩散磨损主要决定于接触面之间的温度。K（YG）类硬质合金的扩散温度为850～900℃，P（YT）类硬质合金的扩散温度约为900～1000℃。P（YT）类硬质合金中钛元素的扩散率远低于钴、钨且TiC又不易分解，故在切削钢时的抗扩散磨损能力优于K（YG）类合金。硬质合金中添加钽、铌后形成固溶体C，也不容易扩散，从而提高了刀具的耐磨性。

4. 化学磨损

在一定温度作用下，刀具材料与周围介质（如空气中的氧、切削液中的极压添加剂硫或氯等）起化学作用，在刀具表面形成硬度较低的化合物，易被切屑和工件摩擦掉造成刀

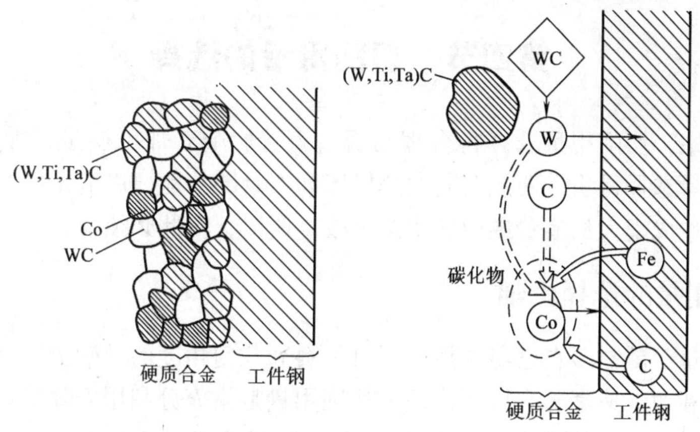

图 2-29　扩散磨损

具材料损失，由此产生的刀具磨损称为化学磨损。化学磨损主要发生在较高的切削速度条件下。当切削速度较高、切削温度达到 700 ~ 800℃时，空气中的氧与硬质合金中的钴及碳化钨、碳化钛等发生氧化作用，产生的较软氧化物（如 CoO、WO_2、TiO_2）被切削或工件摩擦掉而形成氧化磨损。

综上所述，切削温度对刀具磨损起决定性的作用。高温时，主要出现扩散和氧化磨损；中低温时，粘结磨损占主导地位；磨料磨损则在不同的切削温度下都存在。

三、刀具使用寿命

1. 刀具使用寿命的定义

刃磨后的刀具自开始切削直到磨损量达到磨钝标准所经历的总切削时间称为刀具寿命，用“T”表示。刀具寿命是净切削时间，不包括对刀、测量和快进等非切削时间。

一把新刀往往要经过多次重磨，才会报废，刀具寿命指的是一把新刀从开始使用到报废为止所经历的总切削时间。

2. 切削用量对刀具寿命的影响

切削用量与刀具寿命密切相关。刀具寿命 T 定得高，切削用量就要取得低，虽然此时换刀次数少，刀具消耗少了，但因为切削效率下降了、经济效益也未必好；刀具寿命 T 定得低，切削用量可以取得高，切削效率是提高了，但换刀次数多，刀具消耗变大，调整刀具位置费工费时，经济效益也未必好。

制订刀具寿命时，还应具体考虑以下几点：

1）刀具构造复杂、制造和磨刀费用高时，刀具寿命应规定得高些。

2）多刀车床上的车刀，组合机床上的钻头、丝锥和铣刀，自动机床及自动线上的刀具，因为调整复杂，刀具寿命应规定得高些。

3）某工序的生产成为生产线上的瓶颈时，刀具寿命应定得低些，这样可以选用较大的切削用量，以加快该工序的生产节拍。某工序单位时间的生产成本较高时，刀具寿命应规定得低些，这样可以选用较大的切削用量，缩短加工时间。

4）精加工大型工件时，刀具寿命应规定得高些，至少保证在一次走刀中不换刀。

第四节　切削用量的选择

在切削加工中，切削用量选择得合理与否，直接影响着加工质量、加工成本和生产效率。如果切削用量选择得当，便能充分发挥机床和刀具的功能，以取得生产的最大效益；倘若选择不当，会造成很大的浪费或导致生产事故。所以，对此必须引起高度重视。

一、切削用量的选择原则

制订切削用量，就是要在已经选择好刀具材料和几何角度的基础上，合理地确定背吃刀量 a_p、进给量 f 和切削速度 v_c。所谓合理的切削用量是指充分利用刀具的切削性能和机床性能，在保证加工质量（表面粗糙度和加工精度）的要求以及工艺系统刚性允许的情况下，在充分利用机床功率和发挥刀具切削性能时获得高的生产效率和低的加工成本的切削用量。

粗加工时，毛坯余量大，工件的几何精度和表面粗糙度等技术要求低，因此应以发挥机床和刀具的切削性能、减少机动时间和辅助时间、提高生产效率和提高刀具寿命作为选择切削用量的主要依据。

精加工时，加工余量不大，加工精度高，表面粗糙度值要求小，因此应以提高加工质量作为选择切削用量的主要依据，然后考虑尽可能提高生产效率。

二、切削用量的选择方法

1. 粗加工切削用量的选择

（1）确定背吃刀量 a_p　背吃刀量 a_p 根据工序余量来确定，除留给以后工序的余量外，其余的粗加工余量尽可能一次切除，以使走刀次数最少，但在某些特殊情况下，精加工可选用两次或数次进给，当粗加工余量 h 过大，如外圆车削的单边余量 $h>6\text{mm}$；加工余量极不均匀；工艺系统刚度不足；断续切削、刀片尺寸较小，如作用切削刃长度超过工作切削刃的60%时，采用两次进给。第一次进给的背吃刀量 a_{p1} 值应选得大些，一般 $a_{p1}=(\frac{2}{3}\sim\frac{3}{4})h$。当加工余量极不均匀时，视具体情况应先切去不均匀部分。

（2）确定进给量 f　粗加工时，进给量 f 的选择受切削力的限制。在工艺系统强度和刚度允许的情况下，应选择较大的进给量，一般取 $f=0.3\sim0.9\text{mm/r}$。硬质合金及高速工具钢车刀粗车外圆和端面时的进给量见表2-11，表2-12为硬质合金刀片强度允许的最大进给量值。

（3）确定切削速度 v_c　在 a_p 和 f 选定后，再根据规定达到的合理寿命 T（单位：min），就可以确定切削速度 v_c（单位：m/s）。车削速度值的选定可参考表2-13中的数值。

（4）校验机床功率　校验机床功率时，必要情况下，还需校验机床进给机构和刀杆、刀片的强度与刚度。当 a_p 和 f 符合表2-11和表2-12时，可不必校验刀具强度和刚度。

2. 半精加工、精加工切削用量的选择

（1）确定背吃刀量 a_p　半精加工的余量较小，在1~2mm，精加工余量更小，为0.05~0.80mm。在半精加工、精加工时，应在一次进给中切除工序余量。在采用硬质合金车刀精车时，考虑到刀尖圆弧半径 r_ε 与切削刃钝圆半径 r_n 对挤压和摩擦作用的影响，a_p 不宜过小，

一般应大于0.3mm。

表2-11 硬质合金及高速工具钢车刀粗车外圆和端面时的进给量

工件材料	车刀刀杆尺寸 B/mm×H/mm	工件直径/mm	背吃刀量 a_p/mm				
			≤3	>3~5	>5~6	>8~12	12以上
			进给量 f/(mm/r)				
碳素结构钢和合金结构钢	16×25	20	0.3~0.4	—	—	—	—
		40	0.4~0.5	0.3~0.4	—	—	—
		60	0.5~0.7	0.4~0.6	0.3~0.5	—	—
		100	0.6~0.9	0.5~0.7	0.5~0.6	0.4~0.5	—
		400	0.8~1.2	0.7~1.0	0.6~0.8	0.5~0.6	—
	20×30 25×25	20	0.3~0.4	—	—	—	—
		40	0.4~0.5	0.3~0.4	—	—	—
		60	0.6~0.7	0.5~0.7	0.4~0.6	—	—
		100	0.8~1.0	0.7~0.9	0.5~0.7	0.4~0.7	—
		600	1.2~1.4	1.0~1.2	0.8~1.0	0.6~0.9	0.4~0.6
铸铁及铜合金	16×25	40	0.4~0.5				
		60	0.6~0.8	0.5~0.8	0.4~0.6		
		100	0.8~1.2	0.7~1.0	0.6~0.8	0.5~0.7	
		400	1.0~1.4	1.0~1.2	0.8~1.0	0.6~0.8	
	25×25	40	0.4~0.5				
		60	0.6~0.9	0.5~0.8	0.4~0.7		
		100	0.9~1.3	0.8~1.2	0.7~1.0	0.5~0.8	
		600	1.2~1.8	1.2~1.6	1.0~1.3	0.9~1.1	0.7~0.9

注：1）加工断续表面及有冲击的加工时，表内的进给量应乘以系数0.75~0.85。

2）加工耐热钢及其合金时，不采用大于1.0mm/r的进给量。

3）加工淬硬钢时，表内进给量应乘以系数0.8（当材料硬度为44~56HRC时）或0.5（当硬度为57~62HRC时）。

表2-12 硬质合金刀片强度允许的最大进给量

刀片厚度/mm a_p/mm	4	6	8	10	材料不同时进给量修正系数			
	f/(mm/r)				钢 σ_b=0.47~0.637/GPa	钢 σ_b=0.637~0.852/GPa	钢 σ_b=0.852~1.147/GPa	铸铁
≤4	1.3	2.6	4.2	6.1	1.2	1	0.85	1.6
>4~7	1.1	2.2	3.6	5.1	主偏角不同时进给量修正系数			
>7~13	0.9	1.8	3	4.2	30°	45°	60°	90°
>13~22	0.8	1.5	2.5	3.6	1.4	1	0.6	0.4

注：有冲击时，进给量应减少20%。

表 2-13　车削加工的切削速度参考数值

加工材料		硬度 HBW	a_p /mm	高速钢刀具		硬质合金						陶瓷（超硬材料）刀具		
						未涂层			涂层					
				v_c/(m/s)	f/(mm/r)	v_c/(m/s) 焊接式	v_c/(m/s) 可转位	f/(mm/r)	材料	v_c/(m/s)	f/(mm/r)	v_c/(m/s)	f/(mm/r)	说　明
易切碳钢	低碳	100~200	1	0.92~1.5	0.18~0.2	3.1~4	3.67~4.6	0.18	YT15	5.3~6.8	0.18	9.17~11.67	0.13	切削条件较好时可用冷压 Al_2O_3 陶瓷，切削条件较差时宜用 Al_2O_3 + TiC 热压混合陶瓷，下同
			4	0.68~1.2	0.4	2.25~3.1	2.67~3.58	0.5	YT14	3.58~4.58	0.4	7.1~9.67	0.25	
			8	0.57~0.92	0.5	1.83~2.42	2.17~2.83	0.75	YT5	2.83~3.67	0.5	5.58~8.17	0.4	
	中碳	175~225	1	0.87	0.2	2.75	3.33	0.18	YT15	5.1	0.18	8.67	0.13	
			4	0.67	0.4	2.1	2.5	0.5	YT14	3.33	0.4	6.6	0.25	
			8	0.5	0.5	1.67	2	0.75	YT5	2.67	0.5	5.1	0.4	
碳钢	低碳	125~225	1	0.72~0.77	0.18	2.33~2.5	2.83~3.25	0.18	YT15	4.3~4.83	0.18	8.67~9.67	0.13	
			4	0.57~0.63	0.4	1.92~2.1	2.25~2.5	0.5	YT14	2.83~3.2	0.4	6.1~7.1	0.25	
			8	0.45~0.5	0.5	1.47~1.67	1.75~2	0.75	YT5	2.25~2.5	0.5	4.58~6.1	0.4	
	中碳	175~275	1	0.57~0.67	0.18	1.92~2.17	2.5~2.67	0.18	YT15	3.67~4	0.18	7.67~8.67	0.13	
			4	0.38~0.5	0.4	1.5~1.67	1.92~2.1	0.5	YT14	2.42~2.67	0.4	4.83~5.83	0.25	
			8	0.33~0.43	0.5	1.2~1.3	1.5~1.67	0.75	YT5	1.92~2.1	0.5	3.33~4.3	0.4	
	高碳	175~275	1	0.5~0.62	0.18	1.92~2.17	2.33~2.58	0.18	YT15	3.58~3.83	0.18	7.67~8.67	0.13	
			4	0.4~0.45	0.4	1.47~1.58	1.75~2	0.5	YT14	2.4~2.5	0.4	4.58~5.58	0.25	
			8	0.3~0.35	0.5	1.15~1.27	1.4~1.58	0.75	YT5	1.92~2	0.5	3.1~4.1	0.4	
合金钢	低碳	125~225	1	0.68~0.77	0.18	2.25~2.5	2.83~3.1	0.18	YT15	3.67~3.92	0.18	8.67~9.67	0.13	
			4	0.53~0.62	0.4	1.75~2	2.25~2.42	0.5	YT14	2.92~3.16	0.4	6.1~6.58	0.25	
			8	0.4~0.45	0.5	1.4~1.58	1.75~1.92	0.75	YT5	2.25~2.42	0.5	4.58~5.58	0.4	

（续）

加工材料		硬度 HBW	a_p /mm	高速钢刀具		硬质合金							陶瓷（超硬材料）刀具		
						未涂层			涂层						
				v_c/(m/s)	f/(mm/r)	v_c/(m/s) 焊接式	v_c/(m/s) 可转位	f/(mm/r)	材料	v_c/(m/s)	f/(mm/r)		v_c/(m/s)	f/(mm/r)	说明
合金钢	中碳	175～225	1	0.57～0.68	0.18	1.75～1.92	2.17～2.5	0.18	YT15	2.92～3.33	0.18		7.67～8.67	0.13	
			4	0.43～0.53	0.4	1.42～1.5	1.75～2	0.5	YT14	2.25～2.67	0.4		4.67～6	0.25	
			8	0.33～0.4	0.5	1.12～1.22	1.37～1.58	0.75	YT5	1.4～2	0.5		3.67～4.42	0.4	
	高碳	175～225	1	0.5～0.62	0.18	1.75～1.92	2.25～2.42	0.18	YT15	2.92～3.17	0.18		7.67～8.67	0.13	
			4	0.4～0.45	0.4	1.4～1.5	1.75～1.92	0.5	YT14	2.25～2.5	0.4		4.58～5.58	0.25	
			8	0.3～0.35	0.5	1.1～1.2	1.37～1.5	0.75	YT5	1.75～2	0.5		3.58～4.1	0.4	
高强度钢		225～350	1	0.33～0.43	0.18	1.5～1.75	1.92～2.25	0.18	YT15	2.5～2.25	0.18		6.3～7.33	0.13	大于 300HBW 宜用 W12Cr4V5Co5 及 W2－Mo9Cr4VCo8
			4	0.25～0.33	0.4	1.15～1.4	1.5～1.75	0.5	YT14	2～2.25	0.4		3.42～4.42	0.25	
			8	0.2～0.25	0.5	0.83～1.1	1.15～1.4	0.75	YT5	1.5～1.75	0.5		2.42～3.42	0.4	
高速工具钢		200～275	1	0.25～0.4	0.13～0.18	1.27～1.75	1.42～2.1	0.18	YW1，YT15	1.92～2.67	0.18		7～7.67	0.13	加工 W12Cr4V5Co5 等高速工具钢时应用 W12Cr4V5Co5 及 W2－Mo9Cr4VCo8
			4	0.2～0.33	0.25～0.40	1～1.4	1.15～1.67	0.4	YW2，YT14	1.5～2.17	0.4		4.17～4.58	0.25	
			8	0.15～0.25	0.4～0.5	0.77～1.1	0.88～1.27	0.5	YW3，YT5	1.15～1.67	0.5		3.17～3.58	0.4	
不锈钢	奥氏体	135～275	1	0.3～0.57	0.18	0.97～1.75	1.12～2	0.18	YG3X，YW1	1.4～2.67	0.18		4.58～7.1	0.13	
			4	0.25～0.45	0.4	0.82～1.67	0.97～1.75	0.4	YG6，YW1	1.27～2.25	0.4		2.5～4.58	0.25	
			8	0.2～0.35	0.5	0.63～1.27	0.77～1.4	0.5	YG6，YW1	1～1.75	0.5		1.5～3.1	0.4	
	马氏体	175～325	1	0.33～0.73	0.18	1.45～2.33	1.58～2.92	0.18	YW1，YT15	2～4.33	0.18		5.8～8.2	0.13	
			4	0.25～0.58	0.4	1.15～1.92	1.25～2.25	0.4	YW1，YT15	1.67～2.83	0.4		3.1～5.58	0.25	
			8	0.2～0.45	0.5	0.92～1.5	0.97～1.75	0.5～0.75	YW2，YT14	1.27～2.25	0.5		2～4.1	0.4	

（续）

加工材料	硬度 HBW	a_p /mm	高速钢刀具		硬质合金						陶瓷（超硬材料）刀具		
					未涂层				涂层				
			v_c/(m/s)	f/(mm/r)	v_c/(m/s) 焊接式	v_c/(m/s) 可转位	f/(mm/r)	材料	v_c/(m/s)	f/(mm/r)	v_c/(m/s)	f/(mm/r)	说　明
灰铸铁	160 ~ 260	1	0.43 ~ 0.72	0.18	1.4 ~ 2.25	1.67 ~ 2.75	0.18 ~ 0.25	YG8，YW2	2.17 ~ 3.17	0.18	6.6 ~ 9.2	0.13 ~ 0.25	加工 W12Cr4V5Co5 等高速工具钢时应用 W12Cr4V5Co5 及 W2 - Mo9Cr4VCo8
		4	0.28 ~ 0.45	0.4	1.15 ~ 1.83	1.35 ~ 2.1	0.4 ~ 0.5		1.75 ~ 2.67	0.4	4.1 ~ 6.1	0.25 ~ 0.4	
		8	0.23 ~ 0.38	0.5	1 ~ 1.5	1.1 ~ 1.67	0.5 ~ 0.75		1.4 ~ 2.17	0.5	3.1 ~ 4.58	0.4 ~ 0.5	
可锻铸铁	160 ~ 240	1	0.5 ~ 0.67	0.18	2 ~ 2.67	2.25 ~ 3.1	0.25	YT15，YW1	3.1 ~ 3.92	0.25	5.1 ~ 6.1	0.13 ~ 0.25	
		4	0.38 ~ 0.5	0.4	1.5 ~ 2	1.75 ~ 2.25	0.5	YT15，YW1	2.25 ~ 3.1	0.4	3.83 ~ 4.83	0.25 ~ 0.4	
		8	0.3 ~ 0.4	0.5	1.27 ~ 1.67	1.42 ~ 1.92	0.75	YT14，YW2	1.75 ~ 2.42	0.5	2.5 ~ 3.83	0.4 ~ 0.5	
铝合金	30 ~ 150	1	4.1 ~ 5.1	0.18	9.2 ~ 10.2	10.2	0.25	YG3X，YW1	—	—	6.1 ~ 15.25	0.075 ~ 0.15	a_p 0.13 ~ 0.40　金刚石刀具
		4	3.58 ~ 4.58	0.4	7.1 ~ 9.2	9.2	0.5	YG6，YW1			4.1 ~ 12.67	0.15 ~ 0.3	a_p 0.40 ~ 1.25
		8	3.1 ~ 4.1	0.5	5.1 ~ 6.1	6.1	0.1	YG6，YW1			2.5 ~ 7.67	0.3 ~ 0.5	a_p 1.25 ~ 3.2
铜合金		1	0.67 ~ 2.92	0.18	1.4 ~ 5.75	1.5 ~ 6.58	0.18	YG3X，YW1	—	—	5.1 ~ 24.3	0.075 ~ 0.15	a_p 0.13 ~ 0.40　金刚石刀具
		4	0.57 ~ 2.42	0.4	1.15 ~ 4.8	1.27 ~ 5.58	0.5	YG6，YW1			2.5 ~ 14.25	0.18 ~ 0.3	a_p 0.40 ~ 1.25
		8	0.45 ~ 2	0.5	1.06 ~ 4.5	1.17 ~ 5.1	0.7	YG6，YW1			1.5 ~ 9.2	0.3 ~ 0.5	a_p 1.25 ~ 3.2
钛合金	300 ~ 350	1	0.2 ~ 0.4	0.13	0.63 ~ 1.1	0.82 ~ 1.27	0.13	YG3X，YW1	—	—	—	—	高速工具钢采用 W12Cr4V5Co5 及 W2 - Mo9Cr4VCo8
		4	0.15 ~ 0.35	0.25	0.53 ~ 0.93	0.68 ~ 1.1	0.2	YG6，YW1					
		8	0.13 ~ 0.3	0.4	0.4 ~ 0.72	0.43 ~ 0.82	0.25	YG8，YW2					
高温合金	200 ~ 475	0.8	0.06 ~ 0.23	0.13	0.2 ~ 0.82	0.23 ~ 0.97	0.13	YG3X，YW1	—	—	3.1	0.08	立方氮化硼刀具
		2.5	0.05 ~ 0.18	0.18	0.15 ~ 0.68	0.2 ~ 0.82	0.18	YG6，YW1			2.25	0.13	

（2）确定进给量 f　半精加工和精加工的 a_p 值较小，产生的切削力不大，故进给量主要受到表面粗糙度的限制，一般选得较小，常取 $f=0.08\sim0.50\text{mm/r}$，但进给量也不能太小，否则切削层公称厚度太薄不易切下切屑，对已加工表面质量反而不利。当取合理的刀尖参数或修光刃和高的切削速度与之配合时，进给量 f 可适当选大些，以提高生产效率。高速车削时的进给量参考值列于表 2-14。选择进给量时要预选一个切削速度，对于硬质合金车刀，一般可预选 $v_c\geqslant2\text{m/s}$；对于高速工具钢车刀，可预选 $v_c\leqslant0.8\text{m/s}$。

表 2-14　高速车削时按表面粗糙度值选择进给量的参考值

刀具	表面粗糙度 $Ra/\mu\text{m}$	工件材料	副偏角 $\kappa_{r'}$	切削速度范围 $v_c/(\text{m/s})$	刀尖圆弧半径 r/mm		
					0.5	1	2
					进给量 $f/(\text{mm/r})$		
$\kappa_{r'}>0°$ 的车刀	12.5	钢、灰铸铁及青铜	5°	不限制	—	1.0～1.1	1.3～1.5
			10°			0.8～0.9	1.0～1.1
			15°			0.7～0.8	0.9～1.0
	6.3	钢、灰铸铁及青铜	5°	不限制	—	0.55～0.7	0.7～0.85
			10°～15°			0.45～0.6	0.6～0.7
	3.2	钢	5°	<0.85	0.22～0.3	0.25～0.35	0.3～0.45
				0.85～1.67	0.23～0.35	0.35～0.4	0.4～0.55
				>1.67	0.35～0.4	0.4～0.5	0.5～0.6
			10°	<0.85	0.18～0.25	0.25～0.3	0.3～0.45
				0.85～1.67	0.25～0.3	0.3～0.35	0.4～0.55
				>1.67	0.3～0.35	0.35～0.4	0.5～0.55
		灰铸铁及青铜	5°	不限制	—	0.3～0.5	0.45～0.65
			10°～15°			0.25～0.4	0.5～0.55
	1.6	钢	≥5°	0.5～0.85		0.11～0.15	0.14～0.22
				0.85～1.33		0.14～0.2	0.17～0.25
				1.33～1.67		0.16～0.25	0.23～0.35
				1.67～2.15		0.2～0.3	0.25～0.39
				>2.15		0.25～0.3	0.35～0.39
		灰铸铁及青铜	≥5°	不限制	—	0.15～0.25	0.2～0.35
	0.8	钢	≥5°	1.67～1.85	—	0.12～0.15	0.14～0.17
				1.85～2.15		0.13～0.18	0.17～0.23
				>2.15		0.17～0.2	0.21～0.27
$\kappa_{r'}=0°$ 的车刀	6.3～3.2	钢	0°	>0.85	≤5（当 $a_p>1\text{mm}$）		
	1.6～0.8			>1.67	2.0～3.0（当 $a_p=0.4\sim0.6\text{mm}$）		
	6.3～3.2	灰铸铁	0°	不限制	≤5（当 $a_p>1\text{mm}$）		
	1.6				2.0～4.0（当 $a_p=0.4\sim0.6\text{mm}$）		

（3）确定切削速度 v_c　半精加工、精加工的 a_p 和 f 较小，切削力对工艺系统刚度影响较小，消耗功率较少，故切削速度的值主要受刀具寿命和已加工表面质量的限制。切削速度

可由表2-13查出，但要注意的是，切削速度值的选取要尽可能避开积屑瘤和鳞刺生成的速度范围。

习　题

1. 车刀的种类及各自用途是什么？
2. 车刀刀具切削部分的结构有哪些？
3. 简述车刀的结构。
4. 简述机夹车刀的优点。
5. 常用机夹车刀的夹固方法有哪些？
6. 孔加工刀具的种类有哪些？
7. 高速工具钢麻花钻由哪几部分组成？
8. 简述丝锥的结构。
9. 镗刀有哪些种类？
10. 常用铣刀的类型有哪些？
11. 常用的刀具材料有哪些？
12. 刀具切削部分的材料必须具备哪些基本性能？
13. 刀具的正常磨损方式有哪些？
14. 刀具的磨损原因有哪些？
15. 刀具寿命的定义是什么？
16. 切削用量的选择原则是什么？

第三章

机械加工工艺规程

【学习目标】

1. 了解机械加工工艺的基本概念。
2. 了解零件工艺分析的过程和方法。
3. 了解零件毛坯的选择方法。
4. 理解零件定位基准的选择方法。
5. 理解零件工艺线路的拟定方法。
6. 掌握零件加工余量的确定方法。
7. 理解零件工序尺寸及其公差的确定方法。

第一节　基本概念

一、生产过程和工艺过程

1. 生产过程

生产过程是将原材料或半成品转变成为成品的各有关劳动过程的总和。机械零件的生产过程主要包括如下内容：

（1）生产技术准备过程　这个过程主要是完成零件产品投入生产前的各项生产和技术准备工作，如产品的试验研究和设计、工艺设计和专用工艺装备的设计与制造、各种生产资料的准备以及生产组织等方面的准备工作。

（2）毛坯的制造过程　如铸造、锻造和冲压等。

（3）零件的各种加工过程　如机械加工、焊接、热处理和其他表面处理等。

（4）产品的装配过程　包括部装、总装、调试和油漆等。

（5）各种生产服务活动　如生产中原材料、半成品和工具的供应、运输、保管以及产品的包装和发运等。

由上述过程可以看出，产品的生产过程是相当复杂的。为了便于组织生产和提高劳动生产率，现代工业的发展趋势是采用自动化、专业化生产，这样，各工厂的生产过程就变得比较简单，有利于保证质量、提高效率和降低成本。

2. 工艺过程

在产品的生产过程中，那些与原材料变为成品直接有关的过程，如毛坯制造、机械加工、热处理和装配等，称为工艺过程。用机械加工的方法，直接改变毛坯的形状、尺寸和表面质量，使之成为成品零件的那部分工艺过程，称为机械加工工艺过程。合理的机械加工工艺过程确定后，以文字形式变为施工的技术文件，即为机械加工工艺规程。

二、机械加工工艺过程

机械加工工艺过程是比较复杂的。在这个过程中，根据被加工零件的结构特点和技术要求，常需要采用各种不同的加工方法和设备，并通过一系列的加工步骤，才能将毛坯变成所需的零件。为了客观地反映和分析这一过程，也为了对这一过程描述得比较准确，就需要研究这一过程的组成，并对其组成单元做出科学的定义。

机械加工工艺过程是由一个或若干个顺序排列的工序组成的，而工序又可分为工步和走刀。

1. 工序

工序是工艺过程的基本单元，是指一个（或一组）工人，在一个固定的工作地点（如机床或钳工台），对一个（或同时几个）工件所连续完成的那部分工艺过程。

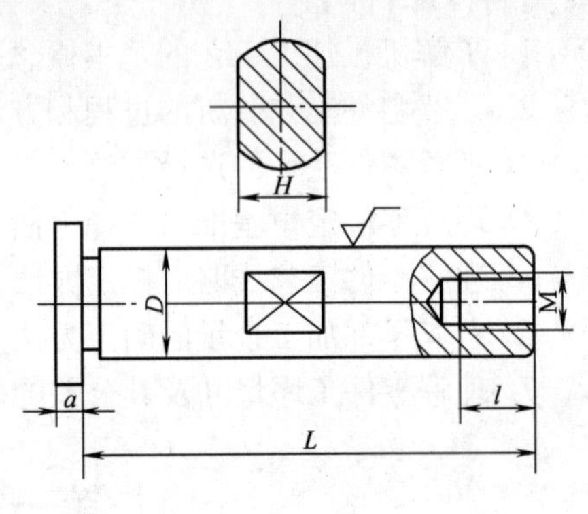

图 3-1 限位导柱

划分工序的主要依据，是零件在加工过程中工作地点（或机床）是否变更。零件加工的工作地点变更后，即构成另一个工序。加工如图 3-1 所示的限位导柱，如果数量很少或单件生产时，其工序的划分见表 3-1。

表 3-1 限位导柱的加工工艺过程

工序号	工序内容	设 备	备 注
1	车端面、钻中心孔、车全部外圆、切槽、倒角	车床	圆棒料
2	铣平面	铣床	
3	磨外圆	磨床	
4	钻孔、攻螺纹、去飞边	钳工	

工序不仅是制订工艺过程的基本单元，也是制订劳动定额、配备工人、安排作业计划和进行质量检验的基本单元。工序的制订还与被加工工件的数量有关，当加工数量较大时，如图 3-1 所示的限位导柱，其工序的划分见表 3-2。

表 3-2 限位导柱的加工工艺过程（大批生产）

工序号	工序内容	设 备	备 注
1	车端面、钻中心孔	专用车床	圆棒料
2	车外圆、切槽、倒角	车床	
3	铣平面	铣床	
4	磨外圆	外圆磨床	
5	钻孔、攻螺纹、去飞边	钳工	

2. 安装

工件在加工之前，在机床或夹具上先占据一个正确的位置，就是定位。定位后再予以夹紧并使其在加工过程中保持定位时的正确位置不变的过程称为安装。在一个工序内，工件的加工可能只需安装一次，也可能需要安装几次。工件在加工过程中应尽量减少安装次数，因为多一次安装就多一次误差，而且还增加了安装工件的辅助时间。

3. 工位

为了减少工件安装的次数，常采用各种回转工作台、回转夹具或移位夹具，使工件在一次安装中先后处于几个不同位置进行加工。此时，工件在机床上占据的每一个加工位置称为工位。如图 3-2 所示为一个利用回转工作台在一次安装中顺次完成装卸工件、钻孔、扩孔和铰孔四工位加工的实例。采用多工位加工，可减少工件的安装次数，缩短辅助时间，提高生产效率。

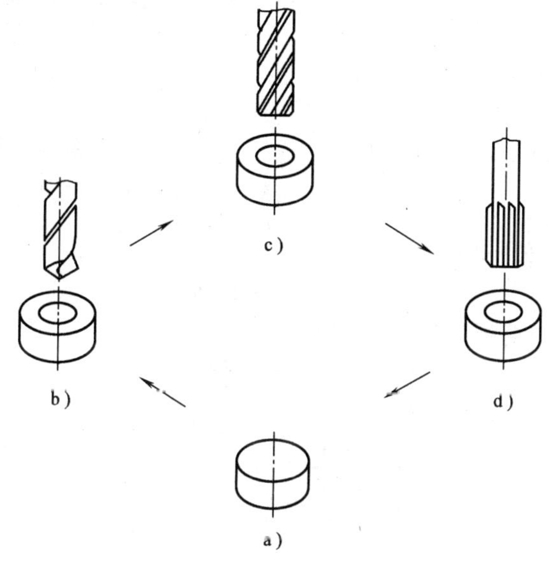

图 3-2　多工位加工

a）装卸工件　b）钻孔　c）扩孔　d）铰孔

4. 工步和走刀

在一个工序内，往往需要采用不同的刀具和切削用量，对不同的表面进行加工。为了便于分析和描述工序的内容，工序还可进一步划分工步。当加工表面、切削工具和切削用量中的转速与进给量均不变时，所完成的那部分工序称为工步。如表 3-2 中的工序 2 中，包括粗、精车各外圆表面、切槽、倒角等几个工步；而工序 3 用铣刀铣平面时，只包括一个工步。构成工步的任一因素（加工表面、刀具或切削用量）改变后，一般即变为另一个工步，但是为简化工序内容的叙述，通常将那些在一次安装中连续进行的若干相同的工步看做一个工步。如图 3-3 所示零件上 8 个 ϕ12mm 孔的钻削，可写成一个工步——钻 8 × ϕ12mm 孔。

为了提高生产效率，用几把刀具同时加工几个加工表面的工步，称为复合工步。在工艺文件上，复合工步可看做一个工步，如图 3-4 所示。

在一个工步内，由于被加工表面需切除的金属层较厚，需要分几次切削，每进行一次切削就是一次走刀。走刀是工步的一部分，一个工步可包括一次或几次走刀。

三、生产纲领与生产类型

1. 生产纲领

工厂制造产品（或零件）的年产量，称为生产纲领。在制订工艺规程时，一般按产品（或零件）的生产纲领来确定生产类型。

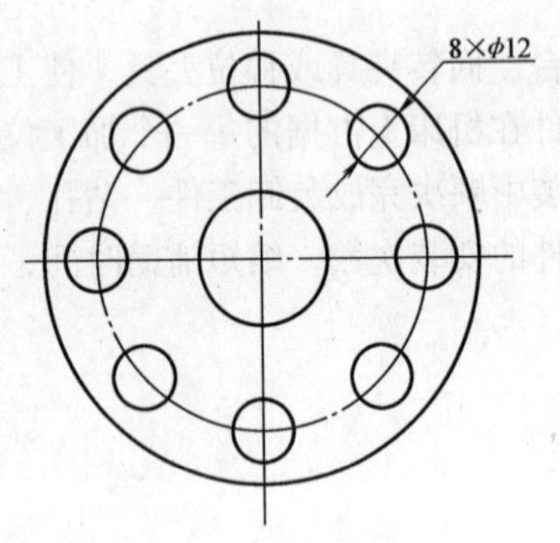

图 3-3　相同加工表面的工步

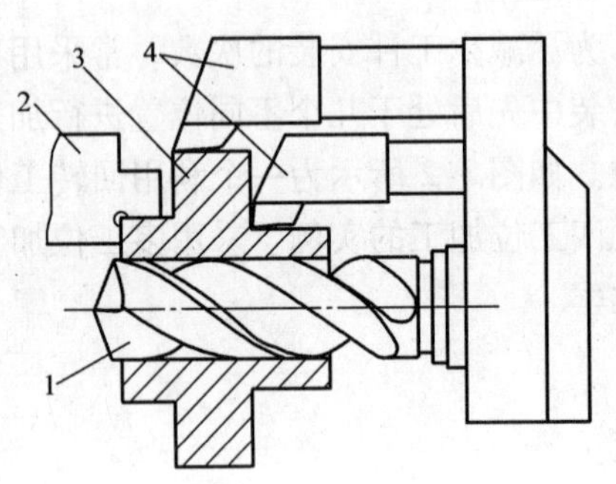

图 3-4　复合工步

1—钻头　2—夹具　3—零件　4—工具

零件的生产纲领可按下式计算

$$N = Qn(1 + a + b)$$

式中　N——零件的生产纲领；

Q——产品的生产纲领；

n——每台产品中该零件的数量；

a——该零件的备品率，以百分数表示；

b——该零件的废品率，以百分数表示。

2. 生产类型

根据产品的生产纲领的大小和品种的多少，机械制造业的生产类型主要可分为单件生产、成批生产和大量生产三种。

（1）单件生产　单件生产的产品品种较多，每种产品的产量很少，同一个工作地点的加工对象经常改变，且很少重复生产。如新产品试制用的各种模具和大型模具等都属于单件生产。

（2）成批生产　产品的品种不是很多，但每种产品均有一定的数量，工作地点的加工对象周期性地更换，这种生产称为成批生产。例如模具中常用的标准模板、模座、导柱、导套等多属于成批生产。

同一产品（或零件）每批投入生产的数量称为批量。根据产品的特征和批量的大小，成批生产可分为小批生产、中批生产和大批生产。

（3）大量生产　大量生产的基本特点是产品的产量很大，连续地大量生产同一种产品，大多数工作地按照一定的生产节拍进行某种零件某道工序的重复加工。如轴承和螺钉的生产。

各种生产类型的划分及其工艺特征见表 3-3 和表 3-4。

表 3-3 生产类型的划分

生产类型	生产纲领/(台/年或件/年)			工作地每月担负的工序数/(工序数/月)
	小型机械或轻型零件	中型机械或中型零件	重型机械或重型零件	
单件生产	≤100	≤10	≤5	不作规定
小批生产	>100~500	>10~150	>5~100	>20~40
中批生产	>500~5000	>150~500	>100~300	>10~20
大批生产	>5000~50000	>500~5000	>300~1000	>1~10
大量生产	>50000	~5000	>1000	1

表 3-4 各种生产类型的工艺特征

工艺特征	生 产 类 型		
	单件小批	中 批	大批量
零件的互换性	用修配法，钳工修配，缺乏互换性	大部分具有互换性。装配精度要求高时，灵活应用分组装配法和调整法，同时还保留某些修配法	具有广泛的互换性。少数装配精度较高处，采用分组装配法和调整法
毛坯的制造方法与加工余量	木模手工造型或自由锻造，毛坯精度低、加工余量大	部分采用金属模铸造或模锻，毛坯精度和加工余量中等	广泛采用金属模机器造型、模锻或其他高效方法，毛坯精度高、加工余量小
机床设备及其布置形式	通用机床，按机床类别采用机群式布置	部分通用机床和高效机床，按工件类别分工段排列设备	广泛采用高效专用机床及自动机床，按流水线和自动线排列设备
工艺装备	大多采用通用夹具、标准附件、通用刀具和万能量具，靠划线和试切法达到精度要求	广泛采用夹具，部分靠找正装夹达到精度要求。较多采用专用刀具和量具	广泛采用专用高效夹具、复合刀具、专用量具或自动检验装置，靠调整法达到精度要求
对工人的技术要求	需技术水平较高的工人	需一定技术水平的工人	对调整工的技术水平要求高，对操作工的技术水平要求较低
工艺文件	有工艺过程卡，关键工序要工序卡	有工艺过程卡，关键零件要工序卡	有工艺过程卡和工序卡，关键工序要调整卡和检验卡
成本	较高	中等	较低

四、制订工艺规程的原则、步骤及原始资料

1. 工艺规程的作用

工艺规程是指导施工的技术文件。模具加工工艺规程一般应包括下述内容：零件加工工艺路线、各工序的具体加工内容、切削用量、工时定额以及所采用的设备和工艺装备等。工艺规程具有以下几方面的作用。

(1) 工艺规程是指导生产的主要技术文件　合理的工艺规程是在总结广大工人和技术人员的实践经验的基础上，依据工艺理论和必要的工艺试验而制订的。它体现了一个企业或

部门群众的智慧。按照工艺规程进行生产，可以保证产品的质量、较高的生产效率和经济效益。因此，生产中一般应严格地执行既定的工艺规程。但是，工艺规程也不是不能变化的，工艺人员应注意总结工人的革新创造，及时地汲取国、内外的先进工艺技术，对现行工艺不断地予以改进和完善，以便更好地指导生产。

（2）工艺规程是生产组织和管理工作的基本依据　由工艺规程所涉及的内容可以看出，在生产管理中，产品投产前后材料及毛坯的供应、通用工艺装备的准备、机床负荷的调整、专用工艺装备的设计和制造、作业计划的编排、劳动力的组织以及生产成本的核算等都是以工艺规程为基本依据的。

（3）工艺规程是新建或扩建工厂的基础　在新建或扩建工厂或车间时，只有依据工艺规程和生产纲领才能正确地确定生产所需的机床和其他设备的种类、规格和数量，车间的面积，机床的布置，生产工人的工种、等级及数量以及辅助部门的安排等。因此，工艺规程是模具制造最主要的技术文件之一。

2. 制订工艺规程的原则和方法

制订工艺规程的原则是在一定的生产条件下，所编制的工艺规程能以最少的劳动量和最低的费用，可靠地加工出符合图样及技术要求的零件。工艺规程首先要保证产品质量，同时要争取最好的经济效益。在制订工艺规程时，要体现以下三个方面。

（1）技术上的先进性　在制订工艺规程时，要了解国内外本行业工艺技术的发展，通过必要的工艺试验，采用适用的先进工艺和工艺装备。

（2）经济上的合理性　在一定的生产条件下，可能会出现几个保证工件技术要求的工艺方案。此时，应全面考虑，并通过核算或评比，选择经济上最合理的方案，使产品的能源、物资消耗和成本最低。

（3）有良好的劳动条件　制订工艺规程时，要注意保证工人具有良好、安全的劳动条件，通过机械化、自动化等途径，把工人从笨重的体力劳动中解放出来。

制订工艺规程时，工艺人员必须认真研究原始资料，如产品图样、生产纲领、毛坯资料及生产条件的状况等，参照同行业工艺技术的发展，综合本部门的生产实践经验，进行工艺文件的编制。

3. 制订工艺规程的步骤

1）零件图的研究与工艺分析。

2）确定生产类型。

3）确定毛坯的种类和尺寸。

4）选择定位基准和主要表面的加工方法，拟订零件加工工艺路线。

5）确定工序尺寸及其公差。

6）选择机床、工艺装备、切削用量及时间定额。

7）填写工艺文件。

4. 工艺文件的格式及应用

将工艺规程的内容填入一定格式的卡片，即为生产准备和施工依据的技术文件，称为工艺文件。常见的工艺文件有以下几种：

（1）工艺过程综合卡片　这种卡片主要列出了整个零件加工所经过的工艺路线（包括毛坯、机械加工和热处理等），其格式见表 3-5。它是制订其他工艺文件的基础，也是生产技术准备、编制作业计划和组织生产的依据。在单件小批量生产中，一般简单零件只编制工艺过程卡片，作为工艺指导文件。

表 3-5 工艺过程综合卡片

<table>
<tr><td rowspan="4">工厂</td><td rowspan="4">工艺过程
综合卡片</td><td colspan="2">名称型号</td><td></td><td colspan="2">零件名称</td><td colspan="2"></td><td colspan="3">零件图号</td><td colspan="2"></td></tr>
<tr><td rowspan="3">材料</td><td>名称</td><td></td><td rowspan="2">毛坯</td><td>种类</td><td colspan="2"></td><td colspan="2" rowspan="2">零件质量</td><td>毛重</td><td></td><td>第 页</td></tr>
<tr><td>牌号</td><td></td><td>尺寸</td><td colspan="2"></td><td>净重</td><td></td><td>共 页</td></tr>
<tr><td>性能</td><td colspan="3"></td><td colspan="4">每台件数</td><td></td><td>每批件数</td><td></td></tr>
<tr><td rowspan="2">工序号</td><td colspan="4" rowspan="2">工 序 内 容</td><td rowspan="2">加工
车间</td><td rowspan="2">设备
名称</td><td colspan="4">工艺装备名称编号</td><td rowspan="2">技术
等级</td><td colspan="2">时间定额/min</td></tr>
<tr><td>夹具</td><td colspan="2">刀具</td><td>量具</td><td>单件</td><td>准备终结</td></tr>
<tr><td></td><td colspan="4"></td><td></td><td></td><td></td><td colspan="2"></td><td></td><td></td><td></td><td></td></tr>
<tr><td>更改内容</td><td colspan="13"></td></tr>
<tr><td>编制</td><td colspan="3"></td><td>校对</td><td colspan="2"></td><td colspan="2">审核</td><td colspan="2"></td><td>会签</td><td colspan="2"></td></tr>
</table>

（2）工艺卡片　这种卡片是以工序为单位，详细说明整个工艺过程的工艺文件。它不仅标出了工序顺序、工序内容，同时对主要工序还表示出了工步内容、工位及必要的加工简图或加工说明，此外，还包括零件的工艺特性（材料、质量、加工表面及其精度和表面粗糙度要求等）、毛坯性质和生产纲领。在成批生产中广泛采用这种卡片，对单件小批生产中的某些重要零件也要制订工艺卡片，其格式见表 3-6。

表 3-6 机械加工工艺卡片

<table>
<tr><td colspan="2" rowspan="4">工厂</td><td colspan="2" rowspan="4">机械加工
工艺卡片</td><td colspan="2">名称型号</td><td colspan="2"></td><td colspan="4">零件名称</td><td></td><td colspan="4">零件图号</td><td colspan="4"></td></tr>
<tr><td rowspan="3">材料</td><td>名称</td><td colspan="2"></td><td colspan="2" rowspan="2">毛坯</td><td colspan="2">种类</td><td></td><td colspan="2" rowspan="2">零件质量</td><td colspan="2">毛重</td><td colspan="2"></td><td colspan="2">第 页</td></tr>
<tr><td>牌号</td><td colspan="2"></td><td colspan="2">尺寸</td><td></td><td colspan="2">净重</td><td colspan="2"></td><td colspan="2">共 页</td></tr>
<tr><td>性能</td><td colspan="6"></td><td colspan="3">每台件数</td><td colspan="2"></td><td colspan="2">每批件数</td><td colspan="2"></td></tr>
<tr><td rowspan="2">工序</td><td rowspan="2">装夹</td><td rowspan="2">工步</td><td rowspan="2">工序
内容</td><td rowspan="2">同时加工
零件数</td><td colspan="8">切 削 用 量</td><td rowspan="2">设备名称
及编号</td><td colspan="4">工艺装备名
称及编号</td><td rowspan="2">技
术
等
级</td><td colspan="2">工时定额
/min</td></tr>
<tr><td colspan="2">背吃刀量/
mm</td><td colspan="2">切削速度/
(mm/min)</td><td colspan="2">机床
转数</td><td colspan="2">进给量/
(mm/r 或 mm
/双行程)</td><td colspan="2">夹
具</td><td>刀
具</td><td>量
具</td><td>单件</td><td>准备
终结</td></tr>
<tr><td></td><td></td><td></td><td></td><td></td><td colspan="2"></td><td colspan="2"></td><td colspan="2"></td><td colspan="2"></td><td></td><td colspan="2"></td><td></td><td></td><td></td><td></td><td></td></tr>
<tr><td>更改
内容</td><td colspan="20"></td></tr>
<tr><td colspan="2">编制</td><td colspan="4"></td><td colspan="2">校对</td><td colspan="4"></td><td>审核</td><td colspan="2"></td><td colspan="2">会签</td><td colspan="4"></td></tr>
</table>

(3) 工序卡片　工序卡片是在工艺卡片的基础上，分别为每一个工序制订的，是用来具体指导工人进行操作的一种工艺文件。工序卡片中详细记载了该工序加工所必需的工艺资料，如定位基准、安装方法、机床、工艺装备、工序尺寸及公差、切削用量及工时定额等。在大批量生产中，广泛采用这种卡片，在中、小批量生产中，对个别重要工序有时也编制工序卡片，其格式见表3-7。

表3-7　机械加工工序卡片

工厂	机械加工工序卡片					零件名称			零件图号		工序名称		工序号		第　页		
															共　页		
									车间		工段		材料名称		材料牌号		力学性能
									同时加工件数		技术等级		单件时间/min		准备终结时间/min		
									设备名称		设备编号		夹具名称		夹具编号		切削液
									更改内容								
工步号	工步内容	计算数据/mm			走刀次数	切削用量				工时定额/min			刀具、量具及辅助工具				
		直径或长度	走刀长度	单边余量		背吃刀量/mm	进给量/(mm/r或mm/min)	机床转数	切削速度/(mm/min)	基本时间	辅助时间	工作地点服务时间	工步号	名称	规格	编号	数量
编制		校对				审核					会签						

第二节　零件的工艺分析

加工生产机械零件时，设计图样就相当于工作指令，同时也是设计工艺过程的基本原始资料。工艺人员在拟定工艺方案的时候，首先要认真领会该产品的功用和各零件的结构特点，分析它的工艺性、基准情况以及应该采用什么样的加工方法，然后了解各项技术要求，分析关键所在，建立起如何保证加工质量的概念。必须在认真分析产品图样，尤其是各个零件图的基础上，才能考虑工序安排及其他各项内容。

一、基本概念

零件的工艺性是指所设计的零件在满足使用要求的前提下制造的可行性和经济性。它包括零件的各个制造过程中的工艺性，如铸造、锻压、焊接、热处理、切削加工等工艺性，这里主要分析零件的切削加工工艺性。

零件的切削加工工艺性具有相对性。同样结构的零件，在不同的生产类型和生产条件下，由于制造方法改变，其制造的可行性和经济性是不同的；同样结构的零件，随着新工艺新技术的产生与应用，其制造的工艺性不断改善。

零件的工艺分析贯穿在产品设计和制造的整个过程中，具体分两个阶段：一是设计阶段；二是生产技术准备阶段。这两个阶段工艺性分析的目的相同，但发挥作用的侧重有所不同。

二、零件的结构分析

1. 零件的几何形状分析

机械零件都是根据使用需要而设计的，所以各个零件的形状、尺寸相差很大，但如果从形体上分析，简单的零件可能由一种表面构成；复杂的零件，可能由好几种表面所构成。加工时，需仔细分析各组成表面的连接形式，在头脑里构成一个立体形象，而后才可以较为正确地选择加工方法，研究怎样入手加工。

2. 产品精度分析

在零件图上，零件的尺寸精度按图样所注尺寸公差确定，形状、位置精度则按公差框格标注，表面粗糙度由符号 Ra 表示。在装配图上，位置精度按公差框格标注。有些特殊要求，如零件上的镀层、装配中运动件的运动精度和平衡性等则由另注技术要求表示。

零件的精度、粗糙度要求和零件的几何形状，决定了它应采用什么样的加工方法。通常精度要求和表面粗糙度要求是相适应的，精度、表面粗糙度要求高的，需要采用精密的加工方法，同时需要预加工，整个工艺过程的工序数较多。例如，轴类零件的外圆加工都是车削，如果直径要求在八级精度以上，表面粗糙度的轮廓平均算术偏差 $Ra \leqslant 2.5\mu m$，需要经过车削后再磨外圆；如果轴的长度大于直径的5倍，则需多次车削加工而后磨削；如果要求精度超过六级、表面粗糙度要求的轮廓平均算术偏差 $Ra < 0.16\mu m$，磨削之后还需超精加工。

一个零件由许多表面构成，其中起主要作用的表面，如轴类零件的轴颈、壳体类零件的底面和轴承孔，其精度和表面粗糙度要求比同零件上其他表面高，这类表面称为“主要表面”。采用哪些工艺措施来保证主要表面的精度，是设计工艺过程的关键。

产品装配时的装配精度主要由零件的制造精度来保证，但有一些配合精度要求特别高的，可按零件的实际精度选配；位置精度特别高的，可在装配后配作。因此，图样上的精度要求也决定了产品的装配工艺。

3. 各零件所用原材料

原材料对工艺设计的影响主要有两个方面，一是毛坯方案，如铸铁应该选择铸造毛坯、锻件应该选择锻造毛坯；二是精加工方案，如钢材精加工用磨削，有色金属用车削、铣削。

4. 其他技术要求

1）热处理、表面处理及其他防腐处理。

2）特殊检验方法，如磁力探伤、X 光检查和荧光检验等。

3）其他要求，如动平衡和退磁处理等。

以上这些技术要求，一般每一项单独列一个工序。

5. 工艺性审查

一般情况下，在机械产品的设计过程中，凡正式用于生产的零件图都必须经过工艺性分析，生产中称为工艺性审查。工艺性审查的作用是协助设计员改进零件工艺性，完善图样，更有利于制造。显然，只有熟悉制造工艺，有一定实际知识并且掌握工艺理论的工艺技术人员才能正确分析零件的工艺性。

零件工艺性审查的内容一是零件的结构组成是否适合于切削加工，二是技术要求是否有利于切削加工。

三、机械产品的结构工艺性

机械产品除了要满足使用性能之外，还应该便于加工制造，能够采用高效率、低成本的加工方法，还必须要避免因设计不合理而造成的加工困难。在同样的生产条件下，采用较经济的方法保质保量地把产品加工出来，即是产品的结构工艺性好。

进行产品的结构工艺性设计时要注意以下几点：

1）零件的整体结构、组成各要素的几何形状应尽量简单统一。

2）尽量减少切削加工量，减少材料及切削刀具的消耗量。

3）尽可能采用普通设备和标准刀、量具加工，且刀具易切入、切出而顺利通过加工。

4）要便于装夹，装夹次数少。

5）零件加工部位要有足够的刚性，以减少加工过程中的变形量，提高加工精度。

6）尽可能采用标准件、通用件、借用件和相似件。

表 3-8 列出了几种零件的结构并对零件结构的工艺性进行了比较。

表 3-8　零件结构的工艺性比较

序号	结构工艺性不好	结构工艺性好	说　明
1	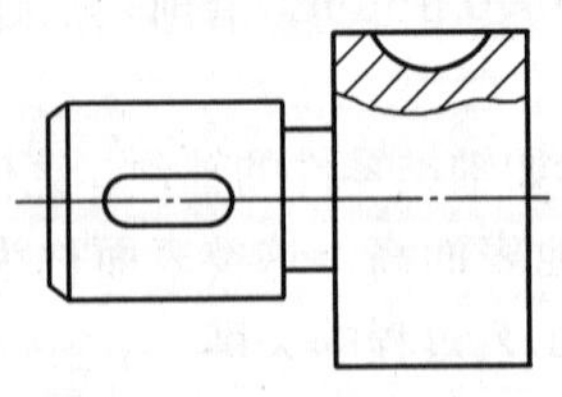	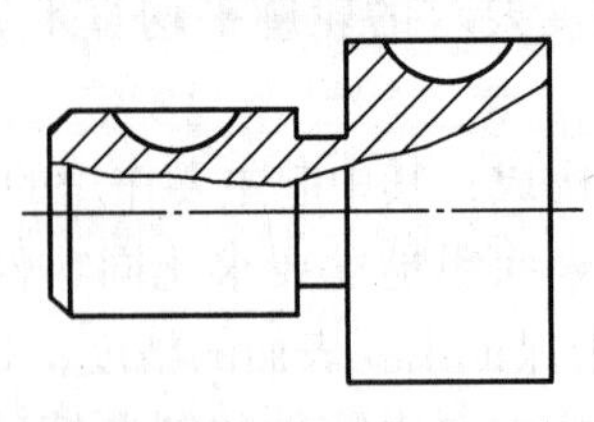	键槽的尺寸、方位相同，可在一次装夹中加工出全部键槽，以提高生产效率
2	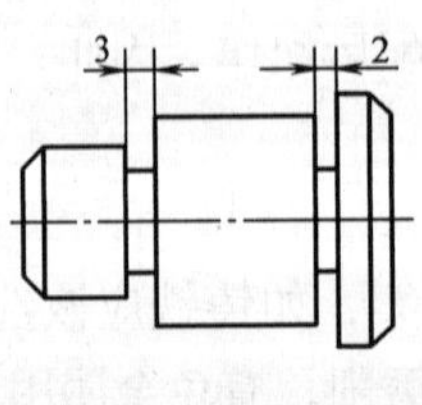 3　2	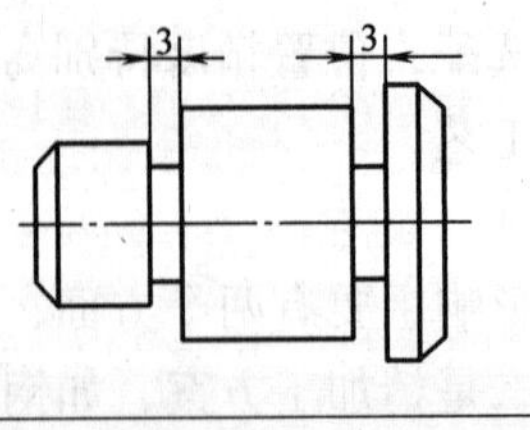 3　3	退刀槽尺寸相同，可减少换刀时间

（续）

序号	结构工艺性不好	结构工艺性好	说 明
3	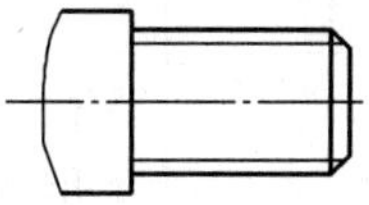	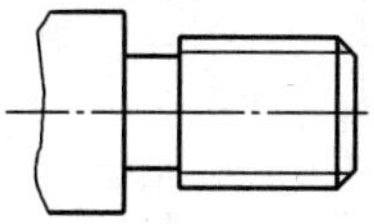	方便加工，螺纹应有退刀槽
4	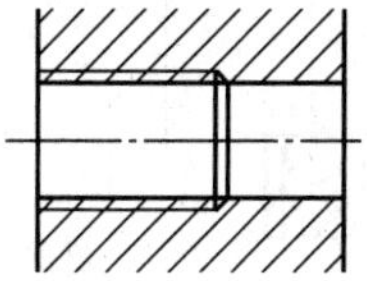	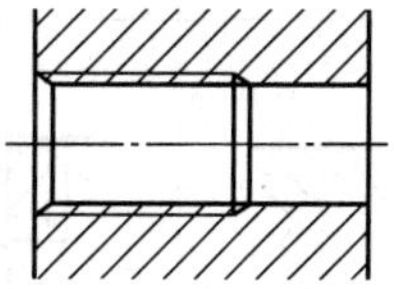	内螺纹的孔口应有倒角，以便顺利引入刀具
5	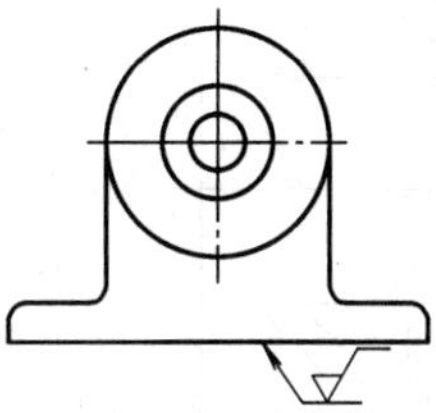	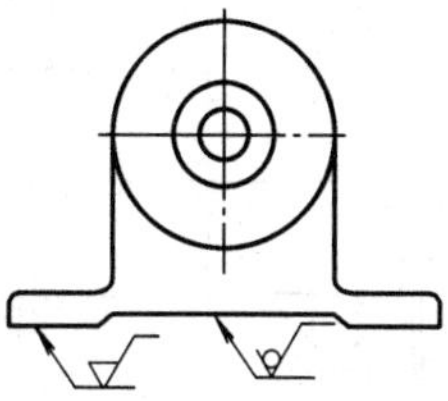	底面带槽，既可减少加工量，又能保证装配时良好的接触
6	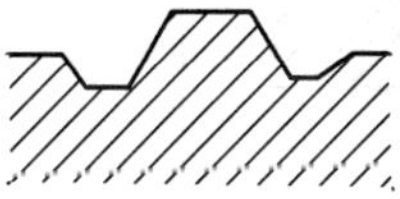	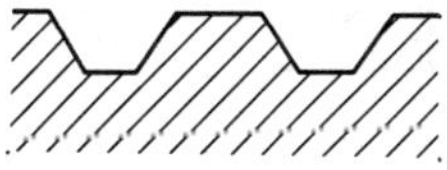	三凸台表面在同一平面上，可在一次进给中加工完成
7	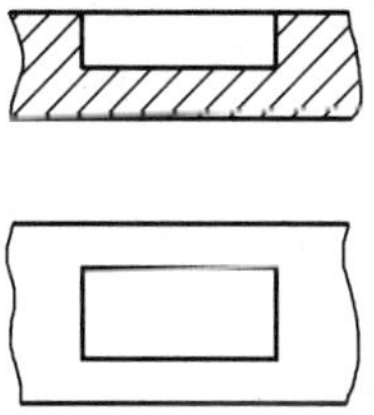	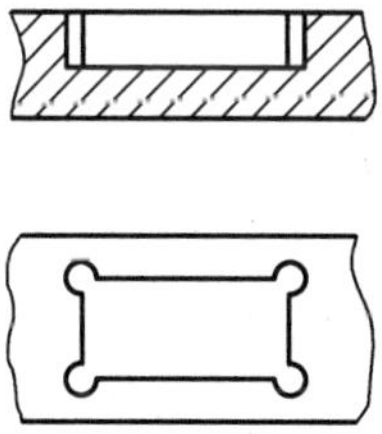	方形凹坑的四角加工时无法清角，影响配合
8	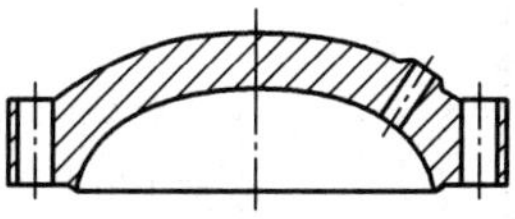	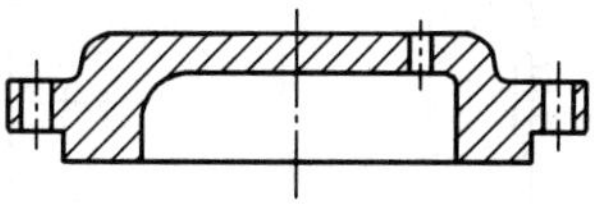	几个孔的轴线平行，便于同时加工，减少加工量，简化夹具结构
9	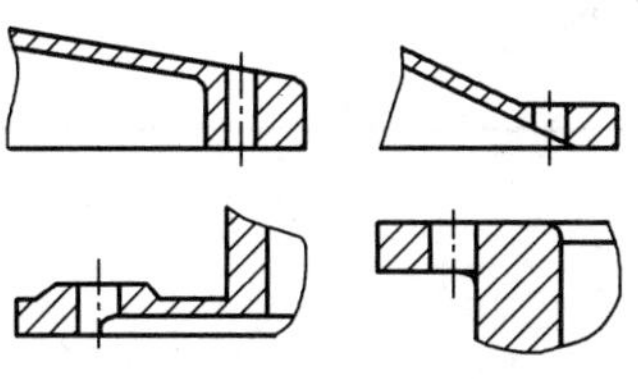	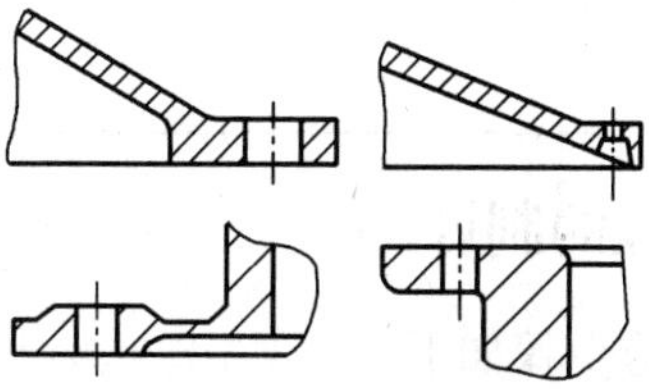	钻孔的入端和出端应避免斜面，以避免刀具损坏，提高孔的精度，提高生产效率

（续）

序号	结构工艺性不好	结构工艺性好	说 明
10	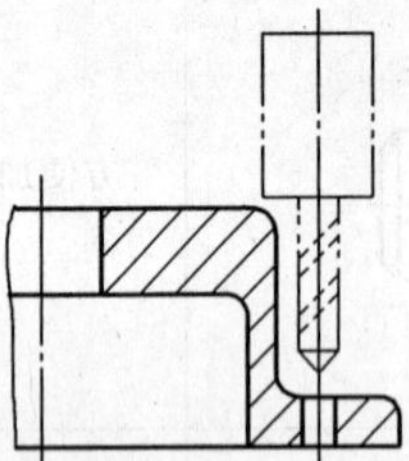	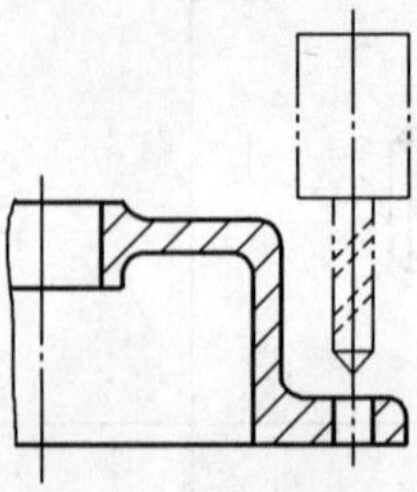	小孔与壁距离适当，便于引进刀具
11	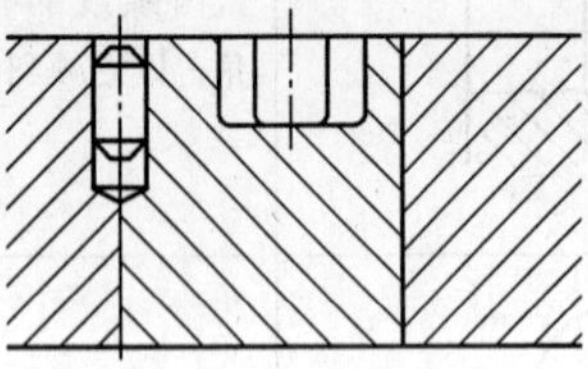	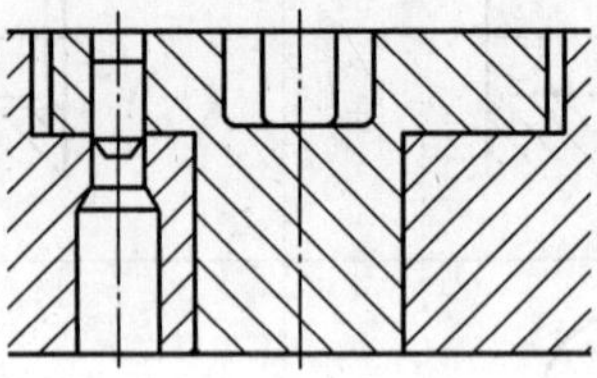	型腔淬硬后，骑缝孔无法用钻铰方法配作
12	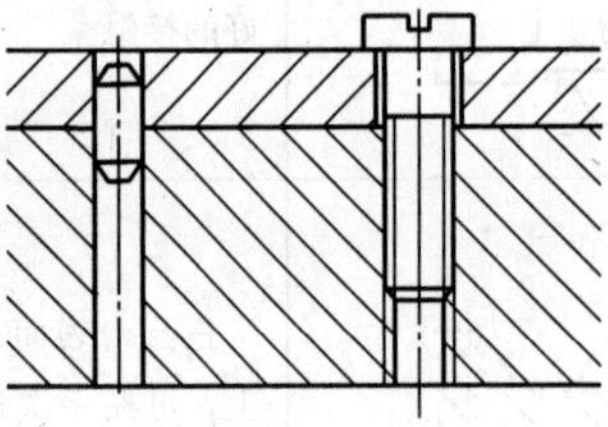	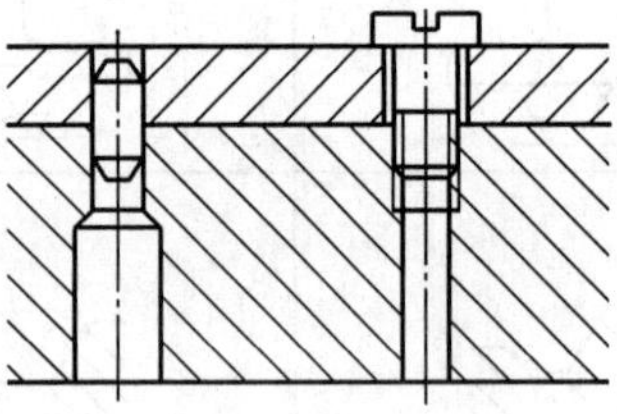	销孔太深，增加铰孔工作量，螺钉太长，没有必要
13	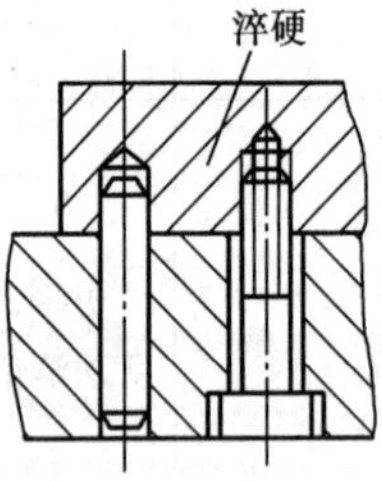 淬硬	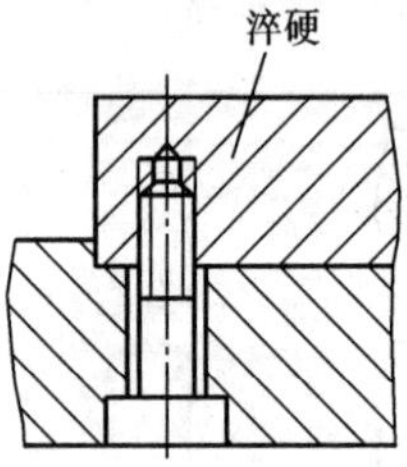 淬硬	将淬硬型芯安装在模板上时，定位销孔无法用钻铰方法配作，改用浅凹台定位使加工容易
14	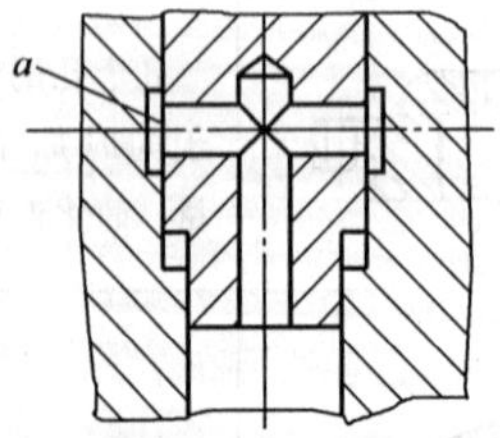 *a*	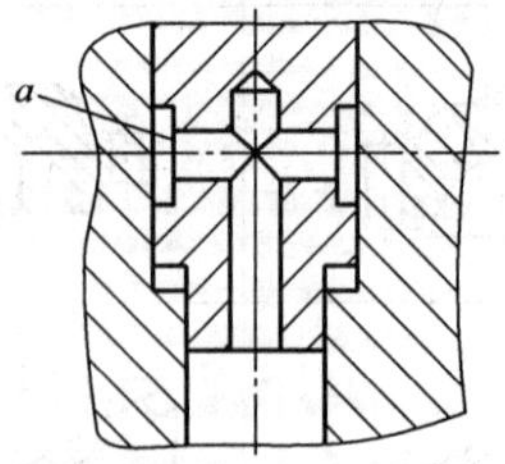 *a*	在左图结构中的槽，不便于加工和测量，宜将凹槽改成右图的形式

四、零件工艺规程的制订

制订零件工艺规程的步骤如下：

1）首先，分析零件的结构组成和几何形状特征属于哪一类典型零件范畴，从而初步确定该零件机械加工的主要方法。

机械产品零件按其结构特征大概可分为轴（杆）类、盘套类、平板类、箱体类、壳体类、支架类、管嘴类和连杆支臂类等。例如某零件外形与内腔基本上是回转表面，属于盘套类典型件，则它的加工方法一般为：对于外圆柱面可采用车削、磨削加工，而内圆柱面（孔）采用钻、扩、铰、镗、磨和拉削方法。又如某零件外形近似六面体，内腔有圆形与非圆形表面，属于平板类典型件，则其加工方法一般为：对于外形采用铣、刨、平磨等，对于圆形成形内腔采用钻、扩、铰、镗；对于非圆形内腔采用铣、成形磨削或电火花成形加工等。

2）其次，分析零件加工表面的技术要求，从而初步确定主要表面及其加工方案、定位基准、技术关键以及加工阶段的划分等。

① 一般是根据零件的尺寸公差等级、形位公差、表面粗糙度要求确定主要加工表面，结合材料与热处理要求进而确定其加工方案，这是关键的一步。主要表面的加工方案是该零件加工全过程的主线。

② 根据各点、线、面的设计基准及位置公差等要求，选择定位基准。

③ 根据材料及热处理要求选择热处理方法，安排热处理工序。

④ 最后确定该零件加工中的技术关键（例如：高精度，低表面粗糙度值，薄壁，深小孔，细长轴，细窄槽，复杂形状的型腔与型面，材料硬、软、粘、韧等），拟定采取哪些技术措施。

通过以上分析，零件加工过程的总体轮廓就已经勾画出来了。

第三节　零件毛坯的选择

工艺技术人员在编制工艺规程时，必须考虑毛坯方案，正确选择毛坯，因为这对降低生产成本的作用较大。

一、毛坯的种类和选择

用以制造模具零件毛坯的有型材、型材焊接件、铸件和锻件四类。铸造毛坯又分为砂型铸造、金属模铸造、压力铸造和精密铸造。锻造毛坯又分为自由锻、普通模锻和精密模锻等。究竟选用哪一种毛坯合适，应根据所用材料、零件结构、复杂程度、生产类型和本厂的生产条件几个方面来决定，表 3-9 供选择时参考。

表 3-9　各类毛坯的特点及适用范围

毛坯形式	制造精度	加工余量	原材料	零件尺寸	零件形状	适用的生产类型	生产成本
型材		大	各种材料	小型	简单	各种类型	低
型材焊接		一般	钢材	大中型	较复杂	单件	低
砂型铸造	15 级以下	大	铸造青铜为生	各种尺寸	复杂	各种类型	较低
自由锻造	15 级以下	大	钢材为主	各种尺寸	较简单	单批小批	较低
普通模锻	11～15 级	一般	钢、锻铝、铜	中小型	一般	中批大批量	一般
钢模铸造	10～13 级	较小	铸铝为主	中小型	较复杂	中批大批量	一般

（续）

毛坯形式	制造精度	加工余量	原材料	零件尺寸	零件形状	适用的生产类型	生产成本
精密锻造	8~11级	较小	钢材、锻铝	中小型	较复杂	中批大批量	较高
压力铸造	9~11级	较小	铸铁（钢）青铜	中小型	复杂	中批大批量	较高
精密铸造	7~10级	较小	铸铁（钢）青铜	小型为主	复杂	中批大批量	高

另外，异型钢材、粉末冶金、工程塑料都在迅速推广，它们可以制造小余量和无余量毛坯。由它们制造的有些精密铸造件，只需精加工即可成为成品，有些根本不需要机械加工，即可直接装配在产品中使用。

二、毛坯的结构工艺性

设计工艺过程时，根据被加工零件情况，需要设计毛坯图，在设计毛坯图时应注意两方面问题。

1. 毛坯的形状和尺寸

工艺人员在分析产品图样后，应该对所负责设计的工艺过程的那部分零件决定毛坯方案，在编制工艺过程的同时，逐步确定毛坯的尺寸和形状，画出毛坯图。即先根据所采用的毛坯方案，估计各表面的工序数，由各工序的加工余量决定毛坯的尺寸，即在原零件尺寸基础上加上各表面在各工序所有的加工余量的总和（总加工余量），构成毛坯的初步形状，而后根据毛坯制造和零件机械加工所要求的结构工艺性修改其形状，绘制毛坯图。

2. 毛坯的结构工艺性

为了有利于毛坯成形、有利于机械加工，在设计毛坯时应充分注意其结构工艺性。

（1）铸件的结构工艺性

① 分型面：一般取在制件中间部位截面较大处。由于液态金属在冷凝过程中，缺陷、夹渣大部分都集中在上部，所以上半部的加工余量通常比下半部略大些。

② 预制孔：为了减轻毛坯质量，减少机械加工量，带孔零件的毛坯应制出预制孔，但小孔不便制出。

③ 铸件的壁厚：壁厚应均匀，转接处应带圆角。为了便于液态金属的流动，防止局部严重缩孔，铸件壁厚应均匀，并带圆角，如图3-5a所示，禁止采用如图3-5b所示的形状。

④ 加强筋：为减轻铸件的质量，铸件结构往往有许多凹缺，但铸铁性能较脆，所以在凹缺的地方应加上加强筋，如图3-6所示。

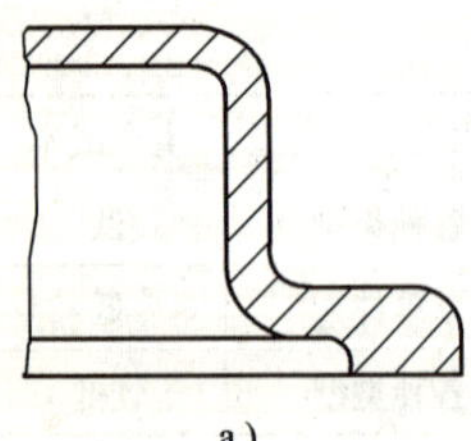

a）

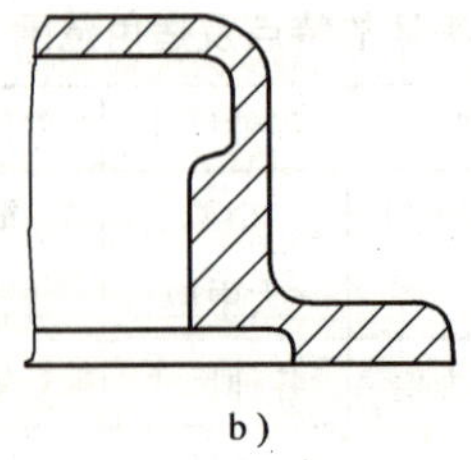

b）

图3-5　铸件壁厚和转接处的形状
a）工艺性好　b）工艺性差

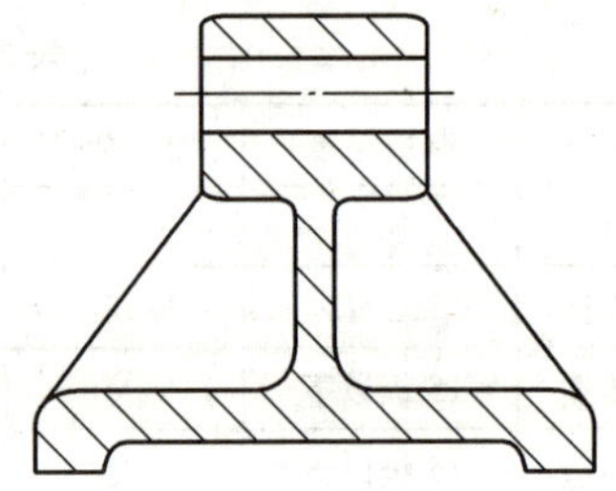

图3-6　带加强筋的铸件

⑤ 大型铸件的上表面应尽量不采用水平位置：由于铸件上部容易集中气孔、夹渣或充填不足等现象，大型铸件上表面面积较大时，最好做成斜面，并把冒口放置在这一部位，以保证铸件质量，如图3-7所示。

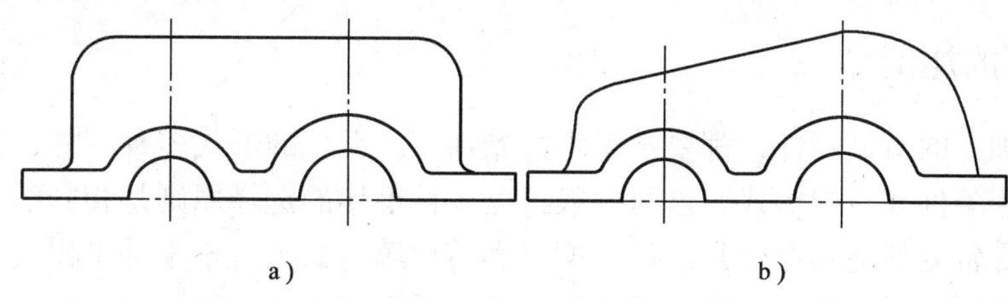

图3-7　减速箱盖的形状

a）不合理　b）合理

（2）锻件的结构工艺性

① 分型面：分型面应放置在两个尺寸最大的、相互垂直的外廓尺寸所在平面。因为模锻件有飞边，大都用整体（两块、最多三块）模坯，分型面在最大外廓部位有利于拔模。

② 圆角和斜度：为了便于锻件成形，在转接处应有圆角；为便于拔模，锻件拔模方向的表面应有斜度或锥度。一般上模部分的斜度或锥度大于下模部分，如图3-8所示。

③ 外形尽量简单平直，以便于制造模腔，便于锻件成形。

④ 预制孔：锻件锻造后，金属内部的晶粒被压扁或拉长成纤维状，增加了材料的强度。所以带孔零件最好预制孔，大孔可以制成通孔，但当 $L/d>2$ 时，或 $d<30\text{mm}$ 时，只能做成盲孔，如图3-9所示。

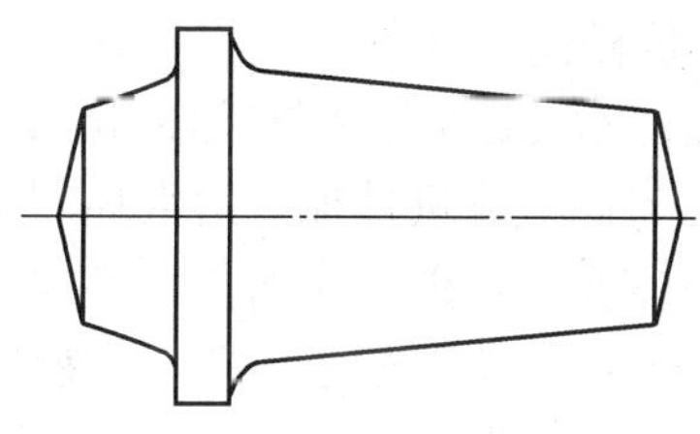

图3-8　锻件的拔模斜度

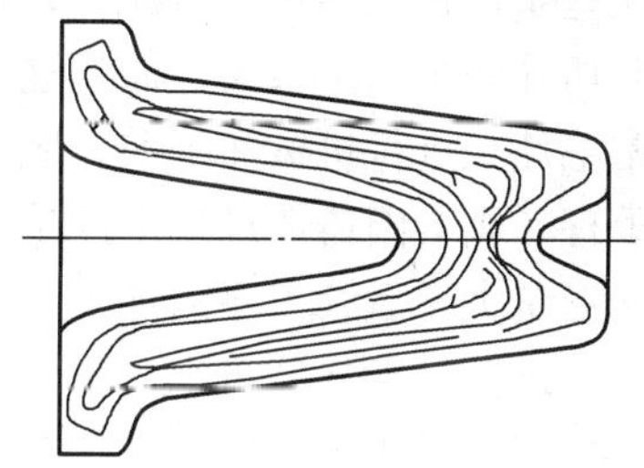

图3-9　锻件纤维分布与预制孔

（3）其他结构工艺性问题　有些零件如轴瓦，砂轮用平衡块，车床走刀系统的开合螺母，半圆弧开口的扇形、半圆形零件，为了加工方便而且能保证加工质量，可把两件或更多件零件组成整图，采用整体毛坯，在圆弧部分加工完毕之后再切开。

有些小零件外形较简单，一个方向都是直母线，如图3-10所示，在设计毛坯时，可把若干件合成一个大毛坯，加工到合适的时候再切开。

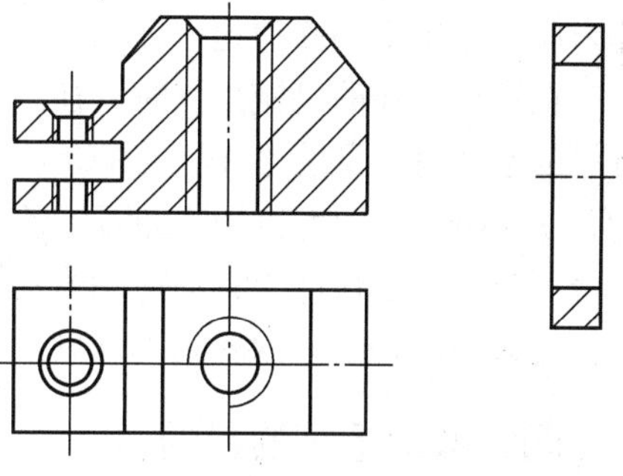

图3-10　外形简单的小零件

为了减少工件装夹变形，对于薄壁类零件应考虑多件合成一个毛坯，以减少加工的装夹部位。

有些小型、精度较高的轴类零件，为了保证各部分的位置精度，毛坯料需要加长，作为装夹用，以免加工时调头装夹误差过大。

有些零件，如小型整体式刀具用作切削的部位要用高速工具钢，刀柄部一般只用碳钢就可以了，毛坯料应分成两部分，经对焊成一整体。

三、毛坯的加工

任何需要加工的机械零件，都要从毛坯开始加工。毛坯的形式多种多样，其选择主要取决于零件的使用条件和结构形式，这与一般机器零件毛坯的选择原则是相同的。

机械零件最常见的毛坯形式是锻件、型材和铸件等。如果对于零件工作状态下的承载能力要求高，或者是关键零件的结构形状不很复杂，采用锻造毛坯较合理；一些较次要的和结构形状简单的零件，采用热轧圆钢、钢板或型材作为毛坯较合理；对于单件结构复杂而不便于或不允许拆散拼装的，或批量很大的零件，采用铸造毛坯较合理。这些原则并不是在任何情况下都是不变的，应该根据本厂的具体生产条件和零件的技术要求，全面权衡利弊，进行合理的选择。

毛坯外形的机械加工方法，通常是按照这些外形表面的几何特征和质量要求来进行选择的。旋转体表面，如圆柱面和圆锥面等，多在卧式车床上进行加工；平面多采用铣床和刨床加工；长而窄的平面采用刨床加工效果更好。

在进行毛坯的加工时，由于外形表面粗糙不平整，往往不便于装夹，因此选择毛坯装夹面时，既要考虑对加工质量的影响，又要考虑装夹的稳定性和可靠性。

毛坯加工机床的选择，主要考虑机床的生产效率、机床动力、机床各部分的刚度和强度等。在这些条件得到满足的情况下，机床应具备尽可能高的精度等级，这是因为毛坯外形表面加工时切除的金属量很大，而且这层被切除的金属硬度较高。

通常毛坯在进行机械加工前，应进行适当的热处理，尤其是采用铸件毛坯时，若不先进行退火处理，则会因铸造过程中产生的内应力分布不均匀而造成机械加工后毛坯严重变形。当这种变形量大于后续工序的加工余量时，则产生不可修复的误差，从而使毛坯成为废品。经过退火处理后，毛坯的组织均匀、硬度下降，既有利于对材料性能的要求，又使切削加工变得容易进行。在正常的情况下，毛坯的热处理是由毛坯的专业生产厂来完成的，因此在订购毛坯时应向毛坯生产厂提出这一要求。对于一些精密零件或者结构复杂的零件，在进行毛坯外形加工后也要安排一些热处理工序，及时消除因切削大量金属后产生的内应力，减少零件内应力作用不平衡的程度，以便将零件的变形控制在最小的范围内。

在进行毛坯的机械加工时，还应该正确选择刀具，并采用适当的切削方法。在加工铸铁材料的毛坯时，可选用 YG8、YG6、YG4 等硬质合金刀具材料；加工合金钢毛坯时，可选用 YT30、YT60、YT15 和 YG3 硬质合金刀具；加工 45 钢时，可选用 YT15、YT30 和 YT60 硬质合金刀具。为了保证刀具的使用寿命，在毛坯进行第一刀加工时，应当将背吃刀量适当取大些，使锋利的切削刃深入到毛坯硬皮层内，避免切削刃被毛坯表层硬皮磨钝或撞坏。

四、锻造毛坯的目的

零件毛坯的材质状态如何，对其加工质量和寿命都有较大的影响，特别是模具中的工作零件。由于材料的冶金质量存在缺陷，如大量共晶网状碳化物的存在，因这种碳化物很硬也很脆，而且分布不均匀，降低了材质的力学性能，恶化了热处理工艺性能，降低了零件的使用寿命。只有通过锻造，打碎共晶网状碳化物，并使碳化物分布均匀，细化晶粒组织，充分发挥材料的力学性能，才能提高零件的加工工艺性和使用寿命。

锻造毛坯的目的主要包括以下几点：

1）通过锻造得到合理的几何形状和机械加工余量，节省原材料和减少机械加工工作量，并使圆棒料的疏松和气泡等缺陷得到改善，提高材料的致密度，并得到良好的机械加工性能。

2）通过锻造改善材料碳化物分布不均匀的状态，改善由于碳化物分布不均匀造成的热处理易开裂、硬度不均、脆性加大、冲击韧性降低以及碳化物堆聚或呈网状出现在模具刃口处、易崩刃、折断和剥落等现象，提高材质的热处理性能和模具的使用寿命。

3）改善坯料的纤维方向，使纤维方向分布合理，满足不同类型零件的要求，提高零件的承载能力，同时通过合理的纤维方向，使零件的各向淬火变形趋向一致，提高材料的力学性能和使用性能。

通过锻造和预处理可以获得机械加工和热处理加工需要的金相组织状态，从而提高零件的机械加工和热处理加工的工艺性。

五、毛坯锻造的技术要求

1）毛坯机械加工余量。矩形锻件的最小加工余量和锻造公差见表3-10，圆柱形锻件的最小加工余量和锻造公差见表3-11。

表3-10　矩形锻件的最小加工余量和锻造公差　（单位：mm）

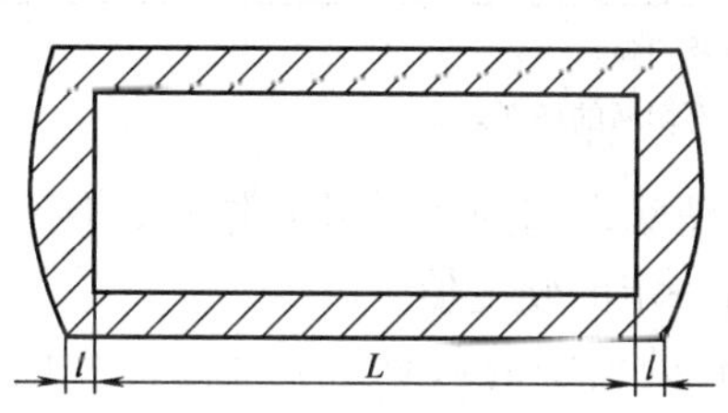

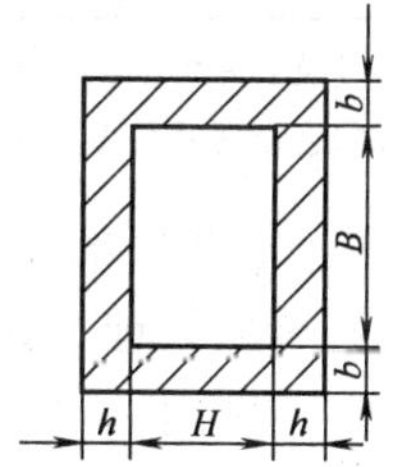

工件截面尺寸 B 或 H	工件长度 L									
	<150		151~300		301~500		501~750		751~1000	
	$2b$ 或 $2h$	$2L$	$2b$ 或 $2h$	$2L$	$2b$ 或 $2h$	$2L$	$2b$ 或 $2h$	$2L$	$2b$ 或 $2h$	$2L$
<25	4^{+3}_{0}	4^{+4}_{0}	4^{+3}_{0}	4^{+3}_{0}	4^{+3}_{0}	4^{+5}_{0}	4^{+4}_{0}	4^{+5}_{0}	5^{+5}_{0}	5^{+6}_{0}
26~50	4^{+4}_{0}	4^{+4}_{0}	4^{+4}_{0}	4^{+5}_{0}	4^{+4}_{0}	4^{+6}_{0}	4^{+5}_{0}	5^{+5}_{0}	5^{+6}_{0}	6^{+7}_{0}
51~100	4^{+4}_{0}	4^{+5}_{0}	4^{+4}_{0}	5^{+5}_{0}	4^{+4}_{0}	5^{+7}_{0}	5^{+6}_{0}	5^{+7}_{0}	5^{+6}_{0}	7^{+6}_{0}
101~200	5^{+5}_{0}	4^{+5}_{0}	5^{+5}_{0}	5^{+7}_{0}	5^{+5}_{0}	8^{+8}_{0}	6^{+6}_{0}	8^{+8}_{0}		
201~350	5^{+7}_{0}	5^{+8}_{0}	6^{+5}_{0}	9^{+9}_{0}	6^{+6}_{0}	10^{+9}_{0}				
351~500	9^{+6}_{0}	10^{+8}_{0}	7^{+6}_{0}	13^{+10}_{0}	7^{+6}_{0}	13^{+10}_{0}				

注：1）表列加工余量及公差均不包括锻件的凸面及圆弧。

2）应按 H 或 B 的最大截面尺寸选择余量，例如：对 $H=50$mm，$B=120$mm，$L=160$mm 的工件，其 H 的最小加工余量应按120mm取5mm，而不是按50mm取4mm。

表 3-11　圆柱形锻件的最小加工余量和锻造公差　　（单位：mm）

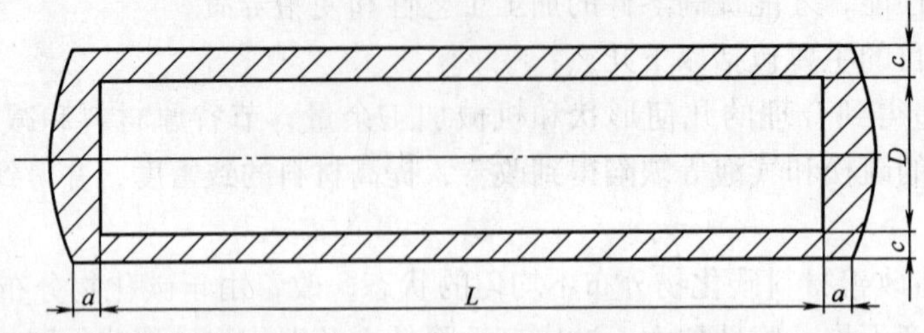

工件直径 D	工件长度 L													
	<30		31~80		81~180		181~360		361~600		601~900		901~1500	
	$2h$	$2L$	$2h$	$2L$	$2h$	$2L$	$2h$	$2L$	$2h$	$2L$	$2h$	$2L$	$2h$	$2L$
18~30	—	—	—	—	3^{+2}_{0}	3^{+3}_{0}	3^{+2}_{0}	3^{+3}_{0}	4^{+3}_{0}	4^{+4}_{0}	4^{+3}_{0}	4^{+4}_{0}	4^{+4}_{0}	4^{+4}_{0}
31~50	—	—	3^{+3}_{0}	3^{+4}_{0}	3^{+3}_{0}	3^{+4}_{0}	3^{+3}_{0}	3^{+4}_{0}	4^{+4}_{0}	4^{+4}_{0}	4^{+4}_{0}	4^{+5}_{0}	4^{+4}_{0}	4^{+5}_{0}
51~80	—	—	3^{+3}_{0}	3^{+4}_{0}	4^{+4}_{0}	4^{+4}_{0}	4^{+4}_{0}	4^{+5}_{0}	4^{+4}_{0}	4^{+5}_{0}	4^{+4}_{0}	4^{+5}_{0}	4^{+5}_{0}	4^{+5}_{0}
81~120	4^{+4}_{0}	3^{+3}_{0}	4^{+4}_{0}	3^{+4}_{0}	4^{+4}_{0}	4^{+4}_{0}	4^{+4}_{0}	4^{+5}_{0}	4^{+4}_{0}	4^{+5}_{0}	4^{+5}_{0}	4^{+5}_{0}	—	—
121~150	4^{+4}_{0}	4^{+3}_{0}	4^{+4}_{0}	4^{+3}_{0}	4^{+4}_{0}	5^{+5}_{0}	—	—	—	—	—	—	—	—
151~200	4^{+4}_{0}	4^{+4}_{0}	4^{+5}_{0}	4^{+5}_{0}	5^{+5}_{0}	5^{+5}_{0}	—	—	—	—	—	—	—	—
201~250	5^{+5}_{0}	5^{+4}_{0}	5^{+5}_{0}	4^{+5}_{0}	—	—	—	—	—	—	—	—	—	—
251~300	5^{+6}_{0}	4^{+4}_{0}	6^{+6}_{0}	5^{+5}_{0}	—	—	—	—	—	—	—	—	—	—
301~400	7^{+7}_{0}	5^{+6}_{0}	8^{+7}_{0}	6^{+8}_{0}	—	—	—	—	—	—	—	—	—	—
401~500	8^{+10}_{0}	6^{+8}_{0}	—	—	—	—	—	—	—	—	—	—	—	—

注：1）表列加工余量及公差均不包括锻件的凸面及圆弧。

2）表列长度方向之余量及公差，不适于锻后再切断的坯料。

2）锻件热处理。锻造后的毛坯为了消除锻造应力，软化锻件，便于以后的机械加工，应进行退火、正火和调质处理。锻件要有一定的硬度值。

3）对于模具的主要零件，尤其是对热处理质量和使用寿命有要求的零件，坯料应采用改锻工艺，即坯料在锻造时经多次镦粗和拔长，以改进锻件致密度，使内部组织均匀，改进其使用性能及力学性能。

4）锻件表面不能有裂纹、氧化皮脱碳层和表面锻造不平现象，其尺寸应符合图样要求，内部不应有夹层现象。

六、毛坯的锻压

1. 锻压设备的选择

毛坯的锻压方式一般采用自由锻，使用的锻压设备为空气锤或蒸汽—空气锤。锻锤吨位的选择是否合理，直接影响锻件质量、锻造生产效率和锻杆寿命。如果锻锤吨位过小，则锻造打击能量不足，造成锻打不深不透，锻件仅仅在表层发生一定的变形，而锻件心部的质量得不到改善，甚至发生恶化；如果锻锤吨位选择过大，则打击过重，容易出现锻裂现象。因此，为了获得优良的锻件，应该选取足够能量的锻锤，控制锻件质量。对于高合金模具钢应该进行反复的镦粗和拔长，以充分发挥材料的性能，为得到高质量和高寿命的零件打好基础。

2. **锻造方式**

锻件的锻造方式主要有三种，即轴向镦拔、横向镦拔和多向镦拔。

（1）轴向镦拔　轴向镦拔又称纵向镦拔、单向镦拔或不变向镦拔，它是沿着钢材的轴向，进行不变换方向的往复镦粗和拔长。轴向镦拔每次镦拔的过程如图 3-11 所示。

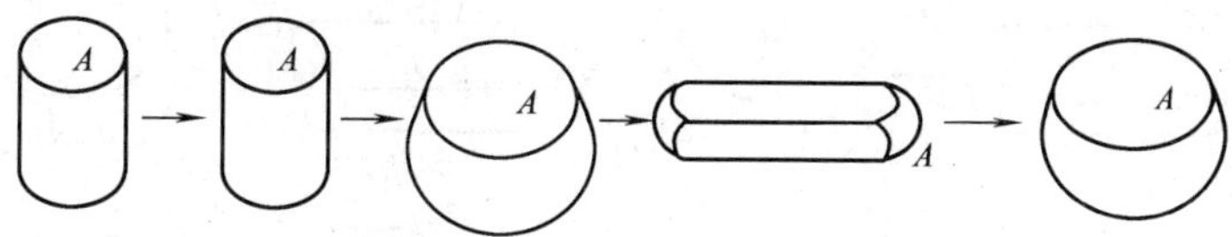

图 3-11　轴向镦拔的过程

为了便于拔长和降低镦粗过程中侧面开裂的现象，对于合金钢锻件广泛采用方柱镦粗，即先将圆棒料锻为四角为圆弧状的方柱体，再进行镦粗。如果要求锻件材料的纤维方向为横向分布，在镦拔后应进行换向锻造。如果锻件是镦粗锻压，则锻件材料的纤维方向为辐射状分布，适用于工作表面沿圆周分布的模具零件，如圆盘剪刀和滚丝轮类的零件。

（2）横向镦拔　横向镦拔又称径向镦拔，是将钢料轴向镦拔之后，转 90°沿垂直于纤维方向的多次镦拔，最终在镦粗或者拔长状态下进行整形。横向镦拔的过程如图 3-12 所示。

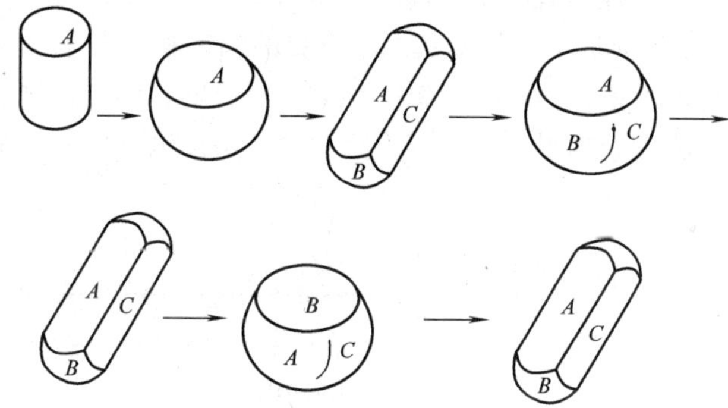

图 3-12　横向镦拔的过程

横向镦拔法的优点是拔长时端面开裂倾向小，钢材最致密、塑性最好的表面始终处于拔长时的端面；由于钢材表面层转移到锻坯的端面，纤维方向呈横向分布，锻件端面组织致密；锻件心部组织改善的效果好；锻造操作方便，有利于采用大镦粗比。横向镦拔法的主要缺点是原钢材心部纤维流向为横向，锻件外圆组织不均匀，纤维方向不易掌握。它主要适用于工作型腔及刃口在端面及中心处的凸模、冷镦、冷挤压模具，不适用于工作部位在圆周的及要求淬火微变形的精密模具。

（3）多向镦拔　多向镦拔又称三向镦拔，它综合了轴向和横向镦拔的特点，对圆棒料从三个方向轮番进行反复镦拔。常见的多向镦拔过程如图 3-13 所示。

多向镦拔法是获得优质锻件坯料的一种常用锻造方法。它的特点是锻造变形均匀，容易锻透，组织全面改善，碳化物细碎。

3. **锻件备料的方法**

零件的坯料准备，一般根据图样的零件明细表进行备料，其准备方法如下：

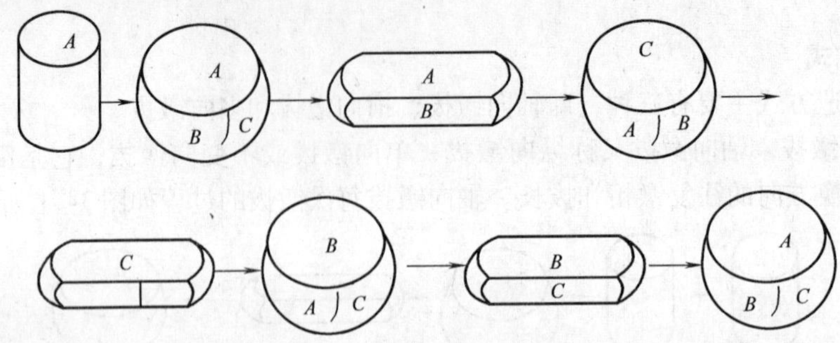

图3-13　多向镦拔的过程

1）根据零件图，计算出体积及重量大小。零件锻件的几何形状多为圆柱形、圆板形、矩形，也有少数为T形、L形、Π形等形状。锻件应保证合理的机械加工余量。如果锻件机械加工的加工余量过大，不仅浪费了材料，同时造成机械加工工作量过大，增加了机械加工工时；如果锻件机械加工的加工余量过小，使锻造过程中产生的锻造夹层、表层裂纹、氧化层、脱碳层和锻造不平现象无法消除，从而得不到合格的模具零件。

合理地选择圆棒料的尺寸规格和下料方式，对于保证锻件质量和方便锻造操作都有直接的关系。在圆棒料的下料长度（L）和圆棒料的直径（D）的关系上，应满足 $L=(1.25\sim2.5)D$。在满足上述关系的前提下，尽量选用小规格的圆棒料。关于下料方式，对于模具钢材料原则上采用锯床切割下料，但应避免锯一个切口后打断，因为这样容易生成裂纹。如采用热切法下料，应注意将飞边除尽，否则易产生折叠，造成锻件废品。锻件毛坯下料尺寸的确定见表3-12。

表3-12　锻件毛坯下料尺寸的确定

计算步骤	计算公式	说　明
计算坯料体积 $V_{坯}$	$V_{坯}=KV_{锻}$	$V_{锻}$——锻件体积，根据零件形状和加工余量确定锻件图，即可计算出 $V_{锻}$ K——系数，一般为1.05～1.10，基本无余面、鼓形时取1.05；有余面、鼓形时取1.10；火次增加时，K 取大值
计算圆棒料直径 $D_{计}$	$D_{计}=\sqrt[3]{0.637V_{坯}}$	因需改锻，材料的长径比应不大于2.5，$D_{料}$ 应取现有棒料直径规格中与 $D_{计}$ 最接近的
确定实用圆棒料的直径 $D_{料}$	$D_{料}\geqslant D_{计}$	
计算锯料长度 $L_{料}$	$L_{料}=1.273V_{坯}/D_{料}^2$	

2）根据计算出的体积与重量，依据材料库现有钢材的直径，换算出所需钢材的长短，并留有加工余量。

七、模具零件的锻造注意事项

模具零件的锻造注意事项见表3-13。

表 3-13　模具零件的锻造注意事项

项　目	注意要点
锻压设备	①应根据锻件的不同重量，适当选择模锻锤的吨位 ②锻造前应将锤头和锤砧预热
坯料准备	①坯料下料时应以冷锯为宜 ②根据各类模具的不同要求，在选用原材料时应分别考虑碳化物偏析等级，采用合适的锻造工艺。一般每镦拔 3 次可提高 1 ~ 1.5 级
坯料加热	①加热时应缓慢进行，防止急激加热，以免产生过烧现象 ②加热时，严格控制上限温度。如发现过烧时，应在炉内进行降温后再进行锻压 ③多件加热时，件与件之间要有间隙，在加热过程中要经常翻动
坯料的锻打	①锻造时，首先要轻打，去掉氧化皮后再按工艺要求锻造。镦拔时的坯料一定要放置正确，以免使坯料被打跑伤人 ②镦粗时，先进行铆锻和倒角，然后再镦粗，并要经常翻转。当发现弯曲时，应及时校正 L，以防止折叠产生废品 ③拔长时，每锤进给量不宜过大，以 30 ~ 40mm 为宜。拔长过程中如边角产生裂纹，应马上剔除再进行锻打。锻件不能拔得过长，一般要小于坯料长度的 3 倍
锻件的冷却	锻造成形的坯件，应放于石灰箱或沙坑内，最好放于 400 ~ 600℃的保温炉中进行保温，使之缓慢冷却

第四节　定位基准的选择

在制订零件的加工工艺规程时，正确地选择工件定位的基准有着十分重要的意义。定位基准选择的好坏，不仅影响零件加工的位置精度，而且对零件各表面的加工顺序也有很大的影响。

一、基准的概念

零件总是由若干表面组成的，且各表面之间有一定的尺寸和相互位置要求。模具零件表面间的相对位置包括两方面要求：表面间的距离尺寸精度和相对位置精度（如同轴度、平行度、垂直度和圆跳动等）。研究零件表面间的相对位置关系是离不开基准的，不明白基准就无法确定零件表面的位置。

基准就其一般意义来讲，就是零件上用以确定其他点、线、面的位置所依据的点、线、面。

根据基准作用的不同，可分为设计基准和工艺基准两大类。

1. 设计基准

在零件图上用以确定其他点、线、面的基准，称为设计基准。如图 3-14 所示的零件，轴心线 $O-O$ 是各外圆表面和内孔的设计基准；端面 A 是端面 B、C 的设计基准；外圆柱 $d_{-0.02}^{\ 0}$ 的轴线是 $D_{\ 0}^{+0.02}$ 孔的同轴度和 B 面圆跳动的设计基准。

2. 工艺基准

零件在加工和装配过程中所使用的基准，称为工艺基准。工艺基准按用途不同，又分为定位基准、测量基准和装配基准。

(1) 定位基准　加工时使工件在机床或夹具中占据某一正确位置所用的基准，称为定位基准。导套类零件套在心轴上磨削外圆表面时，其内孔即为定位基准。

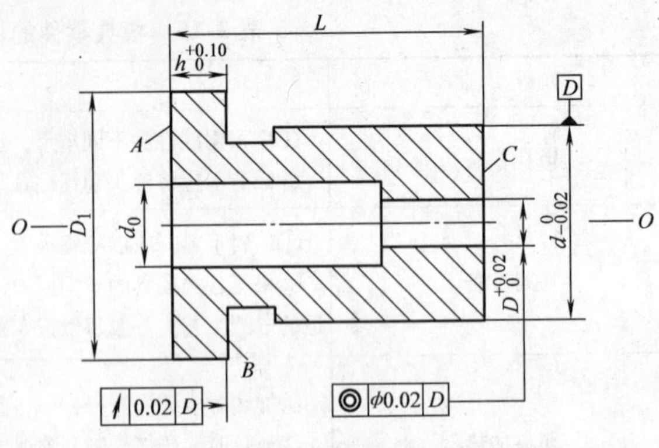

图 3-14　带轴肩的圆凹模

(2) 测量基准　零件检验时，用以测量已加工表面尺寸及位置的基准，称为测量基准。如图 3-14 所示零件，当以内孔为基准（套在检验心轴上）检验外圆 $d^{\ 0}_{-0.02}$ 的径向圆跳动和端面 B 的端面圆跳动时，内孔即为测量基准。

(3) 装配基准　装配时用以确定零件在部件或产品中位置的基准，称为装配基准。如图 3-14 所示零件外圆 $d^{\ 0}_{-0.02}$ 及端面 B 即为装配基准。

二、工件的安装方式

为了在工件的某一部位上加工出符合规定技术要求的表面，在机械加工前，必须使工件在机床上或夹具中占据某一正确的位置，通常我们把这个过程称为工件的定位。工件定位后，由于其在加工中受到切削力、重力等的作用，还应采用一定的机构，将工件夹紧，使其先前确定的位置保持不变。将工件从定位到夹紧的整个过程统称为安装。

工件安装的好坏，是机械加工中的一个重要问题，它不仅直接影响加工精度、工件安装的快慢，还影响生产效率的高低。为了保证加工表面与其设计基准间的相对位置精度，工件在安装时应使加工表面的设计基准相对机床占据一正确的位置。如图 3-14 所示，为了保证加工表面 $d^{\ 0}_{-0.02}$ 的径向圆跳动的要求，工件安装时必须使其设计基准（内孔轴心线 O—O）与机床主轴的轴心线重合。

在各种不同的机床上加工零件时，有各种不同的安装方法，可以将其归纳为直接找正法、划线找正法和采用夹具安装法三种。

1. 直接找正法

采用这种方法时，工件在机床上应有的正确位置，是通过一系列的尝试而获得的。直接找正法具体的方式是在工件直接装在机床上后，用百分表或划针盘上的划针，以目测法找正工件的正确位置，一边校验、一边找正，直至合乎要求。如图 3-15 所示，就是在车床的单动卡盘上用千分表找正定位，使本工序加工的内孔能和已加工过的外圆保持较高的同轴度。

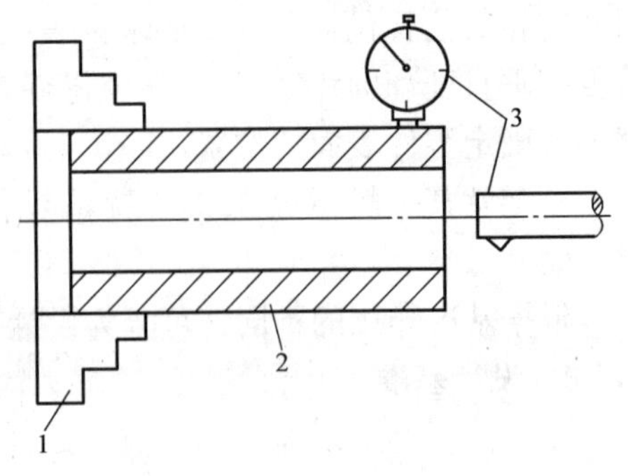

图 3-15　直接找正法示例

1—卡盘　2—工件　3—千分表

在铣床上加工时，也常应用这种直接找正安装的方法。

直接找正法的定位精度和找正的快慢，取决于找正精度、找正方法、找正工具和工人的技术水平。它的缺点是花费时间太多、生产效率低，且要凭经验操作，对工人技术要求高，故仅用于单件、小批量生产中。此外，当工件的定位精度要求较高时（例如误差小于0.01～0.005mm），如果采用夹具，因其本身有制造误差，所以难以达到要求，此时就不得不使用精密量具并由技术水平较高的工人用直接找正法来定位，以达到其精度要求。

2. 划线找正法

此法是在机床上用划针按毛坯或半成品上所划的线来找正工件，使其获得正确位置的一种方法。显而易见，此法要多一道划线工序。因划的线本身有一定宽度，在划线时还有划线误差，找正工件位置时还有观察误差，因此该法多用于生产批量较小、毛坯精度较低以及大型工件等不宜使用夹具的粗加工中。

3. 采用夹具安装

夹具是机床的一种附加装置，它在机床上与刀具间的位置，在工件安装前已预先调整好，所以在加工一批工件时，不必再逐个找正定位，就能保证加工的技术要求，既省工又省事，是先进的定位方法，在成批和大量生产中广泛应用。为满足现代化生产的需要，夹具已得到了大量应用，后面的章节中会对其进行详细讲述。

三、定位基准的选择

设计基准已由零件图给定，而定位基准可以有多种不同的方案。怎样才是合理的选择呢？一般在第一道工序中，只能选用毛坯表面来定位，在以后的工序中可以采用已经加工过的表面来定位，即先考虑选择怎样的精基准定位把工件加工到设计要求，然后考虑选择什么样的粗基准定位，把用作精基准的表面加工出来。

一般起始工序所用的粗基准和最终工序（含中间工序）所用的精基准的选择原则如下：

1. 粗基准的选择

在起始工序中，工件定位只能选择未经加工的毛坯表面，这种定位表面称为粗基准。

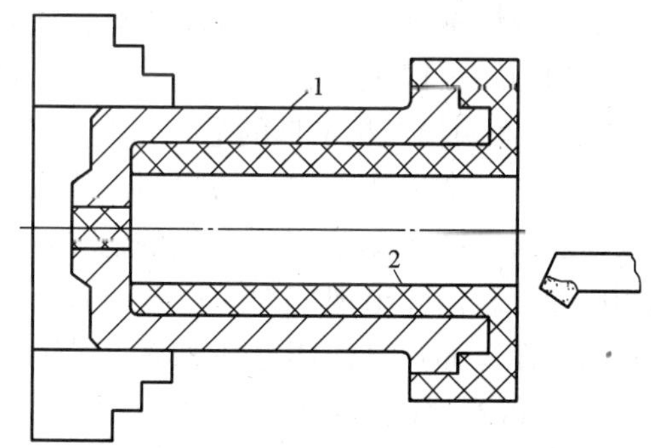

图3-16　以不加工表面为粗基准

1）具有不加工表面的工件为保证不加工表面与加工表面之间的相对位置要求，一般应选择不加工表面为粗基准。若工件有好几个不加工表面，则粗基准应选位置精度要求较高者，以达到壁厚均匀、外形对称等要求。如图3-16所示，工件在毛坯铸造时，内圆表面2和外圆表面1之间有偏心，外圆表面1不需加工，而零件要求壁厚均匀，因此粗基准应选择外圆表面1。

2）具有较多加工表面的工件的粗基准的选择，应合理分配各加工表面的加工余量。

① 应保证各加工表面都有足够的加工余量。为保证此项要求，粗基准应选择毛坯上加工余量最小的表面。如图3-17所示的阶梯轴，若以大端ϕ100mm的外圆表面作为粗基准，由于大小端外圆偏心有5mm，以致小端ϕ60mm可能加工不出来，则应改选加工余量较小的小端ϕ68mm的外圆表面为粗基准。

② 对于某些重要的表面（如导轨面和重要的内孔等），应尽可能使其加工余量均匀。如对导轨面的加工余量要求尽可能小些，以便获得硬度和耐磨性更好的表面。如图3-18所示为冲压模座粗基准的选择，此时应以下平面为粗基准，然后以下平面为定位基准，加工上平面与模座的其他部位，这样可减小毛坯误差，使上、下平面主要面基本平行，最后再以上平面为精基准加工下平面，这时的下平面的加工余量比较均匀，且比较小。

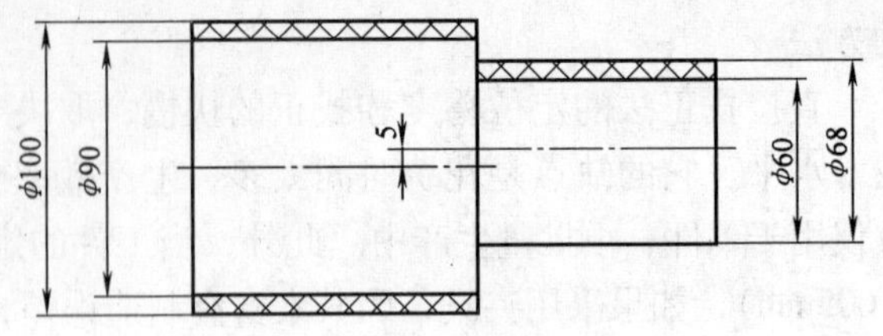

图 3-17　阶梯轴粗基准的选择

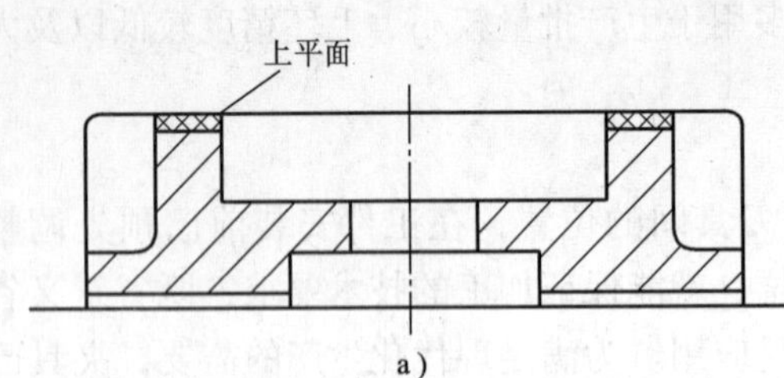

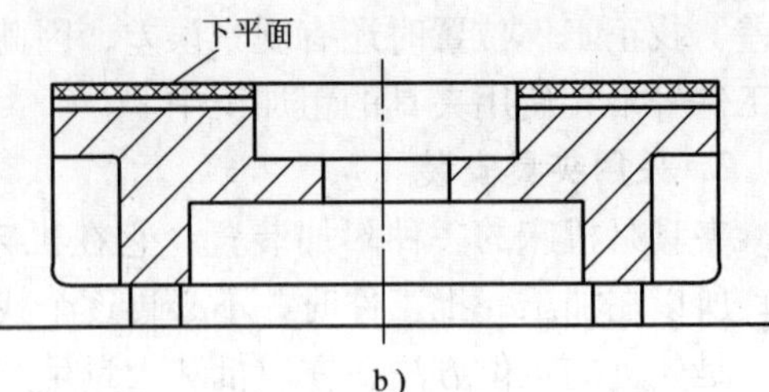

图 3-18　冲压模座粗基准的选择

③ 使工件上各加工表面的金属切除余量最小。为了保证该项目的要求，应选择工件上那些加工面积较大、形状比较复杂、加工劳动量较大的表面为粗基准。如图 3-18 所示的冲压模座，当选择下平面为粗基准加工时，由于上平面加工面是一简单平面，且加工面积较小，即使切除较大的加工余量，其金属的切除量实际也并不大，加之以后下平面的加工余量又比较小，故总的金属切除量也就比较小。

④ 为了保证重要加工面的余量均匀，应选择重要加工面为粗基准。例如，为保证车床主轴箱主轴孔余量均匀地被切除，一般都选择主轴孔为粗基准。

3）表面粗糙且精度低的毛坯粗基准的选择。一般情况下，一个尺寸方向上的粗基准表面只能使用一次，否则，因重复使用所产生的定位误差，会引起相应加工表面间出现较大的位置误差。如图 3-19 所示的零件，如重复使用毛坯表面 B 定位，分别加工表面 A 和 C，必然会使两加工表面产生较大的同轴度误差。

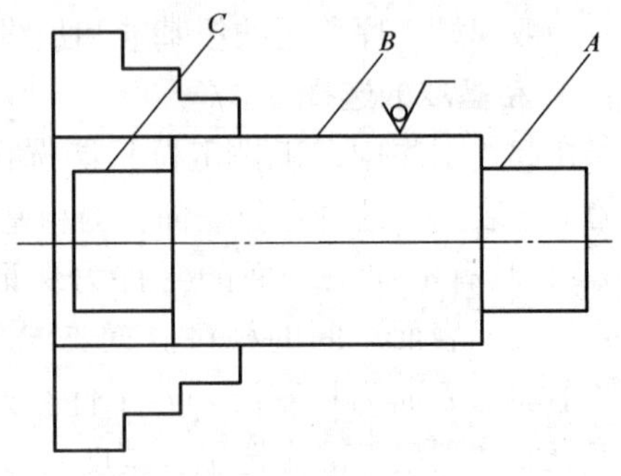

图 3-19　重复使用粗基准

A、C—加工面　B—毛坯面

4）粗基准工件的表面选择。粗基准的表面应尽量平整光洁，没有浇口、冒口或飞边等其他表面缺陷，以便使工件定位可靠、夹紧方便。

上述粗基准选择的原则，每一项都只能说明一个方面的问题，实际应用时往往会出现相互矛盾的情况，这就要求全面考虑、灵活运用，以保证主要的要求为主。

2. 精基准的选择

在最终工序和中间工序，应采用已加工表面定位，这种定位基准称为精基准。精基准的选择不仅影响工件的加工质量，而且与工件安装是否方便可靠也有很大关系。选择精基准的原则如下：

（1）基准重合原则　为了较容易地获得加工表面对其设计基准的相对位置精度要求，应选择加工表面的设计基准为定位基准，这一原则称为基准重合原则。如图 3-20 所示，当工件表面间的尺寸按图 a 标注时，表面 *B* 和表面 *C* 的加工根据基准重合原则，应选择设计基准 *A* 为定位基准，加工后，表面 *B*、*C* 相对 *A* 的平行度取决于机床的几何精度，尺寸精度 T_a和 T_b则取决于机床—刀具—工件等一系列工艺因素。此时按调整法加工表面 *B* 和 *C* 时，虽然刀具相对于定位基面 *A* 的位置是按照工序尺寸 *a* 和 *b* 预先调定的，而且在一批零件的加工过程中是保持不变的，但是由于工艺系统中一系列因素的影响，一批零件加工后的尺寸 *a* 和 *b* 仍然会产生误差 Δ_a和 Δ_b，这种误差称为加工误差。在基准重合的情况下，只要这种误差不大于 *a* 和 *b* 的尺寸公差，即 $\Delta_a \leqslant T_a$，$\Delta_b \leqslant T_b$，加工的零件就不会报废。

当零件表面间的尺寸标注如图 3-20b 所示时，如果仍然选择表面 *A* 为定位基准，并按调整法分别加工 *B* 面和 *C* 面，则对于 *B* 面来说，是符合基准重合原则的，但对于 *C* 面来说，则定位基准与设计基准不重合。

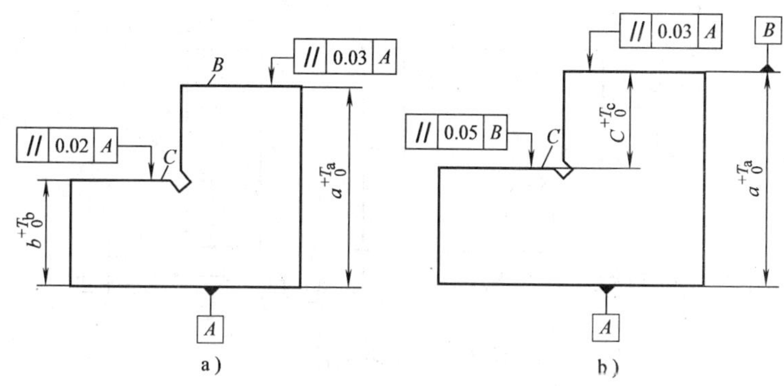

图 3-20　零件尺寸的两种注法

表面 *C* 的加工情况如图 3-21a 所示，加工尺寸 *c* 的误差分布如图 3-21b 所示。由图中可看出，在加工尺寸 *c* 时，不仅包含本工序的加工误差 Δ_c，而且还包含尺寸 *a* 的加工误差，这是由于基准不重合造成的，这个误差称基准不重合误差（Δ_{ch}），其最大值为定位基准（*A* 面）与设计基准（*B* 面）间位置尺寸 *a* 的公差 T_a。为了保证尺寸 *c* 的精度要求，上述两个误差之和应小于或等于尺寸 *c* 的公差，即

$$\Delta_c + \Delta_{ch}(T_a) \leqslant T_c$$

从上式看出，在 T_c为一定值时，由于 Δ_{ch}的出现，势必要减小 Δ_c的值，即需要提高本工序的加工精度。因此，在选择定位基准时，应尽可能遵守基准重合原则。应当指出，基准重合原则对于保证表面间的相互位置精度（如平行度、垂直度、同轴度等）亦完全适用。

（2）基准统一原则　在工件的加工过程中尽可能地采用统一的定位基准，称为基准统一原则。例如轴类零件大多数工序都可以采用两端中心孔定位（即以轴心线为定位基准），以保证各主要加工表面的尺寸精度和位置精度；又例如模具中型腔和型芯板坯、模板、固定板、卸料板等都是切削加工后呈六面体，沿三个方向形成互为直角的相邻三基面体系，如图 3-22 所示的 *A*、*B*、*C* 三基准面。

基准统一在一次装夹中能加工出较多的表面，如模具制造在加工中心或 CNC 铣镗床上，

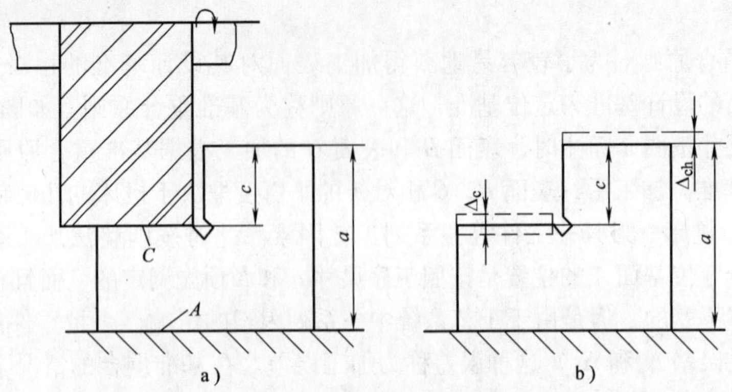

图 3-21　基准不重合误差示例

可完成型面加工，钻、扩孔，铣槽等多个工步，既可避免因基准变换而引起的定位误差，又便于保证多个被加工表面间的位置精度，也有利于提高生产效率。

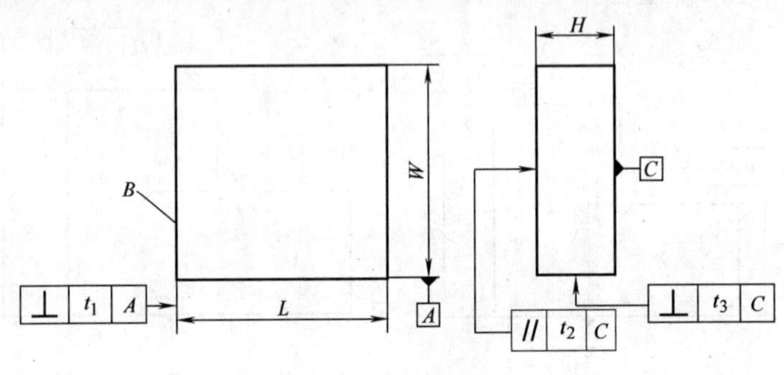

图 3-22　三基面体系

(3) 自为基准原则　当某些表面精加工要求加工余量小而均匀时，选择加工表面本身作为定位基准称为自为基准原则。为保证表面的加工质量并提高生产效率，应选择加工表面本身作为精基准，而该加工表面与其他表面之间的位置精度，则应由先行工序保证。如图 3-23 所示是在导轨磨床上磨削工件导轨，安装后用百分表找正工件的导轨表面本身，此时，床脚仅起支撑作用。

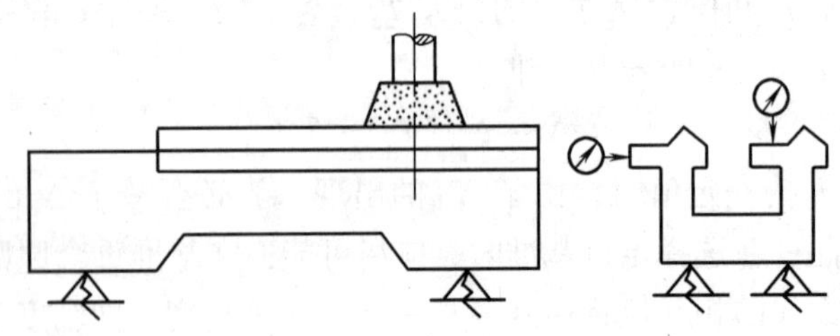

图 3-23　自为基准示例

此外，珩磨、采用浮动铰刀铰孔、圆拉刀拉孔及用无心磨床磨削外圆等也是以加工表面本身作为定位基准。生产中常采用的钳工划线，后续工序操作者按线找正后装夹加工，这也体现了自为基准的原则。

(4) 互为基准原则　为了使加工面间有较高的位置精度，又为了使其加工余量小而均匀，可采取反复加工、互为基准的原则。如图 3-24 所示的钻套，以外圆柱定位磨削内孔，反过来又以内孔定位磨削外圆柱，这样可以获得内外圆柱面较高的同轴度要求；又如模座上、下平面互为基准磨削，以保证其较高的平行度要求。

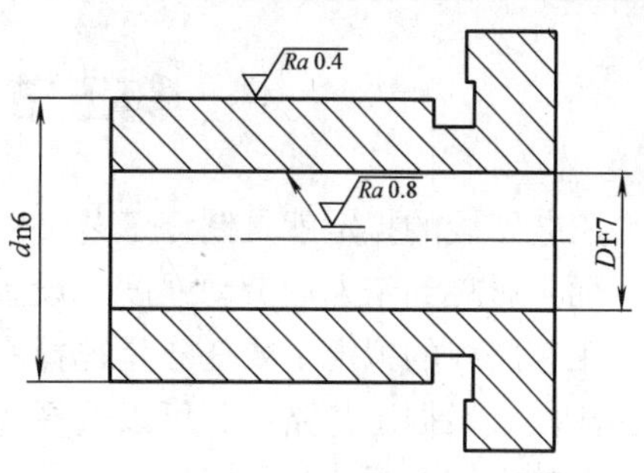

图 3-24　钻套

（5）定位基准的选择应便于工件的安装与加工，并使夹具的结构简单　如图 3-25a 所示零件，当加工表面 C 时，如果采用基准重合的原则，应选择表面 B 为定位基准，工件安装如图 3-25b 所示，这样不仅工件安装不方便，夹具结构也将复杂得多；如果采用图 3-25c 所示的 A 面定位，虽然可使工件安装方便，夹具结构也相应简单，但又会产生基准不重合误差。定位基准选择中的上述矛盾是经常出现的，在这种情况下，就要认真进行分析，如改变加工方法或采用其他工艺措施，提高表面 B 和 C 的加工精度，这样可选择 A 面为定位基准，如图 3-25c 所示。为消除基准不重合产生的误差，而图 3-25b 所示的安装方法又很麻烦，夹具又复杂，有时也采用组合铣削的方式，如图 3-26 所示，这样可保证表面 B、C 间的平行度。总之，要综合考虑这些原则，以达到定位精度高、夹紧可靠、夹具结构简单、操作方便等要求。

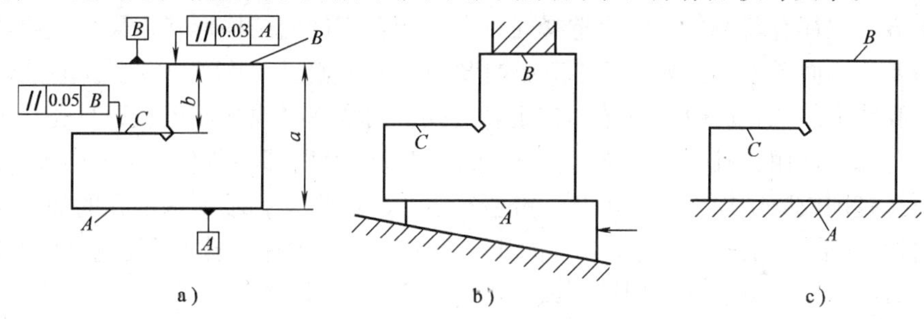

图 3-25　定位基准选择示例

3. 辅助基准

有时可能遇到这样的情况：工件上没有能作为定位基准用的恰当表面，这时就必须在工件上专门设置或加工出定位的基面，称为辅助基准。如图 3-27 所示车床小刀架的工艺凸台应和定位面 C 同时加工出来，使定位稳定可靠。辅助基准在零件工作中并无用途，完全是为了工艺上的需要，加工完毕后，如有必要可以去掉。

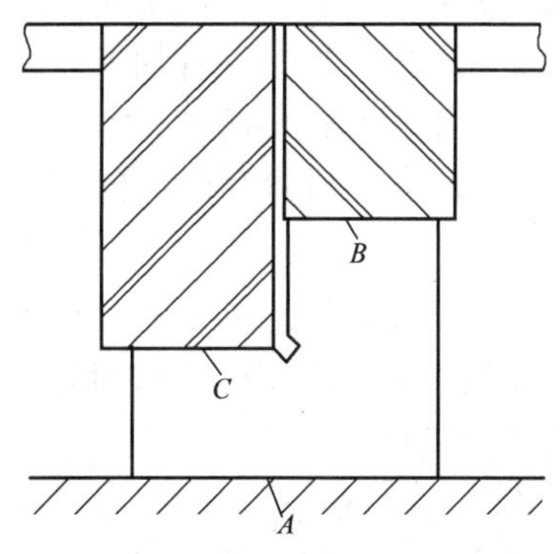

图 3-26　组合铣削加工示例

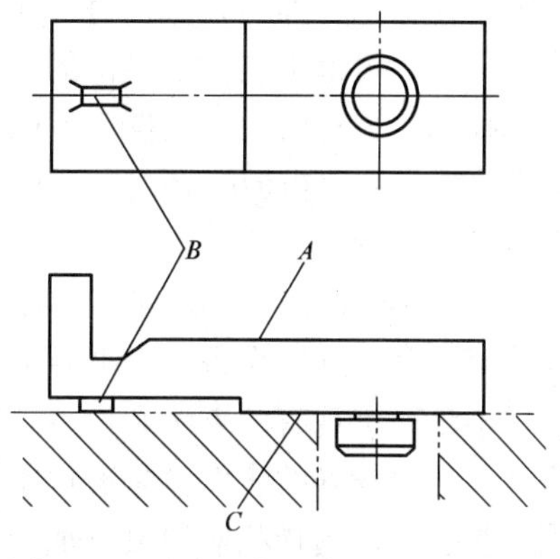

图 3-27　具有工艺凸台的小刀架毛坯

第五节　工艺路线的拟定

工艺路线的拟定就是制订工艺过程的总体布局。工艺路线不但影响加工的质量和生产效率，而且影响到工人的劳动强度、设备投资、车间面积和生产成本等。

工艺路线的拟定主要任务是选择零件表面的加工方法和加工方案，确定加工顺序、划分加工阶段。根据工艺路线，可以选择各工序的工艺基准，确定工序尺寸，考虑应用各种新工艺、新技术的可行性和经济性。

关于工艺路线的拟定，目前还没有一套普遍而完整的方法。机械加工生产中，加工工艺规程的制订，是在充分调查研究的基础上，提供多种加工方案进行分析比较。

经过多年来的生产实践，目前已总结出一些拟定工艺路线的综合性原则。在应用这些原则时，要结合生产实际，分析具体条件，避免生搬硬套。

一、表面加工方法的选择

1）首先要保证加工表面的加工精度和表面粗糙度的要求。由于获得同一精度及表面粗糙度的加工方法往往有若干种，实际选择时，还要结合零件的结构形状、尺寸大小以及材料和热处理的要求全面考虑。例如对于IT7级精度的孔采用镗削、铰削、拉削和磨削均可达到要求，但型腔体上的孔，一般不宜选择拉削和磨孔，而常选择镗孔或铰孔，且孔径大时宜选择镗孔，因为如果选用铰孔，因铰刀直径过大，制造、使用都不方便；孔径小时宜选择铰孔，因为小孔镗削或磨削加工时，因其刀杆直径过小，刚性差，不易保证孔的加工精度。

2）零件加工表面的位置精度要求。例如孔系加工中，为保证孔间距位置尺寸和位置精度要求，其最终加工方法适宜选用镗削或磨削，而不应采用铰削。

3）工件材料的性质对加工方法的选择也有影响。例如淬火钢应采用磨削加工；有色金属零件，为避免磨削时堵塞砂轮，一般都采用高速镗或高速精密车削进行精加工。

4）表面加工方法的选择，除了保证质量要求外，还应考虑生产效率和经济性的要求。大批量生产时，应尽量采用高效率的先进工艺方法，如内孔和平面可采用拉削加工取代普通的铣、刨和镗孔方法；但是在年产量不大的生产情况下，若盲目采用高效率加工方法及专用设备，则会因设备利用率不高，造成经济上的较大损失。

此外，任何一种加工方法，可以获得的加工精度和表面质量均有一个相当大的范围，但只有在一定的精度范围内才是经济的，这种一定范围的加工精度，即为该种加工方法的经济精度。选择加工方法时，应根据工件的精度要求选择与经济精度相适应的加工方法。例如对于IT7级精度、表面粗糙度 Ra 值为 $0.4\mu m$ 的外圆，通过精心车削虽然可以达到要求，但在经济上就不如磨削合理。

5）为了能够正确地选择加工方法，还要考虑本厂、本车间现有的设备情况及技术条件，应该充分利用现有设备，挖掘企业潜力、发挥工人及技术人员的积极性和创造性，同时也应考虑不断改进现有的方法和设备，推广新技术、提高工艺水平。

零件上比较精确的表面，是通过粗加工、半精加工和精加工逐步达到的。对这些表面仅仅根据质量要求，选择相应的最终加工方法是不够的，还应正确地确定从毛坯到最终成形的加工路线和加工方案。表3-14、表3-15、表3-16、表3-17、表3-18为常见的外圆、内孔和平面的加工方案和加工精度，制订工艺时可作参考。

表 3-14 外圆柱面的加工方法

序号	加工方法	经济精度（以公差等级表示）	经济表面粗糙度 Ra 值/μm	适用范围
1	粗车	IT11 ~ IT13	12.5 ~ 50	适用于淬火钢以外的各种金属
2	粗车——半精车	IT8 ~ IT10	3.2 ~ 6.3	
3	粗车——半精车——精车	IT7 ~ IT8	0.8 ~ 1.6	
4	粗车——半精车——精车——滚压（或抛光）	IT7 ~ IT8	0.025 ~ 0.2	
5	粗车——半精车——磨削	IT7 ~ IT8	0.4 ~ 0.8	主要用于淬火钢，也可用于不宜加工的有色金属
6	粗车——半精车——粗磨——精磨	IT6 ~ IT7	0.1 ~ 0.4	
7	粗车——半精车——粗磨——精磨——超精加工（或轮式超精磨）	IT5	0.012 ~ 0.1（或 Rz 0.1）	
8	粗车——半精车——精车——精细车（或金刚车）	IT6 ~ IT7	0.025 ~ 0.4	主要用于要求较高的有色金属的加工
9	粗车——半精车——粗磨——精磨——超精磨（或镜面磨）	IT5 以上	0.006 ~ 0.025（或 Rz 0.05）	主要用于要求极高精度的外圆的加工
10	粗车——半精车——粗磨——精磨——研磨	IT5 以上	0.006 ~ 0.1（或 Rz 0.05）	

表 3-15 孔的加工方法

序号	加工方法	经济精度（以公差等级表示）	经济表面粗糙度 Ra 值/μm	适用范围
1	钻	IT11 ~ IT13	12.5	加工未淬火钢及铸铁的实心毛坯，也可用于加工有色金属。孔径小于 15 ~ 20mm
2	钻——铰	IT8 ~ IT10	1.6 ~ 6.3	
3	钻——粗铰——精铰	IT7 ~ IT8	0.8 ~ 1.6	
4	钻——扩	IT10 ~ IT11	6.3 ~ 12.5	加工未淬火钢及铸铁的实心毛坯，也可用于加工有色金属。孔径大于 15 ~ 20mm
5	钻——扩——铰	IT8 ~ IT9	1.6 ~ 3.2	
6	钻——扩——粗铰——精铰	IT7	0.8 ~ 1.6	
7	钻——扩——机铰——手铰	IT6 ~ IT7	0.2 ~ 0.4	
8	钻——扩——拉	IT7 ~ IT9	0.1 ~ 1.6	大批大量生产（精度由拉刀的精度而定）
9	粗镗（或扩孔）	IT11 ~ IT13	6.3 ~ 12.5	除淬火钢以外的各种材料，毛坯有铸出孔或锻出孔
10	粗镗（粗扩）——半精镗（精扩）	IT9 ~ IT10	1.6 ~ 3.2	
11	粗镗（粗扩）——半精镗（精扩）——精镗（铰）	IT7 ~ IT8	0.8 ~ 1.6	
12	粗镗（粗扩）——半精镗（精扩）——精镗——浮动镗刀精镗	IT6 ~ IT7	0.4 ~ 0.8	

（续）

序号	加工方法	经济精度（以公差等级表示）	经济表面粗糙度 Ra 值/μm	适用范围
13	粗镗（粗扩）——半精镗——磨孔粗镗（粗扩）——半精镗	IT7 ~ IT8	0.2 ~ 0.8	主要用于淬火钢，也可用于未淬火钢，但不宜用于有色金属的加工
14	粗镗——粗磨——精磨	IT6 ~ IT7	0.1 ~ 0.2	
15	粗镗——半精镗——精镗——精细镗（金刚镗）	IT6 ~ IT7	0.05 ~ 0.4	主要用于精度要求高的有色金属的加工
16	钻——（扩）——铰——精铰——珩磨；钻——（扩）——拉——珩磨；粗镗——半精镗——精镗——珩磨	IT6 ~ IT7	0.025 ~ 0.2	精度要求很高的孔
17	以研磨代替上述方法中的珩磨	IT5 ~ IT6	0.006 ~ 0.1	

表 3-16　平面的加工方法

序号	加工方法	经济精度（以公差等级表示）	经济表面粗糙度 Ra 值/μm	适用范围
1	粗车	IT11 ~ IT13	12.5 ~ 50	端面
2	粗车——半精车	IT8 ~ IT10	3.2 ~ 6.3	
3	粗车——半精车——精车	IT7 ~ IT8	0.8 ~ 1.6	
4	粗车——半精车——磨削	IT6 ~ IT8	0.2 ~ 0.8	
5	粗刨（或粗铣）	IT11 ~ IT13	6.3 ~ 25	一般不淬硬平面（端铣表面粗糙度 Ra 值较小）
6	粗刨（或粗铣）——精刨（或精铣）	IT8 ~ IT10	1.6 ~ 6.3	
7	粗刨（或粗铣）——精刨（或精铣）——刮研	IT6 ~ IT7	0.1 ~ 0.8	精度要求较高的不淬硬平面，批量较大时宜采用宽刃精刨方案
8	以宽刃精刨代替上述刮研	IT7	0.2 ~ 0.8	
9	粗刨（或粗铣）——精刨（或精铣）——磨削	IT7	0.2 ~ 0.8	精度要求高的淬硬平面或不淬硬平面
10	粗刨（或粗铣）——精刨（或精铣）——粗磨——精磨	IT6 ~ IT7	0.025 ~ 0.4	
11	粗铣——拉	IT7 ~ IT9	0.2 ~ 0.8	大量生产、较小的平面（精度视拉刀精度而定）
12	粗铣——精铣——磨削——研磨	IT5 以上	0.006 ~ 0.1（或 Rz 0.05）	高精度平面

表 3-17　轴线平行的孔的位置精度（经济精度）　（单位：mm）

加工方法	工具的定位	两孔轴线间的距离误差，或从孔轴线到平面的距离误差	加工方法	工具的定位	两孔轴线间的距离误差，或从孔轴线到平面的距离误差
立钻或摇臂钻上钻孔	用钻模	0.1～0.2	卧式铣镗床上镗孔	用镗模	0.05～0.08
	按划线	1.0～3.0		按定位样板	0.08～0.2
立钻或摇臂钻上镗孔	用镗模	0.05～0.08		按定位器的指示读数	0.04～0.06
车床上镗孔	按划线	1.0～2.0		用量块	0.05～0.1
	用带有滑座的角尺	0.1～0.3		用内径规或用塞尺	0.05～0.25
坐标镗床上镗孔	用光学仪器	0.004～0.015		用程序控制的坐标装置	0.04～0.05
金刚镗床上镗孔	—	0.008～0.02			
多轴组合机床上镗孔	用镗模	0.03～0.05		用游标尺	0.2～0.4
				按划线	0.4～0.6

表 3-18　外圆和内孔的几何形状精度　（单位：mm）

机床类型			圆度误差	圆柱度误差
卧式车床	最大直径	≤400	0.02（0.01）	100:0.015（0.01）
		≤800	0.03（0.015）	300:0.05（0.03）
		≤1600	0.04（0.02）	300:0.06（0.04）
高精度车床			0.01（0.005）	150:0.02（0.01）
外圆车床	最大直径	≤200	0.006（0.004）	500:0.011（0.007）
		≤400	0.008（0.005）	1000:0.02（0.01）
		4800	0.012（0.007）	1000:0.025（0.015）
无心磨床			0.01（0.005）	100:0.008（0.005）
珩磨机			0.01（0.005）	300:0.02（0.01）
卧式镗床	镗杆直径	≤100	外圆 0.05（0.025） 内孔 0.04（0.02）	200:0.04（0.02）
		≤160	外圆 0.05（0.03） 内孔 0.05（0.025）	300:0.05（0.03）
		≤200	外圆 0.06（0.04） 内孔 0.05（0.03）	400:0.06（0.04）
内圆磨床	最大孔径	≤50	0.008（0.005）	200:0.008（0.005）
		≤200	0.015（0.008）	200:0.015（0.008）
		≤800	0.02（0.01）	200:0.02（0.01）
立式金刚镗			0.008（0.005）	300:0.02（0.01）

二、加工阶段的划分

1. 工艺过程划分阶段的原则

对于加工质量要求较高的零件，工艺过程应分阶段进行施工。模具加工的工艺过程一般可分为以下几个阶段：

（1）粗加工阶段　粗加工阶段的主要任务是切除各加工表面上的大部分加工余量，使毛坯在形状和尺寸上尽量接近成品。因此，在此阶段中应采取措施尽可能提高生产效率。

（2）半精加工阶段　半精加工阶段的任务是使主要表面消除粗加工留下的误差，使其达到一定的精度及精加工余量，为精加工做好准备，并完成一些次要表面如钻孔、铣槽等的加工。

（3）精加工阶段　精加工阶段主要是去除半精加工所留的加工余量，使工件各主要表面达到图样要求的尺寸精度和表面粗糙度。

（4）光整加工阶段　对于精度和表面粗糙度要求很高（如 IT6 级及 IT7 级以上的精度、表面粗糙度 Ra 值为 0.4μm）的零件，可采用光整加工，但光整加工一般不用于纠正几何形状和相互位置误差。

2. 工艺过程分阶段的作用

（1）保证加工质量　工件粗加工时切除的金属较多，会产生较大的切削力和切削热，同时也需要较大的夹紧力，而且精加工后内应力要重新分布。在这些力和热的作用下，工件会发生较大的变形。如果不分阶段连续进行粗精加工，就无法避免上述原因所引起的加工误差。加工过程分阶段后，粗加工造成的加工误差，通过半精加工和精加工即可得到纠正，并逐步提高了零件的加工精度、降低了表面粗糙度值，保证了零件加工质量的要求。

（2）合理使用设备　加工过程划分阶段后，粗加工可采用功率大、刚度好和精度低的高效率机床加工，以提高生产效率；精加工则可采用高精度机床加工，以确保零件的精度要求。这样既充分发挥了设备的各自特点，又做到了设备的合理使用。

（3）便于安排热处理工序　对于一些精密零件，粗加工后安排去应力的时效处理，可减少内应力变形对精加工的影响；半精加工后安排淬火，不仅容易满足零件的性能要求，而且淬火引起的变形也可通过精加工工序予以消除。

此外，粗、精加工分开后，毛坯的缺陷（如气孔、砂眼和加工余量不足等）可在粗加工后及早发现；及时决定修补或报废，以免对应报废的零件继续精加工而浪费工时和其他制造费用；精加工表面安排在后面，还可以保护其不受损伤。

在拟定工艺路线时，一般应遵循划分加工阶段这一原则，但具体运用时要灵活掌握，不能绝对化。例如，对于要求较低而刚性又较好的零件，可不必划分阶段；又如，对于一些刚性好的重型零件，由于装夹吊运很费工时，往往不划分阶段，而在一次安装中完成表面的粗、精加工。

3. 划分加工阶段的依据

划分加工阶段主要根据零件加工表面的尺寸公差等级、表面粗糙度和热处理要求等。显然，不同的热处理要求是划分加工阶段的重要标志。加工表面的尺寸公差等级越高，则加工阶段划分越明显；加工表面的粗糙度值越小，越要经过由粗加工到精加工的过程。不同的加工阶段达到的表面粗糙度值是不同的。同样，从工件加工表面标注的表面粗糙度 Ra 值的要求就可以确定该零件的加工过程、应该需要并划分哪几个加工阶段，见表3-19。

表3-19 *Ra* 值与加工阶段的划分

Ra/μm	加工阶段	*Ra*/μm	加工阶段
50	粗加工	0.1	光整加工
25		0.05	
12.5		0.025	
6.3	半精加工	0.012	超精加工
3.2		0.006	
1.6			
0.8	精加工		
0.4			
0.2			

需要指出的是，划分加工阶段是对整个工艺过程而言的，应以主要加工面为主线来分析，而不应以个别表面（或次要表面）和个别工序来判断。但是，有的零件的加工阶段并不明显，可是对于同一表面仍有粗、半精和精加工工步之分。

三、加工顺序的安排

1. 机械加工顺序的安排

机械加工顺序的安排，应考虑以下几个原则：

（1）先粗后精　当零件需要分阶段进行加工时，先安排各表面的粗加工，中间安排半精加工，最后安排主要表面的精加工和光整加工。由于次要表面精度要求不高，一般在粗、半精加工即可完成；对于那些与主要表面相对位置关系密切的表面，通常多置于主要表面精加工之后加工。

（2）先主后次　零件上的装配基面和主要工作表面等先安排加工，而键槽、紧固用的光孔和螺孔等由于加工面小，又和主要表面有相互位置要求，一般都应安排在主要表面达到一定精度之后（例如半精加工之后）、但又应在最后精加工之前进行加工。

（3）基面先行　每一加工阶段总是先安排基面加工工序，例如轴类零件加工中采用中心孔作为统一基准，因此每个加工阶段开始总是钻中心孔，作为精基准，应使之具有足够的精度和表面粗糙度要求，并常常高于原来图样上的要求。如果精基面不止一个，则应按照基面转换的次序和逐步提高精度的原则安排。例如，精密轴套类零件，其外圆和内孔就要互为基准反复进行加工。

（4）先面后孔　对于模座、凸凹模固定板、型腔固定板、推板等一般模具零件，平面所占轮廓尺寸较大，用平面定位比较稳定可靠。因此，其工艺过程总是选择平面作为定位精基面，先加工平面、再加工孔。

2. 热处理工序的安排

模具零件常采用的热处理工艺有：退火、正火、调质、时效、淬火、回火、渗碳和氮化等。按照热处理的目的，可将上述热处理工艺大致分为两大类：预先热处理和最终热处理。

（1）预先热处理　预先热处理包括退火、正火、时效和调质等。这类热处理的目的是改善加工性能，消除内应力和为最终热处理做组织准备，其工序位置多在粗加工前后。

1）退火和正火。经过热加工的毛坯，为改善切削加工性能和消除毛坯的内应力，常进行退火和正火处理。例如，碳的质量分数大于0.7%的碳钢和合金钢，为降低硬度以便于切削加工，常采用退火或球化退火；碳的质量分数低于0.3%的低碳钢和低合金钢，为避免硬度过低、切削时粘刀而采用正火，以提高硬度。

退火和正火能细化晶粒、均匀组织，为以后的热处理做好组织准备。退火和正火常安排在毛坯制造之后、粗加工之前。

2）调质。调质即淬火后的高温回火，能获得均匀细致的回火索氏体组织，为以后的表面淬火和氮化时减少变形做组织准备。因此，调质可作为预先热处理工序。由于调质后零件的综合力学性能较好，对某些硬度和耐磨性要求不高的零件，也可作为最终的热处理工序。调质处理常置于粗加工之后和半精加工之前。

3）时效处理。时效处理主要用于消除毛坯制造和机械加工中产生的内应力。对形状复杂的铸件，一般在粗加工后安排一次时效即可，但对于高精度的复杂铸件应安排两次时效工序，即：铸造→粗加工→时效→半精加工→时效→精加工。简单铸件不必时效处理。

除铸件外，对一些刚性差的精密零件（如精密导柱），为消除加工中产生的内应力、稳定零件的加工精度，在粗加工、半精加工和精加工之间安排多次时效工序。

（2）最终热处理　最终热处理包括各种淬火、回火、渗碳和氮化处理等。这类热处理的目的主要是提高零件材料的硬度和耐磨性，常安排在精加工前后。

1）淬火。淬火分为整体淬火和表面淬火两种，其中表面淬火因变形、氧化及脱碳较小而应用较多。为提高表面淬火的心部性能和获得细马氏体的表层淬火组织，常需预先进行调质及正火处理，其加工路线一般为：下料→锻造→正火（退火）→粗加工→调质→精加工→表面淬火→精加工。

2）渗碳淬火。渗碳淬火适用于低碳钢和低合金钢，其目的是使零件表层含碳量增加，经淬火后使表层获得高的硬度和耐磨性，而心部仍保持一定的强度和较高的韧性及塑性。渗碳处理按渗碳部位分为整体渗碳和局部渗碳两种。局部渗碳时，对不渗碳部位要采取防渗措施。由于渗碳淬火变形较大，加之渗碳时一般渗碳层深度为0.5～2mm，所以渗碳淬火工序常安排在半精加工和精加工之间，其工艺路线为：下料→锻造→正火→粗、半精加工→渗碳→淬火与回火→精加工。

为局部渗碳零件的不渗碳部位采用加大加工余量防渗时，渗碳淬火前对防渗部位要增加一道切除渗碳层的工序。

3）回火。零件淬火后有很高的硬度和强度，而其塑性和韧性很差，不能直接应用。回火可使淬火零件在保持一定的强度和硬度的条件下，提高其韧性和塑性、稳定组织、消除淬火应力，防止零件变形与开裂，所以零件淬火后应及时进行回火。

4）氮化处理。氮化是一种表面热处理，其目的是通过氮原子的渗入，使表层获得含氮化合物，以提高零件硬度、耐磨性、疲劳强度和抗蚀性。由于氮化温度低、变形小，且氮化层较薄，故氮化的工序位置应尽量靠后安排。因为氮化层较薄且脆，且零件心部应具有较高的综合力学性能，故氮化前要进行去除内应力工序，粗加工后应安排调质处理。

氮化零件的工艺路线一般为：下料→锻造→退火→粗加工→调质→精加工→除应力→粗磨→氮化→精磨、超精磨或研磨。

3. 辅助工序的安排

辅助工序包括工件的检验、去飞边、清洗和涂防锈油等，其中检验工序是主要的辅助工序，它对保证零件质量有极重要的作用。检验工序应安排在：

1）粗加工全部结束后、精加工之前；

2）零件从一个车间转到另一个车间前后；

3）重要工序加工前后。

四、几种典型工艺路线的安排

尽管零件结构、技术要求、材料等各异，但工艺路线的确定具有一定的规律性，即以主要表面加工为主线、次要表面的加工穿插在各阶段中进行。

1. 几种典型的工艺路线

（1）调质钢件　正火或退火→加工精基准→粗加工主要表面→调质→加工主要表面→去应力回火→检验

（2）渗碳钢件　正火→加工精基准→粗、半精加工主要表面→渗碳→淬火、低温回火→精加工主要表面→去应力回火→检验

（3）高碳工具钢、工具钢件　正火→球化退火→加工精基准→粗、半精加工主要表面→淬火（+冷处理）、低温回火→人工时效→精加工主要表面→人工时效→检验。

（4）灰铸铁件　时效→加工精基准→粗、半精加工主要表面→时效→精加工主要表面→检验。

（5）渗氮钢件

1）精密模具。退火或正火→加工精基准→粗加工→调质→半精加工→稳定化处理→精加工→装配→试冲模→渗氮→光整加工（如研磨、抛光）→检验。

2）普通模具。粗加工→调质→精加工→渗氮→研磨→检验。

对于不需要热处理的钢件和有色金属件的机械加工工艺路线就显而易见了。

2. 塑料模的几种制造工艺路线

（1）采用冷挤压成型时（如材料15、20、20Cr）　锻造→正火或退火→加工精基准→粗加工→冷挤压型腔（多次挤压时，中间需退火）→机械加工成型→渗碳或碳氮共渗→淬火及回火→钳工修磨抛光→镀铬→检验。

（2）直接淬硬时（如T8A、T12A、CrWMn、5CrMnMo、9Mn2V、Cr12）　锻造→退火→加工精基准→机械粗加工→调质→半精加工→淬火与回火→钳工修磨抛光→镀铬→检验。

（3）采用合金调质钢时（如42CrMo、50、40Cr）　锻造→退火→加工精基准→机械粗加工→调质→精加工→抛光→镀铬（或其他表面硬化处理）→检验。

（4）采用合金渗碳钢时（如20CrMnTi、20CrMnMo）　锻造→正火+高温回火→加工精基准→精加工成型→渗碳→淬火、回火→钳修抛光→镀铬→检验。

（5）采用合金渗氮钢时（如38CrMoAl、3Cr2W8V）　其工艺路线与上述第5条渗氮钢件的相同。

注意：安排工艺路线时，要列多个方案进行比较，选择最佳方案，还要结合生产类型及生产条件，灵活应用机加工的工艺规程设计原则。

五、工序的划分与组合

根据所选定的表面加工方法和各加工阶段中表面的加工要求，可以将同一阶段中各表面的加工组合成不同的工序。划分工序时，可采用工序集中或分散的原则。如果在每道工序中安排的加工内容多，则一个零件的加工可集中在少数几道工序内完成。工序少，称为工序集中；反之，称为工序分散。

1. 工序集中的特点

1）工件在一次装夹后，可以加工多个表面，能较好地保证加工表面之间的相互位置精度；可以减少装夹工件的次数和辅助时间；减少工件在机床之间的搬运次数，有利于缩短生产周期。

2）可减少机床的数量和操作工人数，节省车间生产面积，简化生产计划和生产组织工作。

3）采用的设备和工装结构复杂、投资大，调整和维修的难度大，对工人的技术水平要求高。

2. 工序分散的特点

1）机床设备及工装比较简单，调整方便，生产工人易于掌握。

2）可以采用最合理的切削用量，减少机动时间。

3）设备数量多，操作工人多，生产面积大。

在一般情况下，单件小批生产采用工序集中，大批、大量生产则工序集中和分散两者兼有，需根据具体情况，通过技术经济分析来决定。

由于工序集中的优点较多，现代生产的发展多趋向于工序集中。划分工序时还应考虑零件的结构特点及技术要求，如对于重型机械的大型零件，为了减少工件装卸和运输的劳动量，工序应适当集中；对于刚性差而且精度高的精密零件，工序则适当分散。

第六节　加工余量的确定

一、加工余量的基本概念

工艺路线制订之后，在进一步安排各个工序的具体内容时，应正确地确定工序尺寸（工序应保证的加工尺寸）。工序尺寸的确定与工序的加工余量有着密切的关系。

加工余量是指加工过程中从加工表面切去的金属层厚度。加工余量可分为工序（工步）加工余量和总加工余量。工序（工步）加工余量是指某一表面在一道工序（工步）中所切除的金属层厚度，它取决于同一表面相邻工序（工步）前后工序（工步）尺寸之差。

平面的加工余量则是指单边加工余量，它等于实际切除的金属层厚度，如图3-28所示。

对于如图3-28a所示外表面

$$Z_b = a - b$$

对于如图3-28b所示内表面

$$Z_b = b - a$$

式中　Z_b——本工序（工步）的工序加工余量；

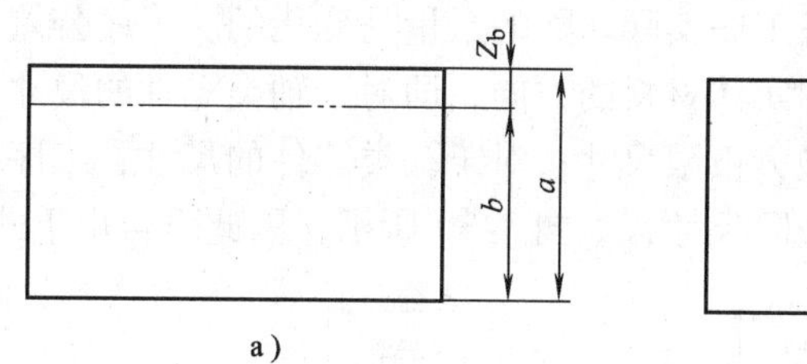

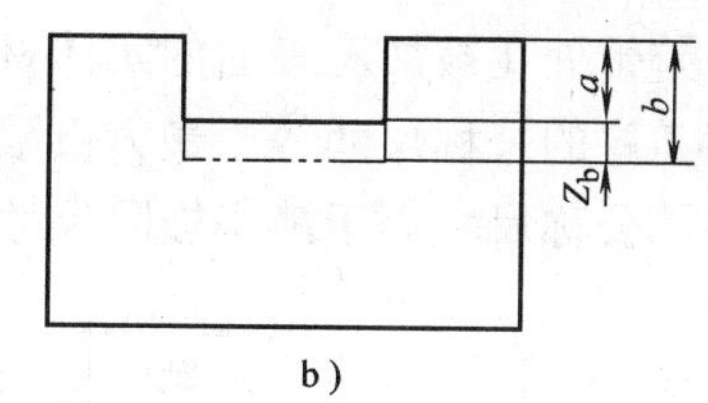

图 3-28　平面的加工余量

a——前工序（工步）的工序尺寸；

b——本工序（工步）的工序尺寸。

上述表面的加工余量为非对称的单边加工余量。对于旋转表面（外圆和孔）的加工余量是指直径上的，故为对称加工余量。因此，旋转表面的加工余量等于实际所切除的金属层厚度的一半，如图 3-29 所示。

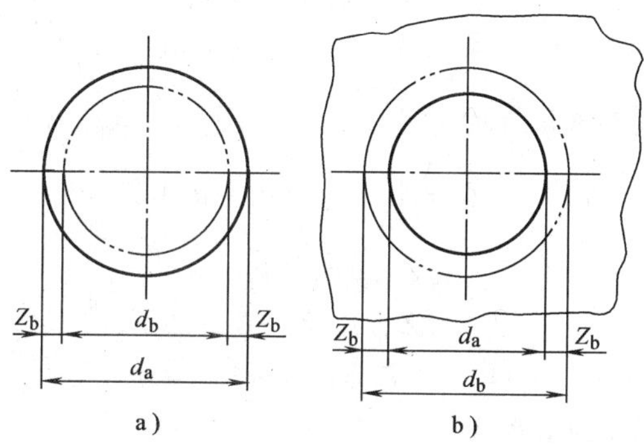

图 3-29　旋转表面的加工余量

a）轴类的加工余量　b）孔类的加工余量

对于轴类零件，如图 3-29a 所示

$$2Z_b = d_a - d_b$$

对于孔类零件，如图 3-29b 所示

$$2Z_b = d_b - d_a$$

式中　$2Z_b$——直径上的加工余量；

d_a——前工序（工步）的加工表面的公称直径；

d_b——本工序（工步）的加工表面的公称直径。

总加工余量是指零件从毛坯变为成品的整个加工过程中某一表面所切除金属层的总厚度，即零件上同一表面毛坯尺寸与零件尺寸之差。总加工余量等于各工序公称加工余量之和，即

$$\Sigma_{\Sigma} = \sum_{i=1}^{n} Z_i$$

式中　Σ_{Σ}——总加工余量；

Z_i——第 i 道工序的公称加工余量；

n——该表面总共加工的工序（或工步）数。

由于各工序尺寸都有公差，故各工序实际切除的余量是变化的。工序公差一般规定为使工序尺寸的公差带处在被加工表面的实体材料的方向，即对于轴类零件的尺寸，工序公差取单向负偏差，工序的公称尺寸等于最大极限尺寸；对于孔类零件的尺寸，工序公差取单向正偏差，故工序的公称尺寸等于最小极限尺寸，如图 3-30 所示，因此可得出下式：

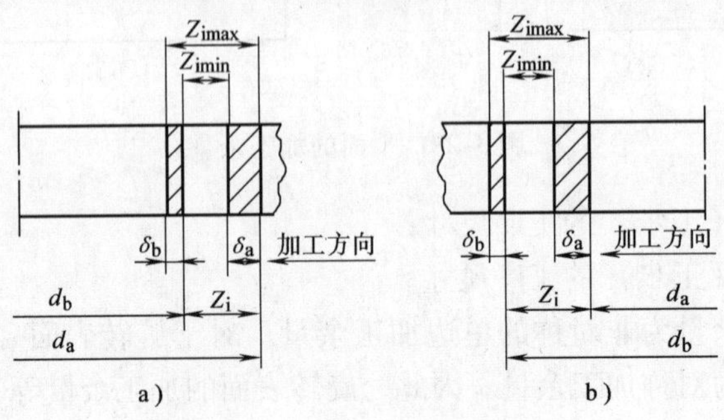

图 3-30　工序尺寸和余量

a）轴的加工　b）孔的加工

对于轴类零件，如图 3-30a 所示

$$Z_i = Z_b = \frac{1}{2}(d_a - d_b)$$

$$Z_{imax} = Z_i + \delta_b$$

$$Z_{imin} = Z_i - \delta_a$$

$$\delta_i = \delta_a + \delta_b$$

对于孔类零件，如图 3-30b 所示

$$Z_i = Z_b = \frac{1}{2}(d_b - d_a)$$

$$Z_{imax} = Z_i + \delta_b$$

$$Z_{imin} = Z_i - \delta_a$$

$$\delta_i = \delta_a + \delta_b$$

式中　Z_i——工序加工余量；

Z_{imax}——最大工序余量；

Z_{imin}——最小工序余量；

δ_i——工序余量公差；

δ_a——前工序（工步）的工序公差；

δ_b——本工序（工步）的工序公差。

可见，无论轴类或孔类零件尺寸的工序余量公差，总是等于上工序和本工序的公差之和。

二、影响加工余量大小的因素

加工总余量的大小对制订工艺过程有一定影响，总余量不够，将不足以切除零件上有误差和缺陷的部分，达不到加工要求；总余量过大，不但增加了加工劳动量，也增加了材料、工具和电力的消耗，从而增加了成本。加工总余量的数值与毛坯制造精度有关，若毛坯精度差，余量分布极不均匀，必须规定较大的余量。加工总余量的大小还与生产类型有关，生产批量大时，总余量应小些，相应地要提高毛坯的精度。

前面已知零件加工表面的总加工余量等于各工序加工余量之和，而工序加工余量（通常指公称加工余量）又是由最小工序加工余量和前工序的工序尺寸公差所构成的。由此可见，为正确地确定加工余量的大小，必须先分析影响最小工序加工余量的因素。

影响加工余量大小的因素主要包括以下 4 个方面。

1. **加工余量的选择**

为了使工件的加工质量逐步得到提高，各工序所留最小工序加工余量，应能保证前工序最小加工余量的基本要求，如图 3-31 所示。

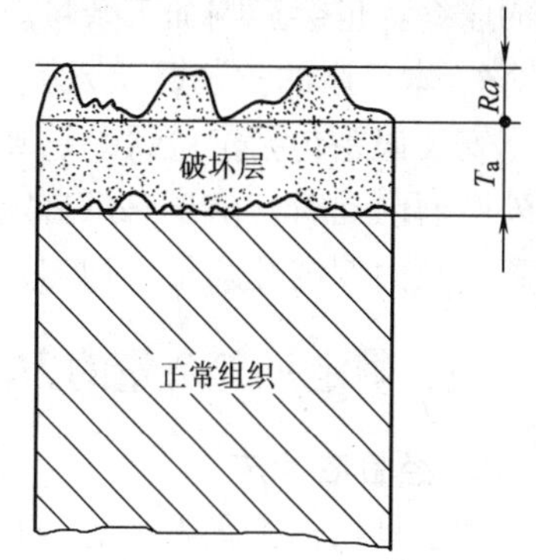

图 3-31　表面粗糙度值和破坏层

为了使加工后的表面不留下前一工序的痕迹，最小加工余量至少要包含上工序的表面粗糙度 Ra 值及破坏层 T_a，即

$$Z_{min} \geqslant Ra + T_a$$

各种加工方法所造成的 Ra 和 T_a 可参考表 3-20。

表 3-20　各种加工方法的 Ra 和 T_a 的数据

加工方法	Ra/μm	T_a/μm	加工方法	Ra/μm	T_a/μm
粗车内外圆	15～100	40～60	粗　刨	15～100	40～50
精车内外圆	5～45	30～40	精　刨	5～45	25～40
粗车端面	15～225	40～60	粗　插	25～100	50～60
精车端面	5～54	30～40	精　插	5～45	35～50
钻	45～225	40～60	粗　铣	15～225	40～60
粗扩孔	25～225	40～60	精　铣	5～45	25～40
精扩孔	25～100	30～40	拉　削	1.7～3.5	10～20
粗　铰	25～100	25～30	切　断	45～225	60
精　铰	8.5～25	10～20	研　磨	0～1.6	3～5
粗　镗	25～225	30～50	超级抛光	0～0.8	0.2～0.3
精　镗	5～25	25～40	抛　光	0.06～1.6	2～5
磨外圆	1.7～15	15～25	闭式模锻	100～225	500
磨内圆	1.7～15	20～30	冷　拉	25～100	80～100
磨端面	1.7～15	15～35	高精度辗压	100～225	300
磨平面	1.7～15	20～30			

2. **上工序的尺寸公差 T_a**

工序名义加工余量必须大于上工序的尺寸公差，凡是包括在尺寸公差范围内的几何形状和相互位置误差（如圆度和锥度包括在直径公差内，平行度包括在距离公差内），不再单独考虑。

3. 前工序的位置误差 ρ_a

在进行毛坯制造、热处理以及工件寄放时会引起形状误差或位置误差，例如工件的弯曲、位移、偏心、偏斜、不平行、不垂直等，还有因热处理引起的零件几何形状的变化及尺寸的胀缩，也会影响加工余量。

4. 本工序的安装误差 ε_b

安装误差包括定位误差、夹紧误差以及夹具本身的误差，例如用三爪自定心卡盘夹紧工件外圆磨内孔时，由于三爪自定心卡盘本身定心不准确，使工件中心和机床回转中心偏移了距离，从而使内孔余量不均匀，为了加工内孔，就需使磨削余量增大。

三、确定加工余量的方法

1. 经验估计法

此法是根据工艺人员的经验确定加工余量的方法。为了防止加工余量不够而产生废品，所估计的加工余量一般偏大，此法常用于单件小批生产。

2. 查表修正法

此法是以工厂的生产实践和试验研究积累的有关加工余量的资料数据为基础，并结合实际加工情况进行修订来确定加工余量的方法，应用比较广泛。在查表时应注意表中数据是公称值，且对称表面（如轴或孔）的加工余量是双边的，非对称表面的加工余量是单边的。

3. 分析计算法

此法是依据一定的试验资料和计算公式，对影响加工余量的各项因素进行分析和综合计算来确定加工余量的方法。这种方法确定的加工余量最经济合理，但需要积累比较全面的资料。

第七节　工序尺寸及其公差的确定

零件每一道工序加工规定达到的尺寸称为工序尺寸。工序尺寸可以是零件的设计尺寸，也可以完全不是。工序尺寸及其公差的大小不仅受到工序余量的影响，而且与工艺基准的选择有密切的关系。

一、工艺基准与设计基准重合时工序尺寸及其公差的确定

这是指工序基准或定位基准与设计基准重合，表面经多道工序加工时，工序尺寸及其公差的计算，其确定的过程如下：

1）方法：往前推算法。

2）顺序：先确定各工序余量的基本尺寸，再由后往前逐个工序推算，即由零件上的设计尺寸开始，由最后一道工序向前面的工序推算，直到毛坯尺寸。

3）公差等级：中间各工序尺寸的公差等级都按经济精度，即在 IT8 及 IT8 以下。

4）极限偏差：按“入体原则”确定，即轴按基本偏差“h”，孔按基本偏差“H”，长度按 ± IT/2，毛坯尺寸的公差及偏差按相应的标准规定。

例 3－1　加工如图 3-32 所示小轴的外圆柱 ϕ20h6、Ra 为 0.2μm、材料 T8A、硬度 56～60HRC、成批生产，选择的加工方案为粗车→半精车→粗磨→精磨，用查表法确定毛坯尺寸、各工序尺寸及公差。

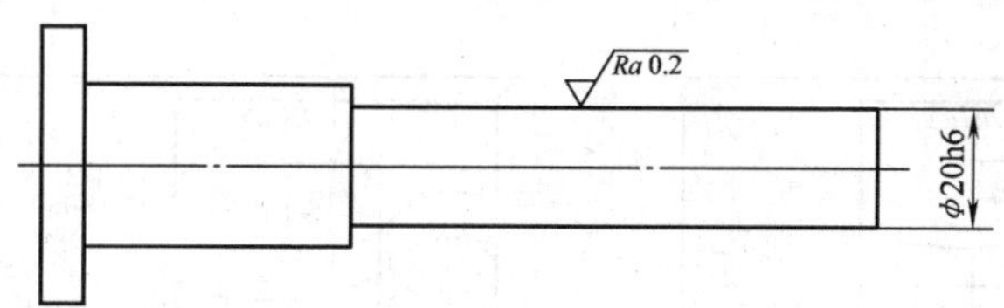

图 3-32　小轴

解　先从工艺资料或手册中查取各工序的基本加工余量及各工序的尺寸公差等级，经过计算得出各工序的尺寸，见表 3-21。

表 3-21　加工外圆柱面 ϕ20h6 的工序尺寸及公差

序号	工序名称	工序余量/mm	工序尺寸公差	工序尺寸/mm
1	精磨	0.3	IT6 ($^{0}_{-0.013}$)	ϕ20h6
2	粗磨	0.5	IT8 ($^{0}_{-0.033}$)	ϕ20.3h8
3	半精车	2.2	IT10 ($^{0}_{-0.084}$)	ϕ20.8h10
4	粗车	3	IT12 ($^{0}_{-0.21}$)	ϕ20.8h12
5	毛坯	总余量 6		ϕ20.6 ±0.5

最后，还要验算最小余量，必须能保证该道工序加工表面的质量要求。

二、工艺基准与设计基准不重合时工序尺寸及其公差的确定

在复杂零件的加工中，常常是工艺基准（如定位基准或测量基准）不能直接选用设计基准，而必须经过基准转换，将设计尺寸换算成加工工艺所需要的尺寸，即工艺尺寸。如何进行这种换算，就需要用工艺尺寸链。运用工艺尺寸链理论是合理确定工艺尺寸及其公差的基础，是编制工艺规程不可缺少的重要工具。

（1）尺寸链的定义　在机器装配或零件加工过程中，由相互连接的尺寸形成封闭的尺寸组称为尺寸链，其图形称为尺寸链图。如图 3-33a 所示为冷冲模的凸模，加工孔 ϕ10mm 和 ϕ8H8，图样中标注尺寸为 A_1 和 A_0，由于尺寸 A_0 不便于测量，只能通过测量 ϕ10mm 孔深来间接保证，如图 3-33b 所示。这样，尺寸 A_1、A_2、A_0 是在加工过程中，由相互连接的尺寸形成的封闭尺寸组，如图 3-33c 所示，它就是一个尺寸链。

（2）尺寸链的组成　为了便于分析和计算尺寸链，对尺寸链中各尺寸作如下定义：

1）环。列入尺寸链中的每一尺寸，称为环。如图 3-33c 中的 A_1、A_2、A_0，都称为尺寸链的环。

2）封闭环。尺寸链中在装配过程或加工过程最后（自然或间接）形成的一环，称封闭环。如图 3-33c 中的 A_0 是封闭环。封闭环以下角标“0”表示。

3）组成环。组成环是指尺寸链中对封闭环有影响的全部环，这些环中任一环的变动必然引起封闭环的变动。如图 3-33c 中的 A_1 和 A_2 均是组成环。组成环以下标“i”表示，i 从 1 到 m，m 是环数。

4）增环。尺寸链中的组成环，由于该环的变动引起封闭环同向变动。同向变动是指该环增大时封闭环也增大，该环减小时封闭环也减小。如图 3-33c 中的 A_1 是增环。

5）减环。尺寸链中的组成环，由于该环的变动引起封闭环反向变动。反向变动是指该

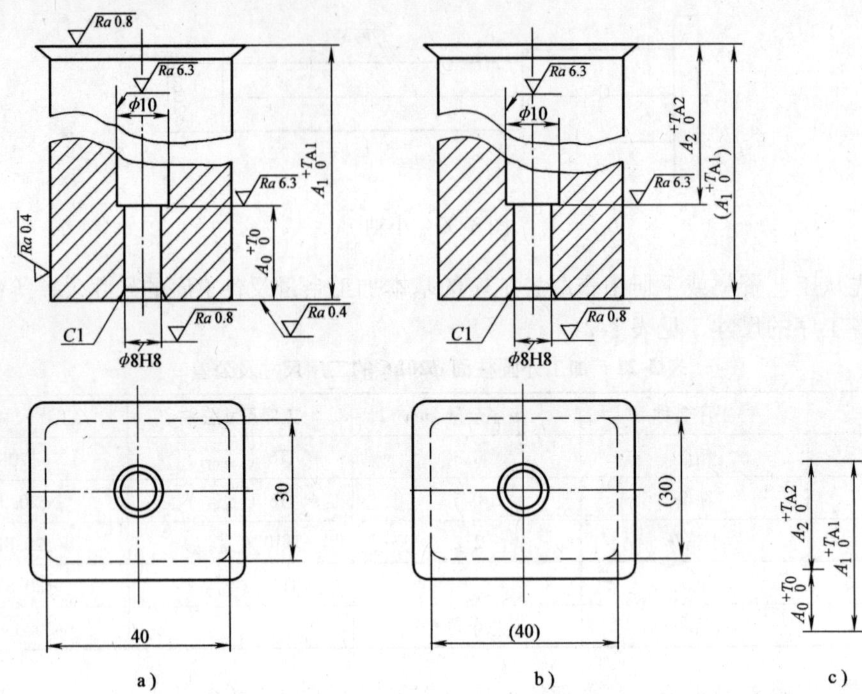

图 3-33　凸模工艺尺寸链

环增大时封闭环减小，该环减小时封闭环增大。如图 3-33c 中的 A_2是减环。

（3）尺寸链的特性

1）封闭性。由于尺寸链是封闭的尺寸组，因而它是由一个封闭环和若干个相互连接的组成环所构成的封闭图形，具有封闭性。

2）关联性。由于尺寸链具有封闭性，所以尺寸链中的各环都相互关联。尺寸链中封闭环随所有组成环的变动而变动，组成环是自变量，封闭环是因变量。

（4）尺寸链图的绘制　尺寸链图是将尺寸链中各相应的环按大致比例，用首尾相接的平箭头按顺序画出的尺寸图。所以，尺寸链图的绘制过程是：先画出所求找的环，再按尺寸链的定义，各环依次首尾相接，直至自身封闭为止。

（5）封闭环的判别　正确判断出尺寸链的封闭环是解尺寸链最关键的一步。如果封闭环判断错了，整个工艺尺寸链的解算也就错了。判断封闭环的关键点是在装配或加工过程中“间接”、“自然而然”、“最后”获得的尺寸或者说“最后”形成的环。还要强调的是在同一个尺寸链中，封闭环只有一个。当加工中有两个以上尺寸为“间接”保证时，应确定尺寸公差较大的环作为封闭环。

（6）增减环的判别

1）当尺寸链环数较少时，按组成环对封闭环的影响即按增减环的定义判断。

2）当尺寸链环数多，结构较复杂时，如图 3-34 所示，采用回路法判断，即在尺寸链图中画一回路，标上箭头，然后与确定的封闭环相比较，凡是与封闭环箭头方向同向的环是减环，与封闭环箭头方向反向的是增环。

（7）尺寸链的形式　尺寸链按环的几何特征划分为长度尺寸链和角度尺寸链；按其应

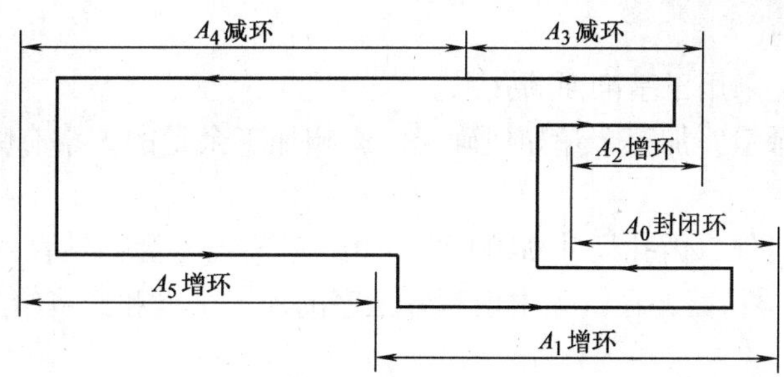

图 3-34　多环尺寸链增减环的判别

用场合划分为装配尺寸链、工艺尺寸链和零件尺寸链；按各组成环所处的空间位置划分为直线尺寸链、平面尺寸链和空间尺寸链等。

习　　题

1. 何谓生产过程、工艺过程和机械加工工艺过程？
2. 何谓工序？安装？工位？工步与走刀？如何区分？
3. 制订工艺规程的作用、原则、主要依据、步骤及内容各是什么？
4. 生产类型有哪些？各自的工艺特点如何？
5. 机械加工工艺卡片与机械加工工序卡片的主要区别是什么？各自的应用场合是什么？
6. 什么是零件的工艺性？零件的结构分析主要包括哪些内容？试举例说明零件的结构工艺性对零件制造的影响。
7. 进行产品的结构工艺设计时要注意哪些问题？
8. 如何从工艺性分析入手制订工艺规程？
9. 毛坯的种类有哪些？如何选取毛坯种类？
10. 设计毛坯图时应注意哪些问题？
11. 锻造毛坯有何作用？其技术要求是什么？
12. 什么是基准？设计基准和工艺基准有何区别？
13. 什么是工件的安装？工件安装的方式有哪几种？
14. 粗、精基准选择的原则有哪些？各举一例说明其应用。
15. 为什么粗基准一般只在一道工序中使用一次？
16. 试分析下列加工情况的定位基准，并说明符合基准选择的哪一条原则？

（1）用三爪自定心卡盘夹住圆棒料车削外圆、钻内孔。
（2）按钳工划线，找正后刨、铣模板表面或钻孔。
（3）平磨模座上、下平面。
（4）用浮动镗刀块精镗内孔。
（5）用双顶尖顶住中心孔磨削圆柱凸模外圆表面。
（6）无心磨削圆柱销。
（7）磨削床身导轨面。
（8）用与主轴浮动连接的铰刀铰孔。

（9）拉削齿坯内孔。

（10）坐标磨床上采用三基准面磨孔系。

17. 什么是加工余量？加工余量如何确定？影响加工余量的因素有哪些？确定加工余量的方法一般有几种？

18. 模套毛坯为锻件，内孔尺寸 ϕ100H8，加工工艺线路为：钻孔→粗镗→半精镗→淬火、低温回火→粗磨→精磨，在下表中填写各工序的加工余量和经济精度，并确定各工序尺寸及其偏差、总余量。

序号	工序名称	工序余量	经济精度	工序尺寸及偏差
1	毛坯孔			
2	粗镗			
3	半精镗			
4	粗磨			
5	精磨			

19. 如图3-35所示的零件，尺寸已经保证，现以1面定位，用调整法精铣2面，试求出工序尺寸。

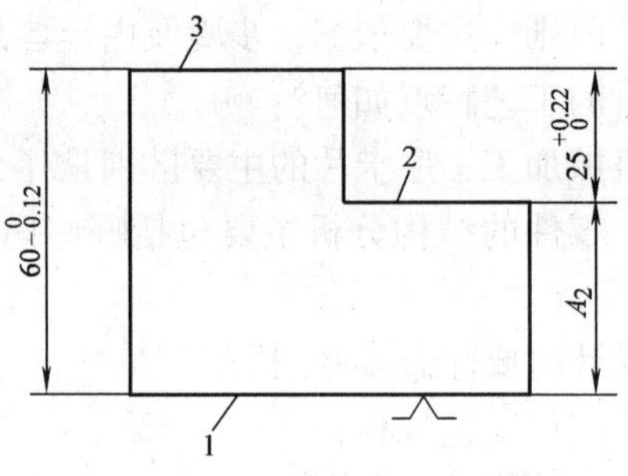

图3-35　第19题图

20. 轴套零件的铣削工序如图3-36所示，需铣削加工表面 A 和 B，要求保证尺寸 $5_{-0.06}^{0}$ mm、(26 ± 0.2) mm，求试调切刀时的度量尺寸 H、A 及其上、下偏差。

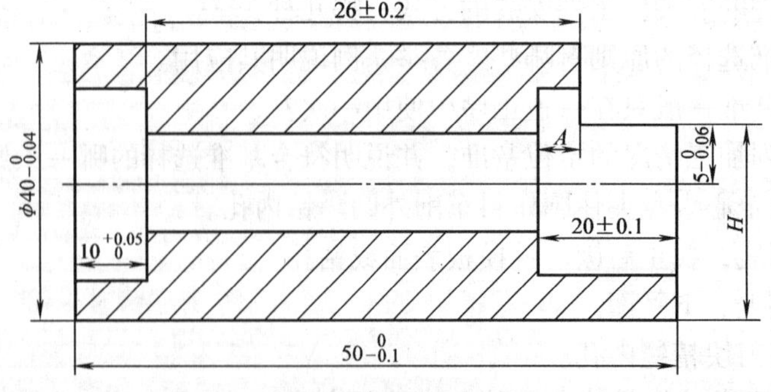

图3-36　第20题图

第四章

典型零件的机械加工

【学习目标】

1. 了解轴类零件的结构特点和加工工艺方法。
2. 了解套类零件的结构特点和加工工艺方法。
3. 了解支架类零件的加工工艺方法。
4. 了解箱体类零件的结构特点和加工工艺方法。

第一节　轴类零件的加工

一、轴类零件的功用与结构特点

轴类零件是机器中的主要零件之一，它的主要功能是支承传动件（齿轮、带轮、离合器等）和传递转矩。轴类零件大都是长度 L 大于直径 d 的旋转体零件，若 $L/d \leqslant 12$，通常称为刚性轴；而 $L/d > 12$，则称为挠性轴。

轴的加工表面主要有内外圆柱面、内外圆锥面、螺纹、花键和沟槽等。根据其结构形状特点，可将轴分为光轴、阶梯轴、空心轴和异形轴（包括曲轴、凸轮轴、偏心轴和十字轴等），如图 4-1 所示。

二、轴类零件的技术要求

1. 尺寸精度

轴类零件的尺寸精度主要是指直径和长度的精度。直径方向的尺寸，若有一定配合要求，比其长度方向的尺寸要求严格得多。因此，对于直径的尺寸常常规定有严格的公差。主要轴颈的直径尺寸精度根据使用要求通常为 IT6 ~ IT9，甚至为 IT5。至于长度方向的尺寸要求则不那么严格，通常只规定其基本尺寸。

2. 几何形状精度

轴颈的几何形状精度是指圆度和圆柱度，这些误差将影响其与配合件的接触质量。一般轴颈的几何形状精度应限制在直径公差范围之内，对几何形状精度要求较高时，要在零件图上规定形状公差。

3. 相互位置精度

保证配合轴颈（装配传动件的轴颈）对于支承轴颈（装配轴承的轴颈）的同轴度，是

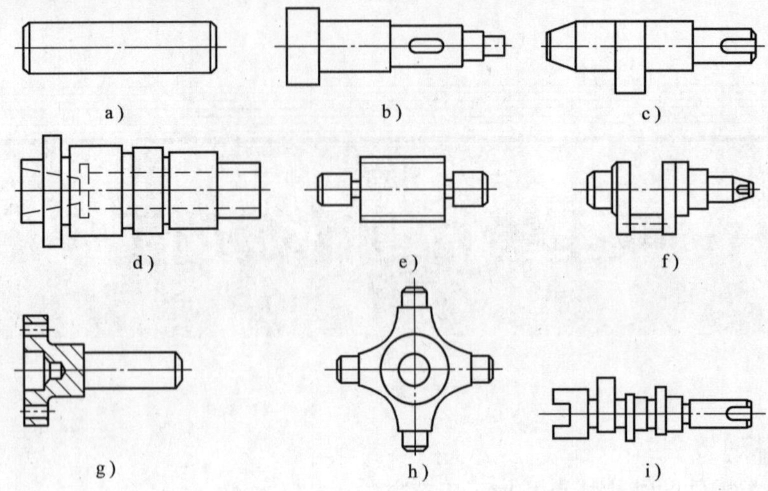

图 4-1　轴的种类

a）光轴　b）阶梯轴　c）偏心轴　d）空心轴　e）花键轴　f）曲轴　g）半轴　h）十字轴　i）凸轮轴

轴类零件相互位置精度的普遍要求。其次，对于定位端面与轴心线的垂直度也有一定的要求。这些要求都是根据轴的工作性能制订的、在零件图上应注出的位置公差。

普通精度的轴，配合轴颈对支承轴颈的径向圆跳动一般为 0.01～0.03mm，高精度轴为 0.001～0.005mm，端面圆跳动为 0.005～0.01mm。

4. 表面粗糙度

随着机器运转速度的增快和精密等级的提高，轴类零件的表面粗糙度要求也越来越高。一般支承轴颈的表面粗糙度 *Ra* 值为 0.63～0.16μm，配合轴颈的表面粗糙度 *Ra* 值为 0.63～2.5μm。

三、轴类零件的毛坯选择

光轴、直径相差不大的阶梯轴常选用热轧棒料或冷拉棒料。一般比较重要的轴都采用锻件，以提高抗拉、抗弯及抗扭强度。对于某些大型或结构复杂的轴（如曲轴），在保证质量的条件下允许采用铸造。

轴类锻件生产方式的选择是：单件、中小批生产多采用自由锻，对于中、小型锻件的大批量生产，宜选用模锻，但大型轴仍采用自由锻。锻造毛坯需经过退火或正火才能使用。

四、轴类零件的材料与热处理

轴类零件根据不同的工作条件和使用要求选用不同的材料和不同的热处理，以获得一定的强度、韧性和耐磨性。一般轴类零件常选用 45 钢，中等精度而转速较高的轴常选用合金调质钢 40Cr，这类钢材经过调质后可得到良好的综合力学性能与较好的切削性能，重要表面经局部高频表面淬火再低温回火后硬度可达 45～52HRC。如果毛坯为锻造，则热处理工艺为：正火或退火→调质→局部高频表面淬火、低温回火。

较高精度的轴可选用轴承钢 GCr15 或弹簧钢 65Mn，经调质和高频表面淬火后再回火，硬度可达 50～58HRC，并具有较高的耐疲劳性能和耐磨性。除此，在局部淬火和粗磨之后，还需要安排低温时效处理，以消除淬火及磨削中产生的残余应力和残余奥氏体，控制尺寸稳定。对精度更高的主轴，在淬火后还要采用冰冷处理，以消除残余奥氏体，保持稳定性。

对于高转速、重载荷等条件下工作的轴，可选用20CrMoTi、20Mn2B等低碳合金钢，经渗碳淬火后可获得很高的表面硬度、较软的心部，抗冲击韧性好；或选用中碳合金钢38CrMoAl，经调质和表面渗氮后硬度高，因而具有很好的耐磨性与疲劳强度。

五、轴类零件的一般加工工艺路线

轴类零件的主要表面是各个轴颈的外圆表面，空心轴的内孔精度一般要求不高，而精密主轴上的螺纹、花键、键槽等次要表面的精度要求也比较高。因此，轴类零件的加工工艺路线主要是考虑外圆的加工顺序，并将次要表面的加工合理地穿插其中。下面是生产中常用的不同精度、不同材料轴类零件的加工工艺路线：

1）一般渗碳钢的轴类零件的加工工艺路线：备料→锻造→正火→钻中心孔→粗车→半精车→精车→渗碳（或碳氮共渗）→淬火、低温回火→粗磨→次要表面加工→精磨。

2）一般精度调质钢的轴类零件的加工工艺路线：备料→锻造→正火（退火）→钻中心孔→粗车→调质→半精车→精车→表面淬火→回火→粗磨→次要表面加工→精磨。

3）精密氮化钢轴类零件的加工工艺路线：备料→锻造→正火（退火）→钻中心孔→粗车→调质→半精车→精车→低温时效→粗磨→氮化处理→次要表面加工→精磨→光磨。

4）整体淬火轴类零件的加工工艺路线：备料→锻造→正火（退火）→钻中心孔→粗车→调质→半精车→精车→次要表面加工→整体淬火→粗磨→低温时效→精磨。

一般精度的轴类零件，最终工序采用精磨就足以保证加工质量，而精密的轴类零件，除了精加工外，还应安排光整加工。对于除整体淬火之外的轴类零件，其精车工序可根据具体情况不同，安排在淬火热处理之前进行，或安排在淬火热处理之后、次要表面加工之前进行。应该注意的是，经淬火后的部位，不能用一般刀具切削，所以一些沟、槽、小孔等需在淬火之前加工完。

六、轴类零件加工中的几个主要工艺问题

1. 锥堵和锥堵心轴的使用

对于空心轴类零件，在深孔加工完后，为了尽可能使各工序的定位基准统一，一般采用锥堵或锥堵心轴的中心孔作为定位基准。当轴件锥孔的锥度小时，适于采用锥堵；锥孔的锥度较大时，应采用锥堵心轴。如图4-2和图4-3所示是锥堵和锥堵心轴的简图。

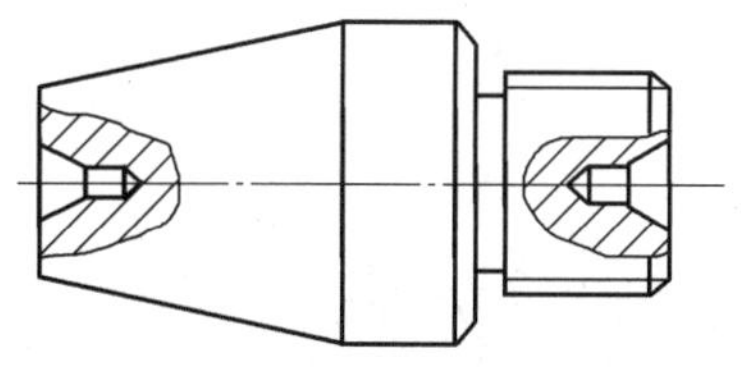

图4-2 锥堵

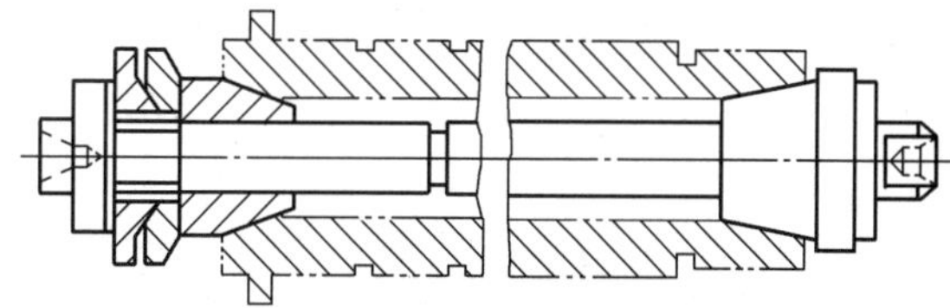

图4-3 锥堵心轴

使用锥堵或锥堵心轴时应注意以下事项：

1）中途不更换或重新安装，以避免多次更换或安装引起的误差；

2）用锥堵心轴时，两个锥堵的锥面要求同轴，否则螺母拧紧后会使工件变形；

3）安装锥堵或锥堵心轴时，不能用力过大，尤其是对壁厚较薄的空心主轴，以免引起变形，如使用塑料或尼龙制的心轴，对预防这种现象有良好的效果。

2. 中心孔的研磨

两端中心孔的质量好坏，对加工精度的影响很大，应尽量做到使两端中心孔的轴线相互重合。孔的锥角要准确，它与顶尖的接触面积要大，粗糙度值要小。保证两端中心孔的质量，是轴件加工中的关键之一。中心孔在使用过程中的磨损及热处理后产生的变形都会影响加工精度，因此，在热处理之后、磨削加工之前，应安排修研中心孔工序，以消除误差。

七、传动轴机械加工工艺实例

台阶轴的加工工艺较为典型，反映了轴类零件加工的大部分内容与基本规律。下面就以减速器中的传动轴为例，介绍一般台阶轴的加工工艺。

1. 零件图样分析

如图4-4所示零件是减速器中的传动轴。它属于台阶轴类零件，由圆柱面、轴肩、螺纹、螺尾退刀槽、砂轮越程槽和键槽等组成，轴肩一般用来确定安装在轴上零件的轴向位置；各环槽的作用是使零件装配时有一个正确的位置，并使加工中磨削外圆或车螺纹时退刀方便；键槽用于安装键，以传递转矩；螺纹用于安装各种锁紧螺母和调整螺母。根据工作性能与条件，该传动轴图样（见图4-4）规定主要轴颈 E、F，外圆 M、N 以及轴肩 P、Q 有较高的尺寸、位置精度和较小的表面粗糙度值，并有热处理要求。这些技术要求必须在加工中给予保证，因此该传动轴的关键工序是轴颈 E、F 和外圆 M、N 的加工。

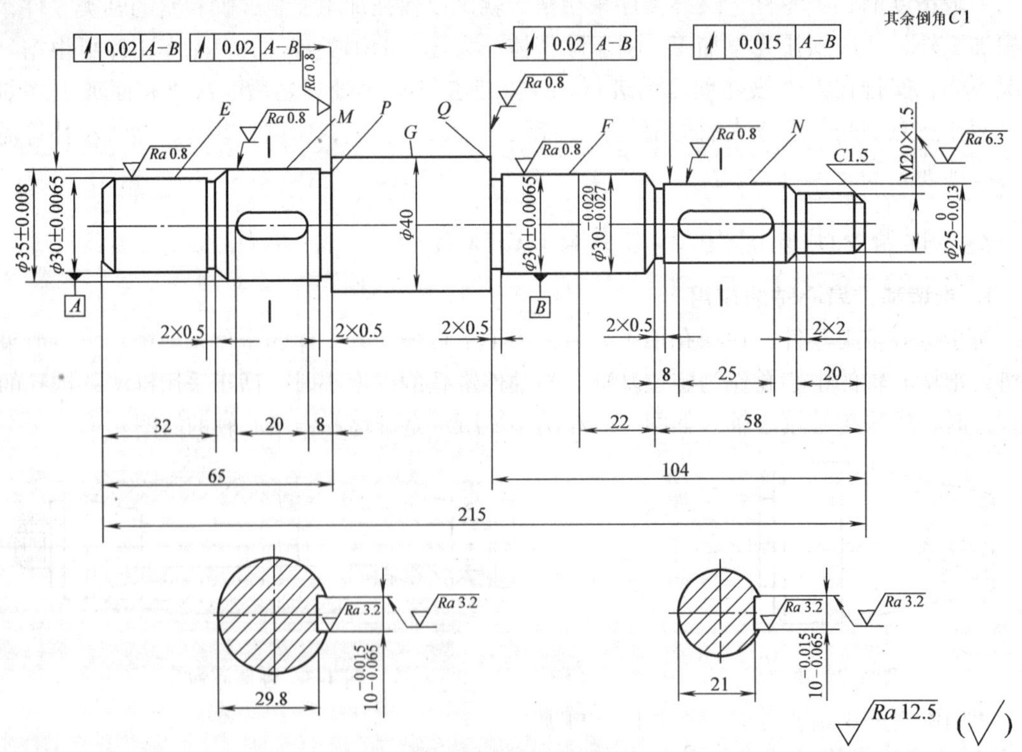

图4-4　减速器中的传动轴

2. 确定毛坯

该传动轴材料为45钢，因其属于一般传动轴，故选45钢即可满足其要求。本例中的传动轴属于中、小传动轴，并且各外圆直径尺寸相差不大，故选择 $\phi 50$mm 的热轧圆钢做毛坯。

3. 确定主要表面的加工方法

传动轴大都是回转表面，主要采用车削与外圆磨削成形。由于该传动轴的主要表面 M、N、E、F 的公差等级（IT6）较高，表面粗糙度 Ra 值（$Ra = 0.8\mu m$）较小，故车削后还需磨削。

外圆表面的加工方案：粗车→半精车→磨削。

4. 确定定位基准

合理地选择定位基准，对于保证零件的尺寸和位置精度有着决定性的作用。由于该传动轴的几个主要配合表面（M、N、E、F）及轴肩面（P、Q）对基准轴线 A—B 均有径向圆跳动和端面圆跳动的要求，它又是实心轴，所以应选择两端中心孔为基准，采用双顶尖装夹方法，以保证零件的技术要求。

粗基准采用热轧圆钢的毛坯外圆。中心孔加工采用三爪自定心卡盘装夹热轧圆钢的毛坯外圆，车端面、钻中心孔。但必须注意，一般不能用毛坯外圆装夹两次钻两端中心孔，而应该以毛坯外圆作粗基准，先加工一个端面，钻中心孔，车出一端外圆；然后以已车过的外圆作基准，用三爪自定心卡盘装夹（有时在上工步已车外圆处搭中心架），车另一端面，钻中心孔。如此加工中心孔，才能保证两中心孔同轴。

5. 划分阶段

对精度要求较高的零件，其粗、精加工应分开，以保证零件的质量。该传动轴的加工划分为三个阶段：粗车（粗车外圆、钻中心孔等），半精车（半精车各处外圆、台阶和修研中心孔及次要表面等），粗、精磨（粗、精磨各处外圆）。各阶段的划分大致以热处理为界。

6. 热处理工序的安排

轴的热处理要根据其材料和使用要求确定。对于传动轴，正火、调质和表面淬火用得较多。该轴要求调质处理，并安排在粗车各外圆之后、半精车各外圆之前。

综合上述分析，传动轴的工艺路线如下：

下料→车两端面、钻中心孔→粗车各外圆→调质→修研中心孔→精车各外圆、车槽、倒角→车螺纹→划键槽加工线→铣键槽→修研中心孔→磨削→检验。

7. 加工尺寸和切削用量

传动轴的磨削余量可取0.5mm，半精车余量可选用1.5mm，加工尺寸可由此而定。车削用量的选择，单件、小批量生产时，可根据加工情况由工人确定，一般可由《机械加工工艺手册》或《切削用量手册》中选取。

8. 拟定工艺过程

作为定位精基准的中心孔应在粗加工之前加工，在调质之后和磨削之前各需安排一次修研中心孔的工序。调质之后修研中心孔是为消除中心孔的热处理变形和氧化皮；磨削之前修研中心孔是为提高定位精基准面的精度和减小锥面的表面粗糙度值。拟定传动轴的工艺过程时，在考虑主要表面加工的同时，还要考虑次要表面的加工。在半精加工 $\phi 40$mm 及 M20 外圆时，应车到图样规定的尺寸，同时加工出各退刀槽、倒角和螺纹；两个键槽应在半精车后以及磨削之前铣削加工出来，这样可保证铣键槽时有较精确的定位基准，又可避免在精磨后铣键槽时破坏已精加工的外圆表面。在拟定工艺过程时，应考虑检验工序的安排、检查项目及检验方法的确定。综上所述，所确定的该传动轴的加工工艺规程见表4-1。

表4-1 传动轴机械加工工艺规程

序号	工种	工步	工序内容	工序简图	设备
1	下料		ϕ50mm×230mm		
2	车削	1	车端面	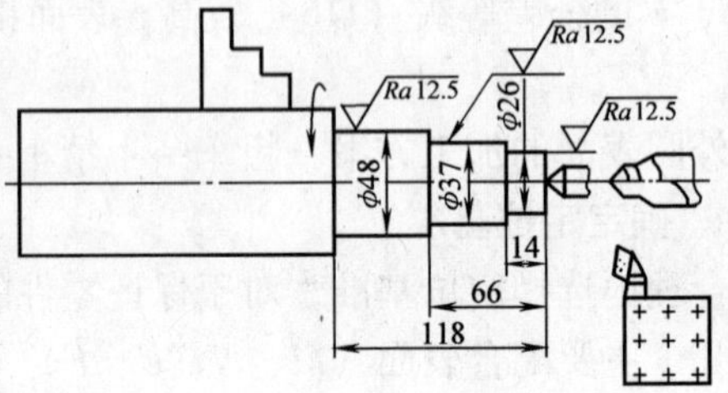 Ra12.5, Ra12.5, Ra12.5, ϕ48, ϕ37, ϕ26, 14, 66, 118	车床
		2	钻中心孔		
			用尾座顶尖顶住中心孔		
		3	粗车 ϕ30mm 外圆至 ϕ32mm，长 102mm		
		4	粗车 ϕ25mm 外圆至 ϕ27mm，长 56mm		
		5	粗车 M20 外圆至 ϕ22mm，长 18mm		
			调头，三爪自定心卡盘夹持 ϕ32mm 处		
		6	车另一端面，保证总长 215mm	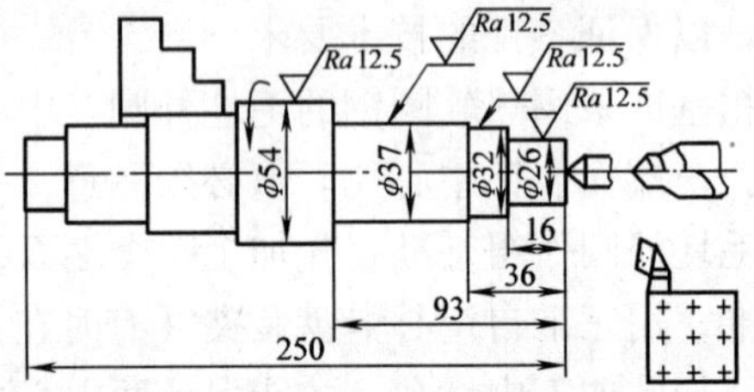 Ra12.5, Ra12.5, Ra12.5, Ra12.5, ϕ54, ϕ37, ϕ32, ϕ26, 16, 36, 93, 250	
		7	钻中心孔		
		8	粗车 ϕ40mm 外圆至 ϕ42mm		
		9	粗车 ϕ35mm 外圆至 ϕ37mm，长 63mm		
		10	粗车 ϕ30mm 外圆至 ϕ32mm，长 30mm		
		11	检验		
3	热处理		调质处理 220～240HBW		
4	钳		修研两端中心孔	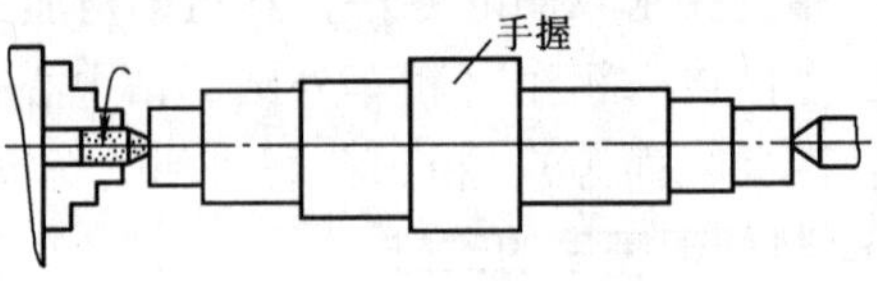 手握	
5	车削		双顶尖装夹	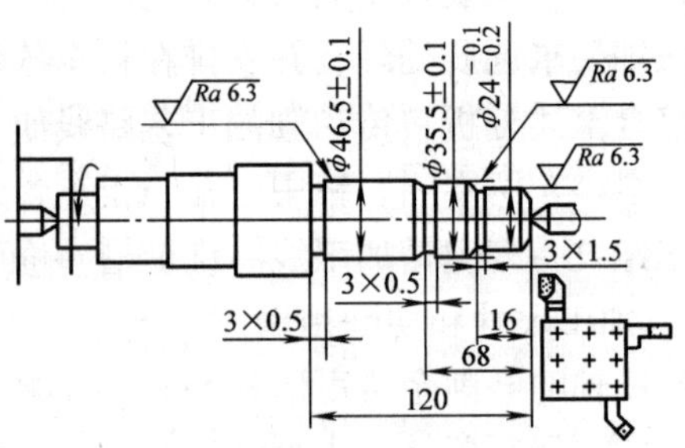 Ra6.3, ϕ46.5±0.1, ϕ35.5±0.1, $\phi 24^{-0.1}_{-0.2}$, Ra6.3, Ra6.3, 3×1.5, 3×0.5, 3×0.5, 16, 68, 120	车床
		1	半精车 ϕ30mm 外圆至 ϕ30.5mm，长 104mm		
		2	半精车 ϕ25mm 外圆至 ϕ25.5mm，长 58mm		
		3	半精车 M20 外圆至 ϕ19.9～19.8mm，长 20mm		
		4	半精车 2mm×0.5mm 环槽		
		5	半精车 2mm×2mm 环槽		
		6	倒外角 1mm×45°，3 处		
		7	半精车 ϕ35mm 外圆至 ϕ35.5mm，长 65mm	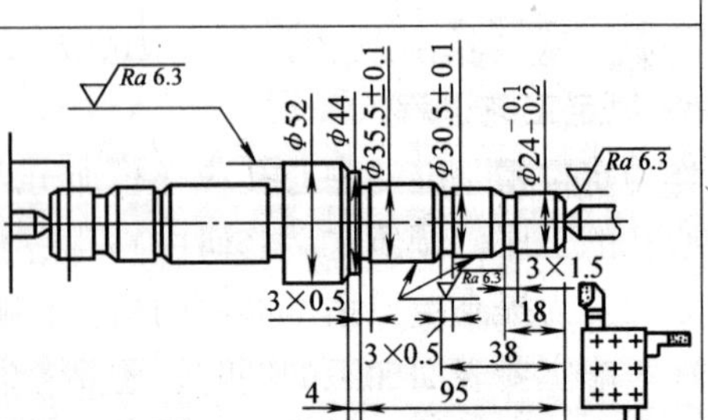 Ra6.3, ϕ52, ϕ44, ϕ35.5±0.1, ϕ30.5±0.1, $\phi 24^{-0.1}_{-0.2}$, Ra6.3, Ra6.3, 3×1.5, 3×0.5, 18, 3×0.5, 38, 4, 95	
		8	半精车 ϕ30mm 外圆至 ϕ30.5mm，长 32mm		
		9	车 ϕ40mm 外圆至 ϕ40.5mm，长 46mm		
		10	车 2mm×0.5mm 环槽，2 个		
		11	倒外角 1mm×45°，2 处		
		12	检验		

（续）

序号	工种	工步	工序内容	工序简图	设备
6	车		双顶尖装夹		车床
		1	车 M20×1.5mm 至尺寸		
		2	检验		
7	钳		划两个键槽加工线		
8	铣削		用 V 形机用虎钳装夹，按线找正		立式铣床
		1	铣键槽 10mm×20mm		
		2	铣键槽 10mm×35mm		
		3	检验		
9	钳		修研两端中心孔		
10	磨削	1	磨外圆 ϕ30mm±0.0065mm 至尺寸		外圆磨床
		2	磨轴肩面 Q		
		3	磨外圆 ϕ25mm 至尺寸		
		4	调头，双顶尖装夹		
		5	磨外圆 C 至尺寸		
		6	磨轴肩面 P		
		7	磨外圆 M、E 至尺寸		
		8	检验		

第二节　套类零件的加工

一、套类零件的功用与结构特点

套类零件是机械产品中常见的一种零件，通常起支承或导向作用。它的应用范围很广，例如内燃机上的气缸套、模具导套、钻套等。常见套类零件如图4-5所示。

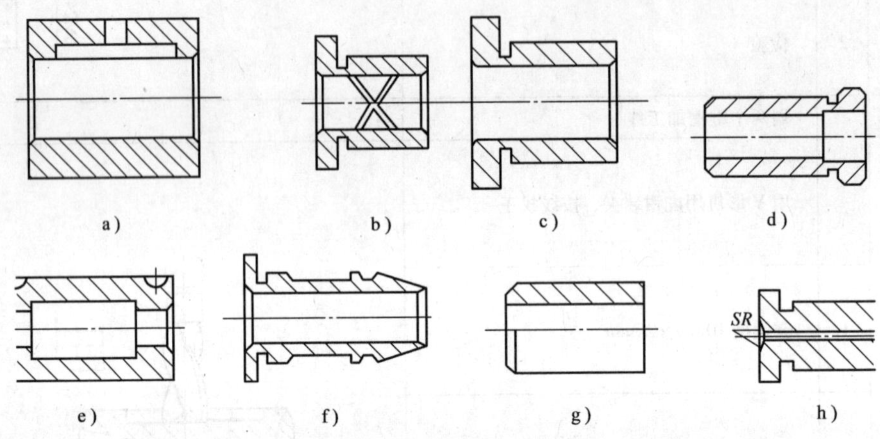

图4-5　常见套类零件

a）滑动轴承　b）滑动轴承　c）钻套　d）导套　e）轴承衬套
f）气缸套　g）衬套　h）浇口套

套类零件的结构特点是：零件主要加工表面为同轴度要求较高的内外旋转表面，零件壁厚较薄易变形，零件长度一般大于直径等。

二、套类零件的技术要求

1. 尺寸公差

孔是套类零件起支承或导向作用最主要的表面，故孔径的尺寸公差一般为IT7，精密轴套为IT6，要求较低的为IT9。例如气缸套和液压缸套与活塞之间由于有密封圈密封，因而要求较低。

外圆是套类零件的支承面，常采用过盈配合或过渡配合同箱体或机架或模座（板）上的孔相连接，尺寸公差一般取IT6～IT7。

2. 形状精度

外圆与内孔的形状精度如圆度、圆柱度和直线度应控制在直径公差以内，对于一些精密套，则控制在孔径公差的1/3～1/2。

3. 位置精度

若孔的最终加工方法是通过将套筒装入机座后进行加工的，其内、外圆柱面间的同轴度要求可为一般同轴度；若孔的最终加工是在装入机座前完成的，其同轴度要求较高，为0.01～0.05mm。孔轴线与端面的垂直度要求较高，为0.01～0.05mm。

4. 表面粗糙度

孔的表面粗糙度要求低的，Ra 值为 2.5 ~ 0.16μm；要求高的，表面粗糙度 Ra 值为 0.04μm。外圆的表面粗糙度 Ra 值为 5 ~ 0.63μm。

三、套类零件的材料与热处理

套类零件一般用钢、铸铁、青铜或黄铜等优质金属材料制成，如 38CrMoAlA。对于冷冲模导套，常用 20 钢渗碳淬火，渗碳层深度 t = 0.8 ~ 1.2mm，淬火、低温回火 58 ~ 62HRC。

套类零件的毛坯选择与其材料、结构、尺寸及生产批量有关。孔径小的套筒一般选择热轧或冷拉棒料，也可采用实心铸件；孔径较大的套筒常选择无缝钢管或带孔的铸件和锻件。大批量生产时，采用冷挤压和粉末冶金等先进毛坯制造工艺，既可节约材料，又可提高毛坯精度及生产效率。

四、液压缸的机械加工

1. 结构工艺性分析

液压缸简图如图 4-6 所示，该液压缸为长套筒典型件，有内、外圆柱面和内圆锥面，因此其加工方法对于外圆柱面可以采用车、磨，对于内孔可以采用钻、扩、镗、铰、磨、拉、研磨、珩磨以及表面滚压加工等。

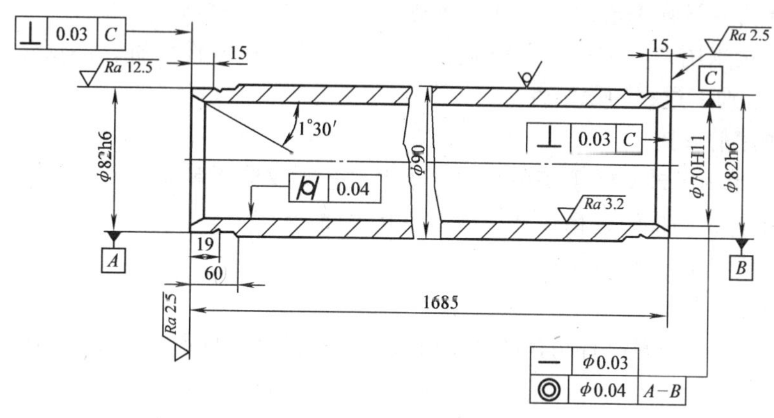

图 4-6　液压缸简图

2. 技术要求分析

（1）主要表面及其加工方案　该液压缸两端的 φ82h6 外圆柱是支承部位，为装配基准；内孔是活塞运动的工作表面，有直线度、圆柱度要求，表面粗糙度值小，因此是液压缸的主要加工表面。

对于内圆柱面，加工方案可选择：钻→粗镗→半精推镗→精推镗→精铰（浮动镗刀镗孔）→滚压；对于外圆柱面，加工方案可选择：粗车→半精车→精车。

（2）定位基准　以外圆柱面定位加工内孔，以内孔定位加工外圆柱面，遵守互为基准的原则。

（3）热处理　无缝钢管热轧状态下使用。

（4）技术关键及其采取的措施

1）主要表面粗糙度 Ra 值小。采取的措施：采用半精推镗→精推镗→精铰（浮动镗刀镗孔），最终加工方法采用滚压头滚压孔。

2）内圆柱面轴线、直线度、内圆柱度公差等级高。采取的措施：只能选择镗削方法，从粗到精多道工序加工；控制切削用量；防止夹紧变形；用中心架增加工件的刚性，减少变形。

3）圆柱内、外面轴线的同轴度以及端面对孔轴线的垂直度要求较高。采取的措施：先对孔终加工，然后以孔为精基准使用专用心轴，最后精加工外圆。

4）壁薄加工中常因夹紧力、切削力、残余应力和切削热等因素的影响而产生变形。采取的措施：必须减少切削力与切削热的影响，粗、精加工分开进行，使粗加工产生的变形在精加工中得到纠正；减少夹紧力的影响，例如在零件的外圆与自定心卡盘之间另加一衬套，避免三爪直接夹在筒壁上，或采用软卡爪装夹，以增大卡爪和工件间的接触面积，也可由径向夹紧改为轴向夹紧，或一端增加工艺螺纹供装夹使用，以改变夹紧力的方向，将夹紧力的作用点落在零件刚性较好的位置。

5）深孔加工。该液压缸 $L/D=24$，属于特殊深孔，必须采用深孔刀具在深孔机床上加工，其主要特点有四点：

① 工件旋转，刀具仅做直线进给运动；

② 刀具结构上增加了断屑措施，有良好的分屑、断屑和卷屑功能，有利于切屑顺利排出。另外，刀具上安装有导向块，改进了导向结构；

③ 采用压力输送切削液冷却刀具，强制排出切屑带走热量；

④ 零件安装采用“一夹一托”方式，即搭中心架托住零件外廓，不仅定位还增加了工件刚性，提高了加工过程的稳定性。

3. 加工顺序的安排

1）粗车、半精车外圆便于搭中心架；车出工艺螺纹便于装夹。

2）半精推镗、精推镗、精铰孔、滚压内孔表面。

3）最后精车外圆，镗内锥孔。

4. 加工阶段的划分

该液压缸加工过程中没有明显的加工阶段，但是其外圆柱面的粗车、半精车与精车安排在两道工序完成。同样，孔的加工划分为半精推镗、精推镗、精铰三个工步，且专门安排一道滚压强化工序，以使表面加工从粗到精，减少切削力和切削热的影响，保证孔的质量。

5. 机械加工工艺规程

液压缸的机械加工工艺规程见表 4-2。

表 4-2 液压缸的机械加工工艺规程

工序号	工序名称	工序内容	定位基准	加工设备	备注
1	生产准备	①下料 ϕ90mm × 12mm × 1700mm ②检查材料牌号			无缝钢管
2	车削	①按 ϕ88mm 车外圆 ϕ82mm ②车螺纹 M88 × 1.5（工艺用） ③车端面及倒角，总长按 1698mm	外圆，内孔	卧式车床（搭中心架）	
3	推镗	①半精推镗，精推镗孔至 ϕ69.85mm ②精铰孔 ϕ70mm ±0.02mm，Ra2.5μm	螺纹，外圆	推镗床（搭中心架）	

（续）

工序号	工序名称	工序内容	定位基准	加工设备	备注
4	滚压	滚压孔至 ϕ70mm ±0.02mm，Ra0.32μm	螺纹，外圆	推镗床（搭中心架）	
5	车削	①车去工艺螺纹 ②车外圆达 ϕ82r6 ③车槽 R7mm ④车端面保持总长 1685mm ⑤镗内锥孔 1°3′	外圆，内孔	卧式车床（搭中心架）	
6	检验				

五、模具导套的机械加工

如图 4-7 所示为冷冲模导套，材料 20 钢，渗碳层深 t = 0.8 ~ 1.2mm，淬火、低温回火 58 ~ 62HRC。

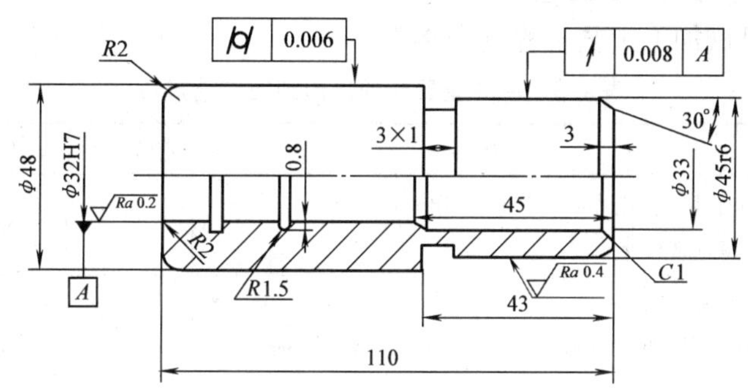

图 4-7　冷冲模导套

1. 结构工艺性分析

该零件也是典型的套类零件，主要加工方法为钻、镗、车、磨。

2. 技术要求工艺性

（1）主要表面　主要表面为内圆柱面 ϕ32H7，Ra0.2μm；外圆柱面 ϕ45r6，Ra0.4μm。其加工方案为：内圆柱面为钻→粗镗（扩）→半精镗→粗磨→精磨；外圆柱面为粗车→半精车→粗磨→精磨。

（2）定位基准　内、外圆柱面互为基准。

（3）热处理方法的选择　如导套材料为 20 钢，则热处理为渗碳、淬火、低温回火；如导套材料为 T10A 钢，则热处理为淬火、低温回火。

（4）技术关键及其采取的措施

1）主要表面内圆柱面的尺寸公差等级高，表面粗糙度值 Ra 值小，采取的措施：划分加工阶段，工艺路线采用钻→粗镗（扩）→半精镗（铰）→粗磨→研磨；选择精密机床；控制切削用量；充分冷却。

2）主要表面外圆柱的尺寸公差等级高，表面粗糙度 Ra 值小，采取的措施：在加工阶段划分、机床选用、切削用量的控制方面的要求与内圆柱面的加工相同。此外，其工艺路线为粗车→半精车→粗磨→精磨。

3）外圆柱 ϕ45r6 对内孔 ϕ32H7 径向跳动要求高。

① 采取的措施之一：以非配合外圆柱面定位夹紧，一次装夹磨削内孔 ϕ32H7、外圆柱 ϕ45r6，即“一刀下”的方法，但此法调整机床频繁，辅助时间长，生产效率低，仅适用于单件生产。

② 采取的措施之二：利用内圆柱面，采用锥度心轴限位，以心轴两端的中心孔定位磨削外圆柱面。此方法操作简便、生产效率高、质量稳定可靠，但需要制造专用机床夹具，因此适用于成批生产。

3. 机械加工顺序的安排

先车端面，先车作为定位基准的非配合的外圆柱面，然后钻孔、镗孔、再磨孔，其中内孔的精加工应在外圆柱面精加工之后进行。

4. 加工阶段的划分

热处理前为粗加工、半精加工，热处理后为精加工。

5. 冷冲模导套的机械加工工艺规程

冷冲模导套的机械加工工艺规程见表 4-3。

表 4-3　冷冲模导套的机械加工工艺规程

工序号	工序名称	工序内容	定位基准	加工设备	备注
1	生产准备	①领料，下料尺寸 ϕ52mm × 118mm ②检查材料牌号		卧式车床	圆棒料 20 钢
2	车削	①车端面 ②车外圆 ϕ48mm（按 ϕ50.5mm）和 ϕ45mm（按 ϕ48mm） ③钻孔 ϕ15mm，*Ra*12.5μm ④按 113.5mm 切断总长	外圆	卧式车床	
3	车削	①车另一端端面，总长按 113mm ②车内孔 ϕ30H10，*Ra*3.2μm ③半精车内孔 ϕ32H7，按 ϕ31.3H9，*Ra*1.6μm	外圆	卧式车床	
4	渗碳	渗碳层深 t = 1.15 ~ 1.55mm			
5	车削	①车端面，去除渗层 1.5mm ②车外圆 ϕ48mm ③车内槽 *R*1.5mm × 0.8mm（两处） ④倒圆 *R*2mm（内、外各一处）	外圆	卧式车床	
6	车削	①车去另一端渗碳层，总长保持 110mm ②粗车、半精车 ϕ45r6，按 ϕ45.7h9，*Ra*1.6μm ③切槽 3mm × 1mm ④倒角 30° ⑤车内孔 ϕ33mm ⑥倒内角 1mm × 45°	外圆	卧式车床	
7	热处理	淬火、低温回火 58 ~ 62HRC			

（续）

工序号	工序名称	工序内容	定位基准	加工设备	备注
8	磨削	粗磨内孔 ϕ31.7H8，Ra0.4μm	外圆	万能外圆磨床	
9	磨削	精磨内孔 ϕ32H7，Ra0.2μm	外圆	万能外圆磨床	
10	磨削	粗磨外圆 ϕ45.3mm，Ra0.8μm	内孔	万能外圆磨床（配专用心轴）	
11 12	磨削	精磨外圆 ϕ45r6，Ra0.4μm	内孔	万能外圆磨床（配专用心轴）	
13	钳工	①研磨内孔 ϕ32H7，Ra0.2μm ②研磨内槽 R1.5mm×0.8mm（两处）			
14	检验				

第三节　支架类零件的加工

一、结构工艺性分析

单孔支架一般由轴承孔和底平面及紧固孔等组成。孔的尺寸公差等级为 IT8～IT7，表面粗糙度 Ra 值为 1.6～0.8μm，圆度公差控制在尺寸公差以内。底平面的平面度公差一般为 0.03～0.1mm，表面粗糙度 Ra 值为 3.2～0.8μm。单孔支架的结构简单，一般成对使用。

如图 4-8 所示为单孔支架，结构简单、刚性好、技术要求也不高；材料为 HT200，采用单件铸造毛坯；在加工过程中，不必粗、精分开，除对毛坯进行退火外，不必再安排时效处理。

二、支架的工艺路线

对于支架零件，应先加工底平面，后加工支承孔，这是因为孔的加工比平面的加工要困难得多，以平面为精基准加工孔，可为孔的加工提供稳定可靠的精基准，从而易于保证孔的加工精度及孔轴线对底面的平行度要求。

单孔支架的工艺路线如下：

铸造毛坯→退火→划支承孔、底面、端面及凸台的加工线→加工底面→加工支承孔→划螺孔加工线→钻螺孔和锪凸台平面→检验。

三、支架轴承孔的加工方法

支架轴承孔的加工，通常在车床或铣床上进行，螺钉孔在钻床上进行加工，关键是如何保证支承孔与底面的距离和平行度要求。

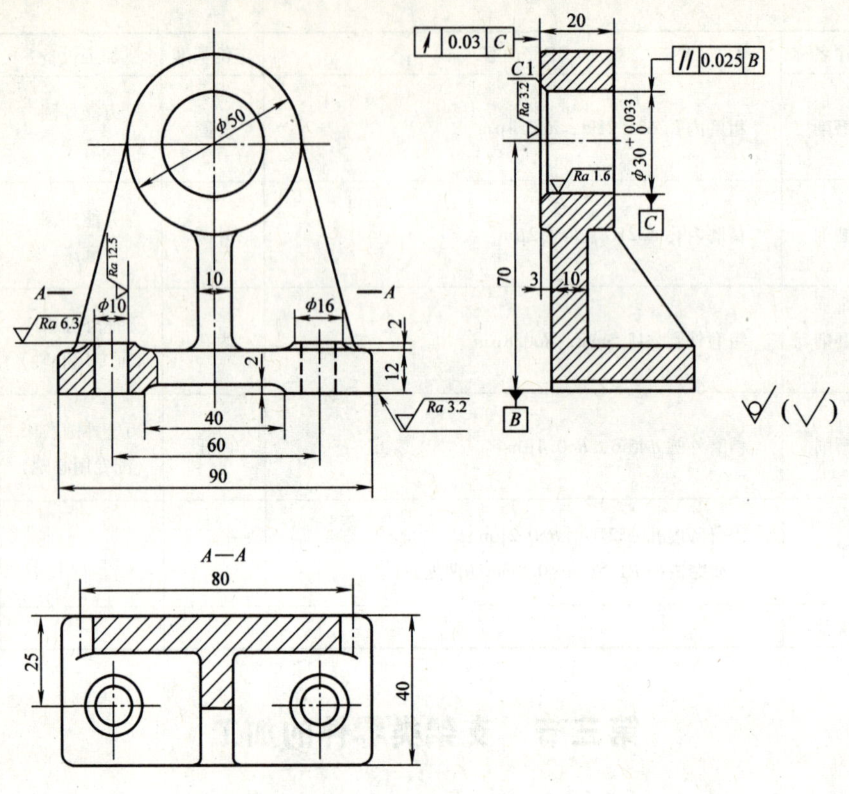

图 4-8　单孔支架

1. 车床加工

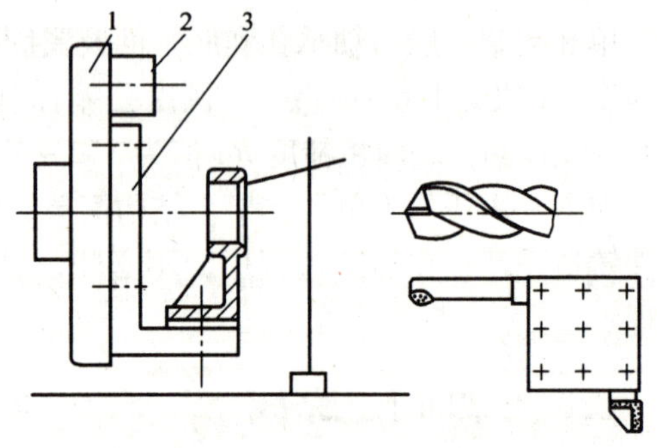

图 4-9　在车床上加工支架的支承孔
1—花盘　2—平衡块　3—弯板

在车床上加工支承孔的方法如图 4-9 所示，以支架底面定位，用压板螺栓将其轻轻压紧在弯板上，转动主轴，用划针盘按支承孔的加工线找正工件。若孔的位置不正，可逐步调整弯板在花盘上的上下位置或工件在弯板上的前后位置，直到转动主轴时划针尖能与支承孔的加工线基本一致为止。这时，支承孔轴线与底面的距离（即中心高）是依靠划线和找正来保证的，找正之后将压板压紧即可加工。在车床上加工支承孔和扩大孔径方便，只需沿横向进给切深即可，但这种方法不易准确保证支承孔轴线与底面的距离，多用于中心高为未注公差要求的成对使用的单孔小支架。

2. 卧式铣床加工

在卧式铣床上加工支承孔的方法如图 4-10 所示，以支架底面定位，用压板螺栓将其安装在工作台面上，将一根划针固定在主轴上，转动主轴，按支承孔的加工线大致找正孔的位置，然后根据标准心棒直径 D 计算（$L+D/2$）的值，用块规组成（$L+D/2$）的高度，放于工作台面上；将百分表表架固定在工作台面上，使测量头与组合块规的上平面接触，记下百分表的读数；再使测量头与心棒上侧的最高点接触，上下微调工作台，直到百分表的读数与刚才的读数相同为止。工件找正之后，取下心棒，安装好刀具即可加工支承孔。

在卧式铣床上加工支承孔，找正比较方便，只要上下左右调整工作台即可，且能达到较高的尺寸精度，但当采用镗刀镗孔时，扩大孔径需仔细调节刀头伸出的长度，不如车床方便。这种方法多用于加工中心高有尺寸公差要求的中、小型支架。若将图 4-9 所示支架的中心高改为 (70 ± 0.05) mm，则采用这种方法较为合适。

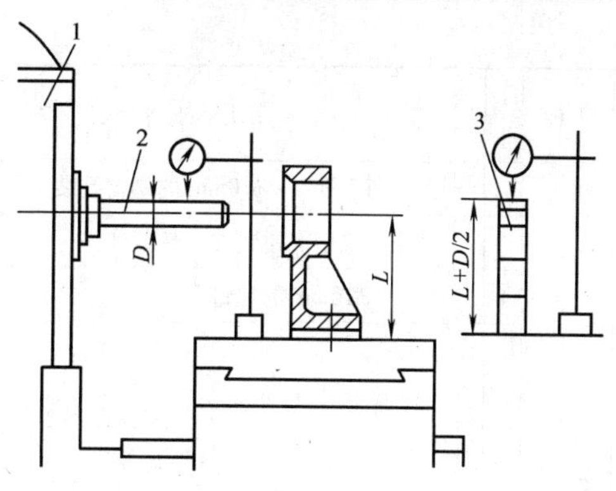

图 4-10　在卧式铣床上加工支架的支承孔
1—卧式铣床　2—标准心棒　3—块规

四、机械加工工艺规程

单孔支架的机械加工工艺规程见表 4-4。

表 4-4　单孔支架的机械加工工艺规程

序号	工种	工步	工序内容	工序简图	设备
1	铸造		铸造毛坯		
2	热处理		退火		
3	钳工	1	划 ϕ30mm 支承孔中心，划孔加工线		钳工平台
		2	水平放置，找止，划水平中心线、底面加工线及 2 × ϕ6mm 凸台的加工线		
		3	向左转 90°，找正，划另一垂直中心线		
		4	向前转 90°，找正，划左端面加工线		
4	刨削		机床用机用虎钳装夹，按线找正		刨床
		1	刨底面		
5	车削		花盘、弯板装夹，底面定位并按孔加工线找正		车床
		1	车左端面		
		2	钻 ϕ30mm 孔至 ϕ27mm		
		3	车 $\phi30^{+0.033}_{0}$mm 至尺寸		
		4	倒内角 1mm × 45°		

（续）

序号	工种	工步	工序内容	工序简图	设备
6	钳工		在底面上划 2×ϕ10mm 的螺钉孔线		
7	钻削		机床用机用虎钳装夹，按线找正		钻床
		1	钻 2×ϕ10mm 的螺钉孔		
		2	倒锪 2×ϕ16mm 凸台面		
8	检验		检验		

第四节　箱体类零件的加工

一、箱体的功用与结构特点

箱体是各类机器的基础零件，它将机器和部件中的轴、套、齿轮等有关零件连接成一个整体，并使之保持正确的位置，以传递转矩或改变转速来完成规定的运动。

机床常见的箱体有主轴箱、变速箱、进给箱和操纵箱等。箱体的结构特点一般是结构组成比较复杂，壁薄且壁厚不均匀；加工部位多，加工表面有数个平面与孔系，加工难度大。箱体的加工质量直接影响机器的性能、精度和寿命。

二、箱体的技术要求

1. 尺寸公差

孔径的尺寸误差直接影响轴承与孔的装配精度，因此对孔的精度要求较高，例如机床主轴孔的尺寸公差为 IT6，其余孔为 IT6 ~ IT7。

2. 形状精度

主轴孔的圆度公差为 0.05mm，其余孔的形状精度未作规定，一般控制在尺寸公差范围内即可；装配基准面的平面度影响主轴箱与床身连接时的接触刚度，且作为定位基准时影响孔的加工精度；当成批生产时，常以顶面作为定位基准面加工孔，因而规定平面度公差为 0.05mm。

3. 位置精度

1）同一轴线上各孔的同轴度约为最小孔尺寸公差之半，孔端面对其轴线的垂直度公差为0.01mm。它们的误差会使轴和轴承装配到箱体内出现歪斜，造成主轴径向圆跳动和端面圆跳动误差，也加剧了轴承磨损。

2）孔系之间的平行度公差为0.01/100mm，它们的误差会影响齿轮的啮合质量。

3）一般都规定主轴轴线对安装基面的平行度公差，因其决定了主轴与床身导轨的位置关系。

4）表面粗糙度

重要孔和主要平面的表面粗糙度会影响连接面的配合性质或接触刚度，一般要求主轴孔表面粗糙度 Ra 值为0.4μm，其余各纵向孔的表面粗糙度 Ra 值为1.6μm，孔的内端面表面粗糙度 Ra 值为3.2μm，装配基准面和定位基准表面粗糙度 Ra 值为0.63～2.5μm，其他平面的表面粗糙度 Ra 值为2.5～10μm。

三、箱体的材料与毛坯

箱体的材料采用最多的是各种牌号的灰铸铁，如HT200、HT250和HT300等。对一些要求较高的箱体，如镗床的主轴箱、坐标镗床的箱体，可采用耐磨合金铸铁（又称密烘铸铁，例如MTCrMoCu－300）和高磷铸铁（如MTP－250），以提高铸件质量。

箱体毛坯的制造方法有两种，一种是采用铸造，另一种是采用焊接或钢板焊接。铸造毛坯或焊接毛坯都需要安排一次人工时效处理，以消除残余应力。对于高精度箱体或形状特别复杂的箱体，在粗加工后还要安排一次人工时效处理，以消除粗加工造成的残余应力。

四、箱体的加工工艺分析

车床主轴箱是整体式箱体中结构较复杂、要求较高的一种箱体，其加工难度较大，结构如图4-11所示。从车床主轴箱简图看出，该主轴箱外廓为近似六面体，内形为空腔，有单个孔，孔系有通孔、不通孔、阶梯孔和交叉孔等，其结构组成基本上为平面与圆柱孔或孔系。

1. 主要表面加工方法的选择

箱体的主要表面有平面和轴承支承孔，其主要平面的加工，对于中、小件，一般在牛头刨床或普通铣床上进行；对于大件，一般在龙门刨床或龙门铣床上进行。刨削的刀具结构简单，机床成本低，调整方便，但生产效率低。当生产批量大时，多采用铣削；当生产批量大且精度要求较高时，可采用磨削；当单件小批生产精度较高的平面时，除一些高精度的箱体仍需手工刮研外，一般采用宽刃精刨；当生产批量较大或为保证平面间的相互位置精度时，可采用组合铣削和组合磨削，如图4-12所示。

2. 箱体支承孔的加工

对于直径小于50mm的孔，一般不铸出，可采用钻→扩（或半精镗）→铰（或精镗）的方案；对于已铸出的孔，可采用粗镗→半精镗→精镗（用浮动镗刀片）的方案。由于主轴轴承孔的精度和表面质量要求比其余孔高，所以在精镗后，还要用浮动镗刀片进行精细镗。对于箱体上的高精度孔，最后精加工工序也可采用珩磨、滚压等工艺方法。

五、技术要求分析

1）该主轴箱的孔 ϕ120K6、ϕ95K6 和 ϕ90K6 是支承主轴轴承的装配基准，是纵向孔系中最主要的加工表面，其加工方案为：粗镗→半精镗→精镗→浮动镗刀精镗。

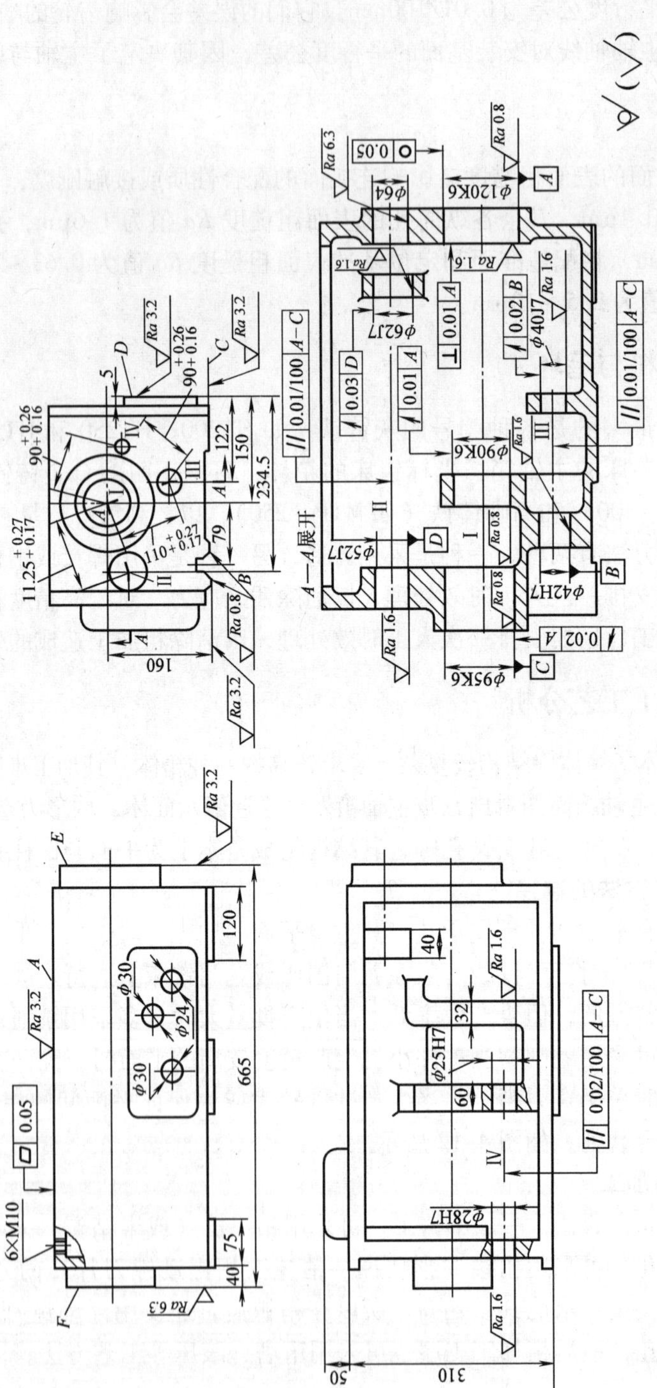

图 4-11 车床主轴箱简图

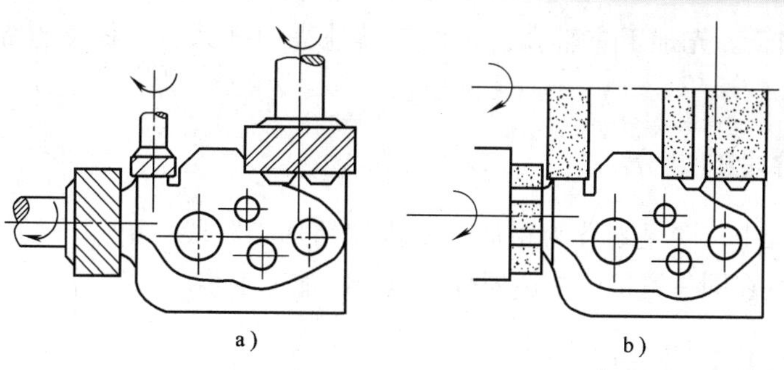

图 4-12 箱体零件的平面组合铣削和磨削

a) 铣削 b) 磨削

导轨面 B、C（$Ra0.8\mu m$） 是主轴箱的装配基准，其加工方案为：粗刨（粗铣）→精刨（精铣）→磨削。

2）定位基准。箱体底面导轨 B、C 面既是主轴箱的装配基准，又是主轴孔的设计基准，并与箱体的两端面、侧面以及各主要纵向轴承孔在位置上有直接联系，故选择 B、C 面作定位基准，符合基准重合原则，但是设计的专用镗模结构较复杂，使用不便，故此种定位方式只适用于单件小批生产。在批量大时，采用顶面及两个销孔（一面两孔）作定位基面，设计的专用镗模，可以克服上述结构的缺点，但这种定位方式的定位基准与设计基准不重合，会产生基准不重合误差，且不便于观察各表面的加工情况，不能及时发现毛坯缺陷，不便于测量和调刀，故此时必须采用定位刀具。

主轴箱一般都选择主轴孔等重要孔为粗基准。工件的装夹方式如为中小批量生产时，一般采用划线找正；如为大批大量生产时，可直接以主轴孔定位，采用专用夹具装夹。

3）热处理。因车床主轴箱属于普通精度的箱体，在铸造后安排一次人工时效处理，以消除残余应力、减少加工后的变形、保证尺寸精度的稳定。

4）技术关键及其采取的措施。

①主要表面尺寸公差等级高、表面粗糙度 Ra 值小，采取的措施：例如划分加工阶段，粗镗、精镗孔；粗铣、精铣、磨削装配基准面（导轨面）；选用数控加工中心加工；控制切削用量；光磨等。

②主要表面垂直度、径向圆跳动、平行度公差小，采取的措施：以装配基准导轨 B、C 面或顶面及两个销孔（一面两孔）作为统一定位基准加工各平行孔系，使用专用镗模在一次装夹中完成同轴各孔及其端面的加工，从而保证同轴各孔的同轴度和主轴孔对安装基面以及各孔系之间的平行度要求。

③深孔加工。孔的长径比 $L/D=\frac{665}{95}=7$，镗杆刚性较差，所以必须设计专用镗模，镗杆被支承在镗模导套里。如不使用镗模时，也可利用铣镗床后立柱上的导向套支承导向。

六、加工顺序的安排

1）均先加工面，以加工好的平面定位，再来加工孔。这样做的优点是稳定可靠，孔的加工余量较为均匀，钻头不易引偏、崩刃。

2）平面的加工顺序为先加工装配基准导轨面、后加工其他平面。

3）孔系的加工。先加工主轴孔，再加工其他纵向孔系，这样能首先保证主要表面的质量。

七、加工阶段的划分

大批生产过程中，明显划分为粗加工阶段和精加工阶段；单件小批生产中，工序安排粗、精加工，而且在同一道工序中还划分了粗、精加工工步。

八、机械加工工艺规程

小批量生产主轴箱的机械加工工艺规程见表4-5。

表4-5　某主轴箱小批量生产的机械加工工艺规程

序号	工序名称	工序内容	定位基准	加工设备	备注
1	生产准备	领取毛坯，检查合格印，检查炉批号			铸造毛坯
2	时效				
3	钳工	漆底漆			
4	钳工	划 C、A 及 E、D 面加工线			
5	铣削	粗铣、精铣顶面 A	按线找正	立式铣床	
6	铣削	粗铣、精铣 B、C 面及侧面 D	顶面 A 并校正主轴线	立式铣床	
7	铣削	粗刨、精刨端面 E、F	B、C 面	立式铣床	
8	镗削	粗镗、半精镗各纵向孔	B、C 面	卧式镗床	
9	镗削	粗镗各纵向孔	B、C 面	卧式镗床	
10	镗削	粗镗、半精镗、精镗各横向孔	B、C 面	卧式镗床	
11	钳工	①去飞边；②划螺孔及次要孔位线	C、D 面		
12	钻削	①钻螺纹底孔，攻螺纹 6×M10 ②钻、扩各次要孔	C、D 面并按线找正	摇臂钻床	
13	钳工	①去飞边；②清洗			
14	检验				

大批量生产时，毛坯精度较高，可直接以主轴孔在夹具上定位，采用如图4-13所示的夹具装夹。

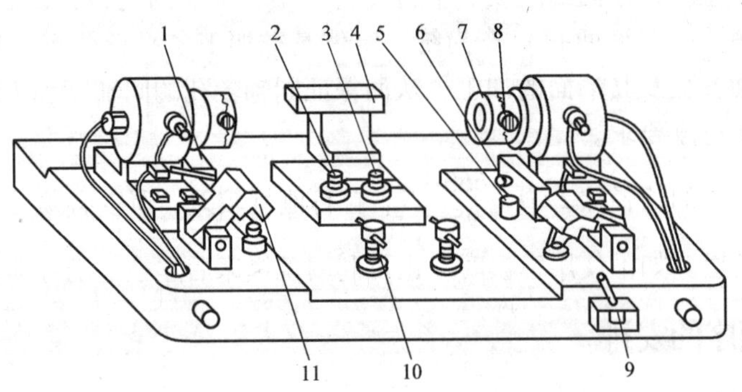

图4-13　以主轴孔为粗基准铣顶面的夹具

1、3、5—支承　2—辅助支承　4—支架　6—挡销　7—短轴　8—活动支柱
9、10—操纵手柄　11—螺杆

大批量生产主轴箱的机械加工工艺规程见表4-6。

表4-6　某主轴箱大批量生产的机械加工工艺规程

序号	工序名称	工序内容	定位基准	加工设备	备注
1	生产准备	领取毛坯，检查合格印，检查炉批号			铸造毛坯
2	时效				
3	钳工	漆底漆			
4	铣削	粗铣、精铣顶面 *A*	Ⅰ孔与Ⅱ孔	立式铣床	
5	钳工	①划螺孔 6×M10 位置线 ②钻底孔 4×ϕ7.8mm ③钻→扩→铰→2×ϕ8H7（工艺孔）*Ra* 为 1.6μm	顶面 *A* 及外形	摇臂钻床	
6	铣削	铣两端面 *E*、*F* 及前面 *D*	顶面 *A* 及孔 2×ϕ8H7	立式铣床	
7	铣削	铣导轨面 *B*、*C*	顶面 *A* 及孔 2×ϕ8H7	立式铣床	
8	磨削	磨顶面 *A*	导轨面 *B*、*C*	平面磨床	
9	镗削	粗镗各纵向孔	顶面 *A* 及孔 2×ϕ8H7	卧式镗床	
10	镗削	精镗各纵向孔	顶面 *A* 及孔 2×ϕ8H7	卧式镗床	
11	镗削	精镗主轴孔	顶面 *A* 及孔 2×ϕ8H7	卧式镗床	
12	镗削	加工横向孔及各面上的次要孔	顶面 *A* 及孔 2×ϕH7	卧式镗床	
13	磨削	磨 *B*、*C* 导轨面及前面 *D*	顶面 *A* 及孔 2×ϕ8H7	导轨磨床	
14	钻削	①将 2×ϕ8H7 及 4×ϕ7.8mm 均扩钻至 ϕ8.5mm ②攻螺纹 6×M10	*C*、*D* 面，并按线找正	摇臂钻床	
15	钳工	去飞边、倒角、清洗			
16	检验				

九、箱体孔类的加工方法

箱体上一系列有位置精度要求的孔的组合称为孔系。孔系可分为平行孔系、同轴孔系和交叉孔系。

1. 平行孔系的加工方法

平行孔系常用找正法加工。找正法是指工人在通用机床上利用辅助工具来找正要加工孔的正确位置的方法。这种方法加工效率低，一般只适用于单件小批量生产。常见的找正法有划线找正法、心轴和量规找正法、样板找正法。除找正法之外，平行孔系的加工方法还有镗模法和坐标法等。

2. 同轴孔系的加工方法

在单件小批量生产中，常利用已加工的孔作支承导向，或利用铣镗床后立柱上的导向套支承导向，或采用调头镗加工同轴孔系；在成批生产中，几乎都是采用镗模保证同轴孔类的同轴度。

3. 交叉孔系的加工方法

交叉孔系主要在卧式铣镗床上靠机床工作台上的90°对准装置来控制有关孔的垂直度，有时也用心棒与百分表找正来帮助提高其定位精度。

十、吊架式镗模夹具

当箱体的中间孔壁上有精度要求较高的孔需要加工时，需要在箱体内部相应的地方设置镗杆导向支承架，以提高镗杆刚度。加工时，可根据工艺上的需要，在箱体底面开一矩形窗口，让中间导向支承架伸入箱体。产品装配时，窗口上加密封垫片和盖板并用螺钉紧固。

由于箱体底部是封闭的，中间支承只能用如图4-14所示的吊架从箱体顶面的开口处伸入箱体内，每加工一件需装卸一次。吊架与镗模之间虽有定位销定位，但吊架刚性差，制造安装精度较低，经常装卸也容易产生误差，且使加工的辅助时间增加，因此这种定位方式只适用于单件小批量生产。

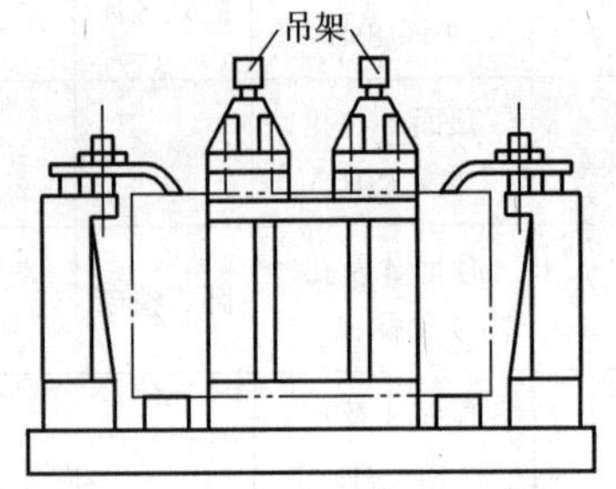

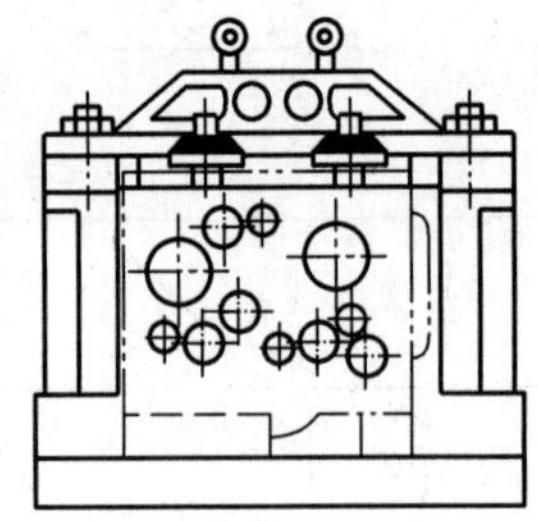
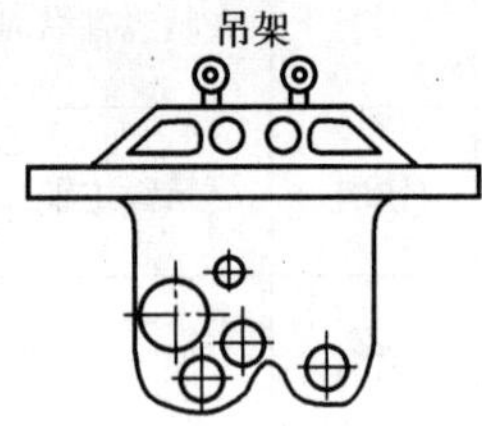

图4-14 吊架式镗模夹具

习题

1. 主轴的结构特点和技术要求有哪些？
2. 套类零件有何结构特点和技术要求？
3. 套类零件的加工方法有哪些？孔加工方案的选择通常考虑哪些因素？
4. 箱体类零件的孔系加工有哪些方法？各有何特点？
5. 如图4-15所示为一台阶轴的简图，材料为20Cr，表面渗碳淬火，小批量生产。试编制出它的加工工艺过程，并将其填入机械加工工艺规程卡（见表4-1）。
6. 如图4-16所示为一个拨盘的零件图，材料为45钢，调质处理，生产100件，试分析其加工工艺特点，并编制出它的加工工艺过程，并填写机械加工工艺规程卡（见表4-1）。
7. 如图4-17所示的传动轴，部分表面粗糙度值达 $Ra0.8\mu m$，尺寸精度达IT6级，其上有键槽，整体调质，N 表面局部淬火。试编制出它的加工工艺过程，并填写机械加工工艺规程卡（见表4-1）。

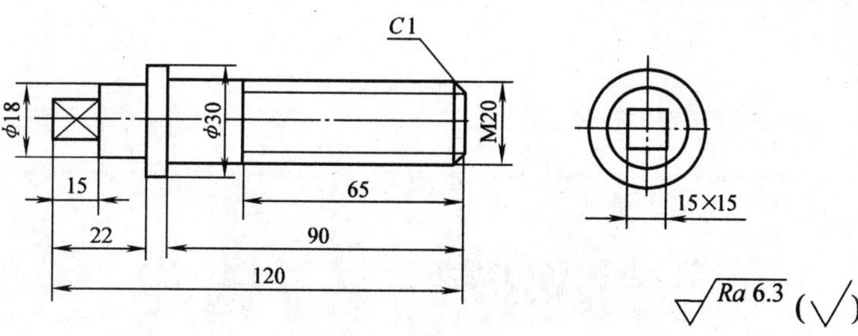

图 4-15　台阶轴

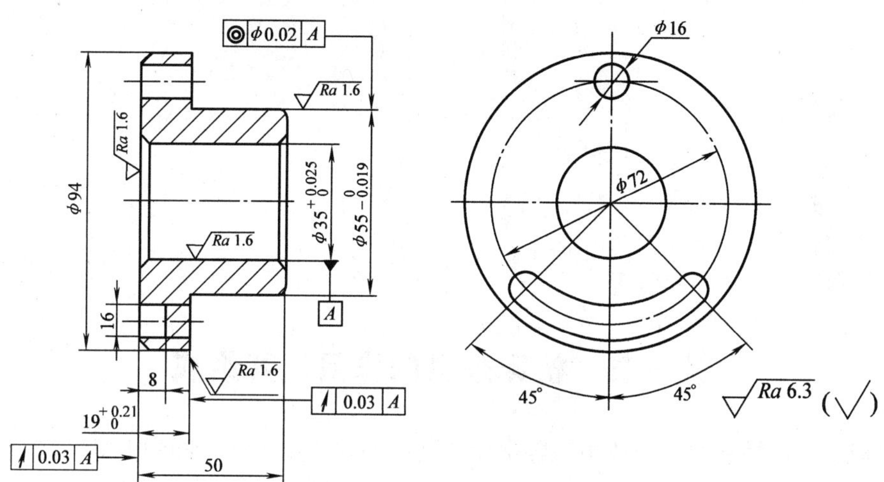

图 4-16　拨盘

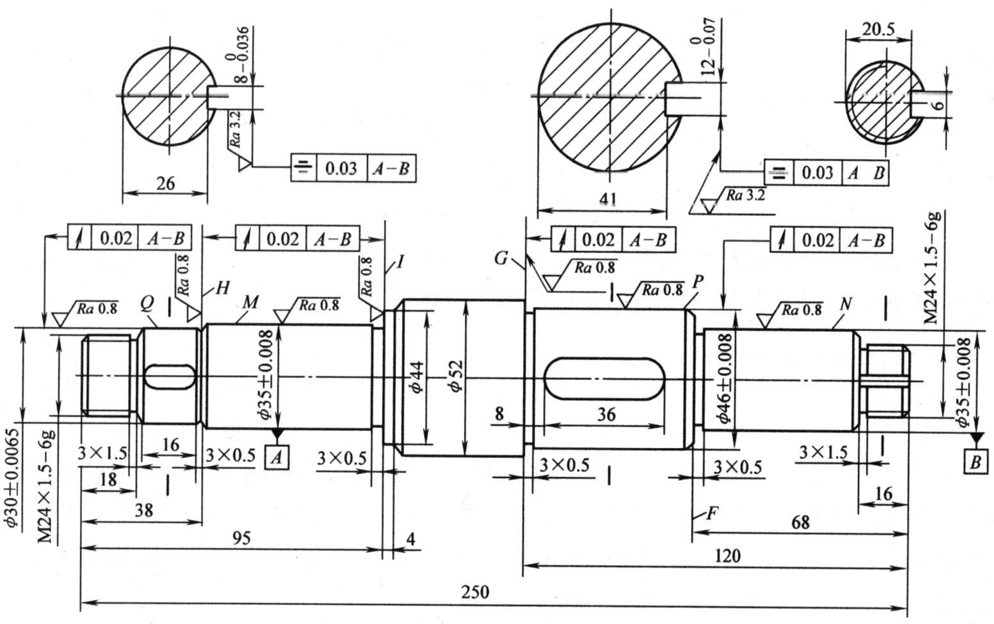

图 4-17　传动轴

第五章

工件的定位与装夹

【学习目标】

1. 了解机床夹具的作用及其组成。
2. 理解工件的定位原理。
3. 了解定位元件的选择方法。
4. 了解典型的工件夹紧装置。

第一节　机床来具的作用及其组成

在机械制造和模具加工企业中，各个生产部门都在使用各种不同的夹具，广泛将其用于机械加工、模具加工、装配、检验、热处理、焊接及运输等方面。

一、机床夹具的定义

在机床上加工工件时，为了在工件的某一部位加工出符合工艺规程要求的表面，在加工前需要使工件在机床上占有正确的位置，称之为定位。

由于在加工过程中工件受到切削力、重力、振动、离心力和惯性力等的作用，因此必须采用一定的机构，使工件在加工时保持在原来确定的位置上，称之为夹紧。

使工件占有正确的加工位置并使其在加工过程中保持不变的过程称之为工件的装夹。用于装夹工件的工艺装备就称为机床夹具。也就是说，在机床上用以正确确定工件的位置，并可靠而迅速地将工件夹紧的机床附加装置被称为机床夹具。

二、机床夹具的作用

1. 易于保证工件的加工精度

使用夹具的作用之一就是保证工件加工表面的尺寸与位置精度，如在摇臂钻床上使用钻夹具加工平行孔系时，位置精度可达到0.1～0.2mm，而按划线找正法加工时，位置精度仅能控制在0.4～1.0mm，同时由于受操作者技术的影响，同批生产的零件的质量也不稳定。因此，在成批生产中使用夹具就显得非常必要。

2. 扩大机床的工艺范围

使用夹具可改变和扩大原机床的功能，实现“一机多用”。例如，在车床的溜板上或摇臂钻床的工作台上装上镗模，就可以进行箱体或支架类零件的镗孔加工，用以代替镗床加工；在刨床上加装夹具后可进行插削和齿轮加工；在车床上加装夹具后可代替拉床进行拉削加工。

3. 缩短辅助时间，提高劳动生产效率

使用夹具后，可避免每个工件在加工前都进行找正、对刀与测量，并且有时还可采用高效率的多件、多位、快速等夹紧装置，以缩短辅助时间，从而大大提高劳动生产率。

如图 5-1a 所示，在铣床上加工套筒的 $8^{+0.05}_{0}$mm 的槽，工件要控制槽深为 10mm，槽中心与内孔 ϕ25H7 的轴线的对称度公差为 0.10mm。铣床夹具的结构如图 5-1b 所示，工件以下端面和内孔 ϕ25H7 为定位基准面，分别在定位销的肩胛和外圆上定位，并用钩形压板夹紧。铣刀的位置则可由对刀块调整。整个夹具是通过底下的两个定位键与机床工作台的 T 形槽相配而确定其在机床上的位置的。

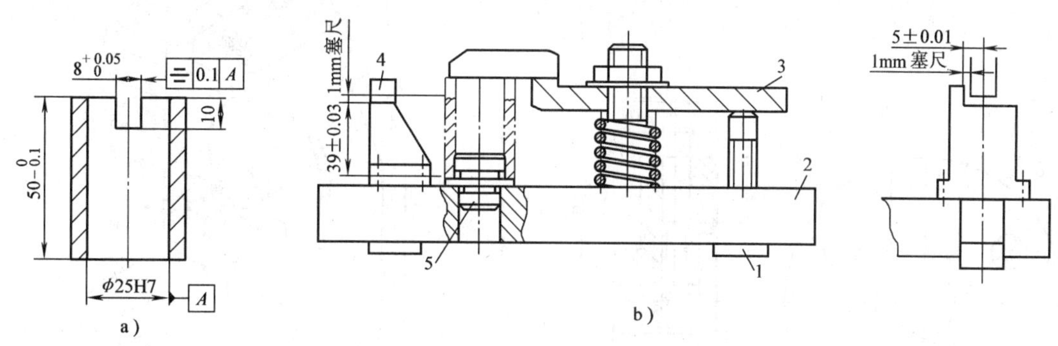

图 5-1　铣床夹具

a）铣槽零件图　b）夹具图

1—定位键　2—夹具体　3—钩形压板　4—对刀块　5—定位销

如图 5-2a 所示，在台钻上加工 ϕ6H9 的孔。如图 5-2b 所示为钻床夹具，为保证 ϕ6H9 孔的孔距要求，在夹具上设置有定位平面 2，来保证平面至钻套轴线的 L 距离；为保证 ϕ6H9 孔的位置精度要求及工件安装的稳定性，夹具上设置了定位短销 3，利用工件已加工好的内孔与定位短销 3 的配合来保证钻孔的位置精度；为防止钻孔过程中工件发生移动，夹具设置开口垫圈和夹紧螺母 4 作为夹紧机构；钻模板 6 上的钻套 5 可引导钻头并控制孔距尺寸。

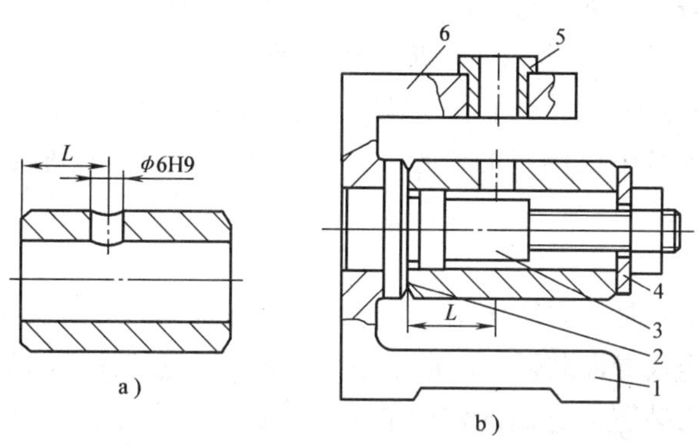

图 5-2　钻床夹具

a）钻孔零件图　b）夹具图

1—夹具体　2—定位平面　3—定位短销　4—开口垫圈、夹紧螺母　5—钻套　6—钻模板

三、机床夹具的组成

虽然加工工件的形状和技术要求不同，所使用的机床也不同，但机床夹具均由许多部分组成，按其作用和功能大致可分成下列几个部分：

1. 定位元件及定位装置

在夹具中确定工件位置的一些元件称为定位元件。如图5-3中，钻后盖上ϕ10mm孔，其夹具如图5-4所示，图中的圆柱销5、菱形销9和支承板4都是定位元件，它们的作用是使一批工件在夹具中占有同一位置，只要将工件的定位基面与夹具上的定位元件相接触或相配合，就可以使工件定位。有些夹具还采用由一些零件组成的定位装置对工件进行定位。

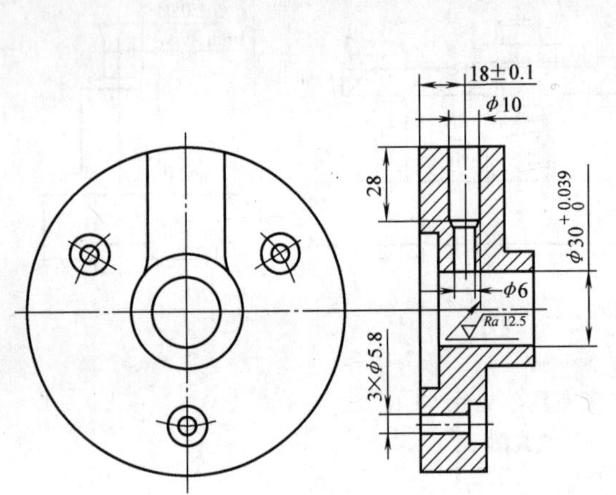

图5-3　后盖零件钻径向孔的零件图

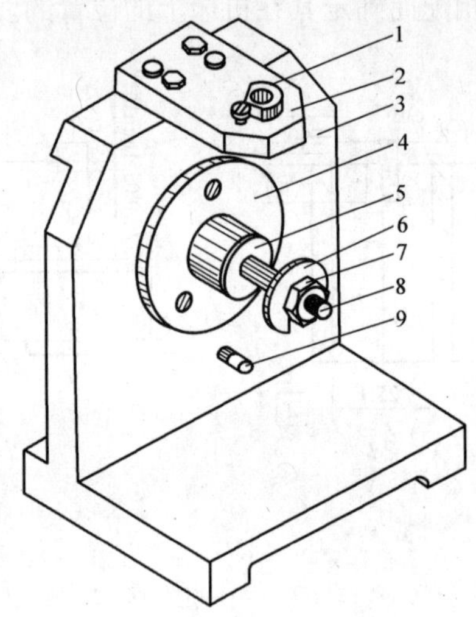

图5-4　钻后盖孔的夹具

1—钻套　2—钻模板　3—夹具体　4—支承板　5—圆柱销　6—开口垫圈　7—螺母　8—螺杆　9—菱形销

2. 夹紧装置

在夹具中由动力装置（如气缸、液压缸等）、中间传力机构（如杠杆、螺纹传动副、斜楔、凸轮等）和夹紧元件（如卡爪、压板、压块等）组成的装置称为夹紧装置，如图5-4中的螺杆8（与圆柱销合成一个零件）、螺母7和开口垫圈6就起到了上述作用。它们的作用是用以保持工件在夹具中已确定的位置，并承受加工过程中各种力的作用而不发生任何变化。

3. 对刀及导引元件

在夹具中，用来确定加工时所使用刀具的位置的元件称为对刀及导引元件。如图5-4中的钻套1和钻模板2组成导向装置，确定了钻头轴线相对定位元件的正确位置。铣床夹具上的对刀块和塞尺是对刀装置。它们的作用是用来确定夹具相对刀具（如铣刀、刨刀等）的位置，或引导刀具（如孔加工用的钻头、扩孔钻、铰刀及镗刀等）的方向。

4. 夹具体

在夹具中，用于连接上述各元件及装置，使其成为一个整体的基础零件称为夹具体。夹具体是机床夹具的基础件，如图5-4中的件3，通过它将夹具的所有元件连接成一个整体。夹具体的作用，除用于连接夹具上的各种元件和装置外，还用于夹具与机床有关部位的连接。

5. 其他元件及装置

除上述定位元件、夹紧装置、对刀及导引元件以外，根据需要，夹具上还有其他组成部分，如需加工按一定规律分布的多个表面时，常配备分度装置等。

四、机床夹具的分类

1. 按夹具的应用范围分类

机床夹具的种类很多，按夹具的应用范围分类，可分如下几类：

（1）通用夹具　这类夹具具有很大的通用性，无需调整或稍加调整就可用于装夹不同的工件，如车床上的三爪自定心卡盘和单动卡盘，铣床上的平口钳、分度头和回转盘等，一般已作为通用机床的附件，由专业厂生产。由于这类夹具的定位与夹紧费时、操作复杂、生产效率较低，故主要适用于单件、小批量的生产。

（2）专用夹具　这类夹具是针对某一工件的某一固定工序而专门设计和制造的。因为不需要考虑通用性，所以专用夹具可设计得结构紧凑、操作迅速方便。由于这类夹具设计与制造周期较长，产品变更后无法利用，因此只适用于大批大量生产。

（3）成组可调夹具　在多品种、小批量生产中，通用夹具不能保证产品质量及生产效率，而采用专用夹具又不经济，这时可采用成组加工的方法，即将零件按形状、尺寸、工艺特征进行分组，为每一组零件设计一套可调整的“专用夹具”，使用时只要稍加调整或更换部分元件即可适用于同一组内的各个零件。成组可调夹具有带调换钳口的平口钳等。

（4）组合夹具　组合夹具是一种由一套预先制造好的标准元件组装成的夹具。组合夹具在使用上具有专用夹具的特点，但当变更产品时，夹具又可拆开、清洗，在短期内再组装成新的夹具。因此，组合夹具既能适应单件、小批生产，又适用于中等批量的生产。

2. 按夹具所使用的机床分类

机床夹具按其所使用的机床可分为钻床夹具、车床夹具、铣床夹具、磨床夹具、镗床夹具、拉床夹具、插床夹具和齿轮加工机床夹具等。

3. 按夹具使用的动力源分类

机床夹具按其使用的动力源可分为手动夹具、气动夹具、离心力夹具、液压夹具、电动夹具、磁力夹具和真空夹具等。

第二节　工件的定位

加工工件时，为了保证工件的加工精度（即工件加工表面相对其工序基准的尺寸和位置精度）要求，必须使工件相对于刀具及切削运动处于准确位置。在加工过程中，被加工工件正是通过夹具使其相对刀具及切削成形运动保持准确位置，并实现该工序的加工精度要求的。

工件在夹具中定位的实质就是使同一工序中的一批工件都能在夹具中占据正确的位置。工件位置的正确与否，要用加工要求来衡量。

一、工件定位的基本原理

1. 六点定位原理

工件的定位方法，可以转化为在空间直角坐标系中决定刚体坐标位置的问题来讨论。一个尚未定位的工件，其位置是不确定的。如图 5-5 所示，在空间直角坐标系中，工件可沿 X、Y、Z 轴有不同的位置，也可以绕 X、Y、Z 轴回转方向有不同的位置，它们分别用$\vec{X}$、$\vec{Y}$、$\vec{Z}$和$\widehat{X}$、$\widehat{Y}$、$\widehat{Z}$表示。这种工件位置的不确定性，通常称为自由度，其中$\vec{X}$、$\vec{Y}$、$\vec{Z}$称为沿 X、Y、Z 轴线方向的移动自由度；$\widehat{X}$、$\widehat{Y}$、$\widehat{Z}$称为绕 X、Y、Z 轴回转方向的自由度。

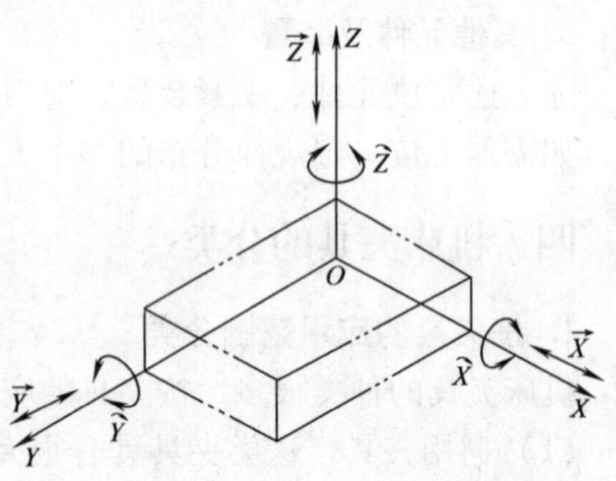

图 5-5　工件的六个自由度

工件定位的实质就是要限制对加工有不良影响的自由度。用来限制工件自由度的固定点，称为定位支承点，简称支承点。无论工件的形状和结构怎么不同，它们的六个自由度都可以用六个支承点限制，只是六个支承点的分布不同罢了。

用合理分布的六个支承点限制工件六个自由度的法则，称为六点定则。

工件定位基准的多种多样决定了工件有不同的定位支承点。下面分析几种典型工件的定位支承点的分布。

（1）箱体类工件的定位　这类工件多具有较规则的外形轮廓，以六面体为主，具有较大而稳固的安装平面。为保证此类工件在工位上安装稳定、装夹方便，多选择工件上幅面较大的平面作为主要的定位基准面。如图 5-6 所示，工件以底面、侧面、端面三个平面为定位基准，其中底面最大，设置成三角形布置的三个定位支承点 1、2、3，并且使三角形的面积尽量大。当工件底面与该三点接触时，限制了$\vec{Z}$和$\widehat{X}$、$\widehat{Y}$三个自由度，通常把这一表面称为工件的主要定位基准面；因侧面较狭长，再沿平行于底面方向设置两个定位支承点 4、5，当侧面与该两点相接触时，即限制$\vec{Y}$和$\widehat{Z}$，通常把工件的这类侧面称为工件的导向定位基准面；在最小的端面上尽量远离导向定位基准面的位置设置一个定位支承点，限制一个$\vec{X}$自由度，通常把工件的这类表面称为止推定位基准面。如此设置的六个定位支承点，可使工件完全定位。

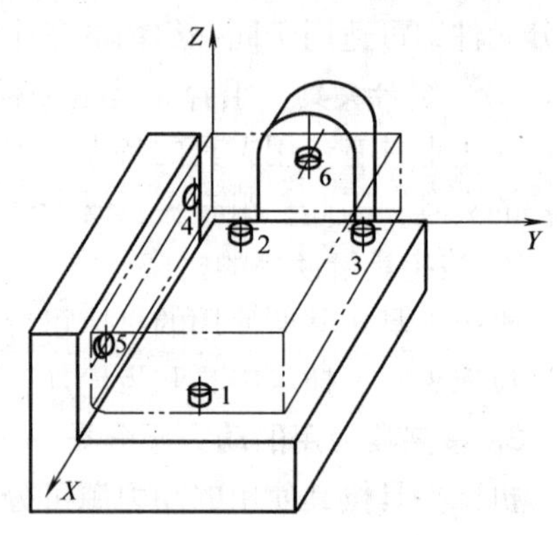

图 5-6　箱体类工件的六点定位

（2）圆盘类工件的定位　一般圆盘类工件多具有较大的端部幅面，其轴向尺寸较径向尺寸小，考虑到安装的稳定性及夹紧可靠，通常以较大的端面作为主要定位基准面。如图5-7 中的 1、2、3 支承点就起了这样一个作用，它限制了工件$\vec{Z}$和$\widehat{X}$、$\widehat{Y}$三个自由度；支承点 4、

5 限制了工件的$\vec{X}$、$\vec{Y}$两个移动自由度；点 6 限制了$\widehat{Z}$自由度。

（3）轴类工件的定位　轴类工件的轴向尺寸大，通常以两端同轴的支承轴颈作为整个轴系的回转支承。如图 5-8 所示，外圆与 V 形块上的 1、2、4、5 接触，限制了工件的$\vec{X}$、$\vec{Z}$和$\widehat{X}$、$\widehat{Z}$四个自由度，支承点 3 限制了$\vec{Y}$自由度，支承点 6 限制了$\widehat{Y}$自由度。

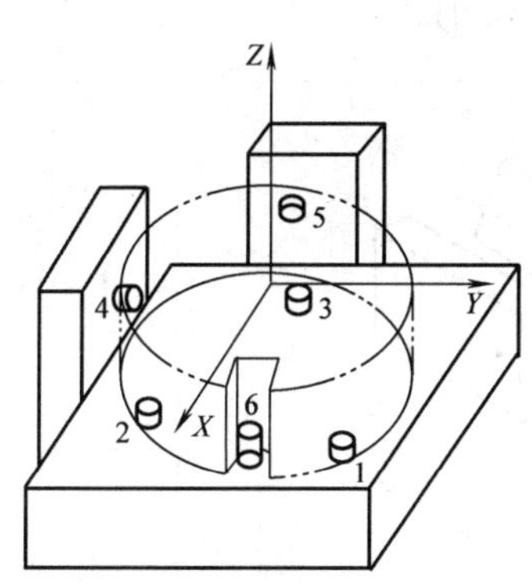

图 5-7　圆盘类工件的六点定位

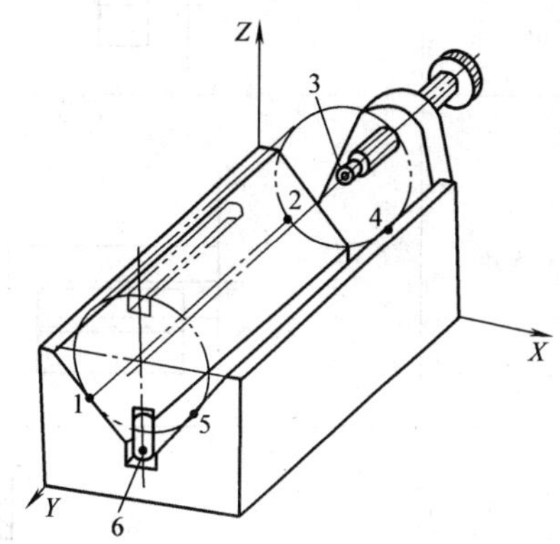

图 5-8　轴类工件的六点定位

2. 常用定位元件限制的自由度

在定位时，起定位支承点作用的是一定几何体形状的定位元件。表 5-1 为常用定位元件所能限制的自由度。

表 5-1　常用定位元件限制的自由度

定位元件	定位简图	限制的自由度
支承板	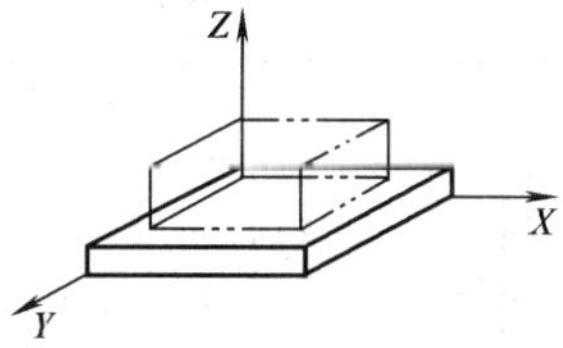	$\vec{Z}$、$\widehat{X}$、$\widehat{Y}$
短圆柱销 短定位套	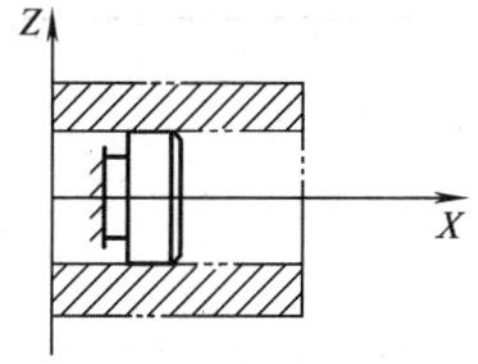 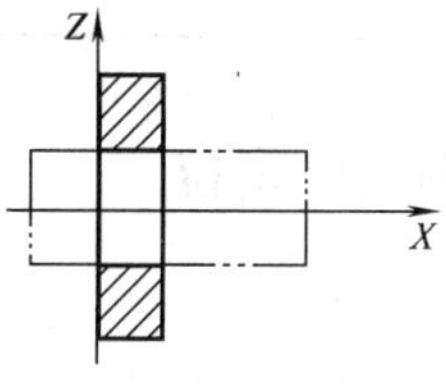	$\vec{Y}$、$\vec{Z}$
长圆柱销 长定位套	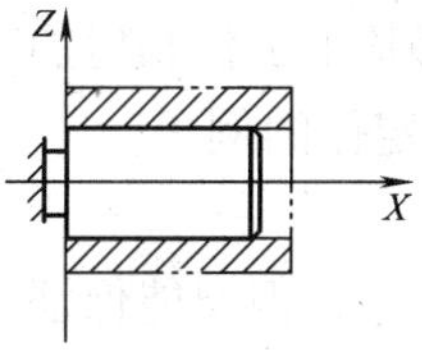 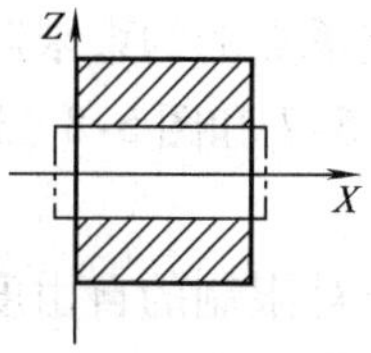	$\vec{Y}$、$\vec{Z}$、$\widehat{Y}$、$\widehat{Z}$

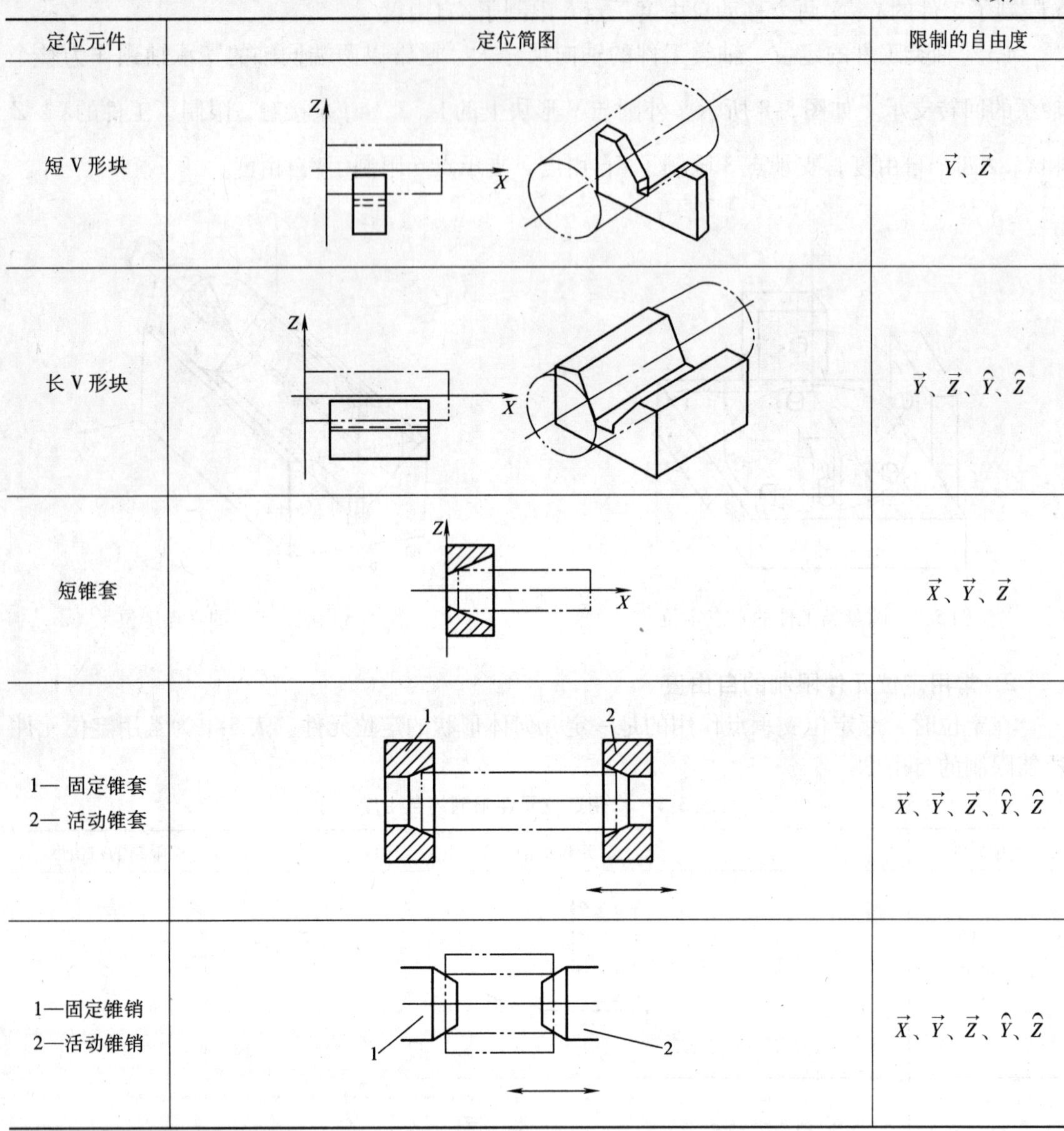

（续）

定位元件	定位简图	限制的自由度
短 V 形块		$\vec{Y}$、$\vec{Z}$
长 V 形块		$\vec{Y}$、$\vec{Z}$、$\hat{Y}$、$\hat{Z}$
短锥套		$\vec{X}$、$\vec{Y}$、$\vec{Z}$
1— 固定锥套 2— 活动锥套		$\vec{X}$、$\vec{Y}$、$\vec{Z}$、$\hat{Y}$、$\hat{Z}$
1—固定锥销 2—活动锥销		$\vec{X}$、$\vec{Y}$、$\vec{Z}$、$\hat{Y}$、$\hat{Z}$

二、完全定位与不完全定位

1. 完全定位

工件在夹具中定位时，六个自由度都被限制了的定位称为完全定位。

工件加工需要进行完全定位时，为保证加工精度的要求，夹具的定位系统应使工件的全部六个自由度都得到相应支承点的约束限制，使得整批工件相对加工机床及刀具有一个统一的位置依据。如图 5-6、图 5-7 和图 5-8 都是完全定位的例子。

2. 不完全定位

工件在夹具中定位时，被限制的自由度少于六个，但又能保证加工要求的定位称为不完全定位。

如图 5-9a 所示的长圆锥定位，限制了工件的$\vec{X}$、$\vec{Y}$、$\vec{Z}$、$\widehat{X}$、$\widehat{Z}$五个自由度。

如图 5-9b 所示的平面支承限制了工件的$\vec{X}$、$\vec{Z}$、$\widehat{X}$、$\widehat{Y}$、$\widehat{Z}$五个自由度。

如图 5-9c 和 5-9d 所示的工件加工面相同，前者需限制工件的$\vec{X}$、$\vec{Z}$、$\widehat{X}$、$\widehat{Y}$、$\widehat{Z}$五个自由度；后者无上下两槽之间的位置要求，则可不必限制$\widehat{Y}$自由度，只限制$\vec{X}$、$\vec{Z}$、$\widehat{X}$、$\widehat{Z}$四个自由度。

如图 5-9e 所示的平板状工件定位，仅限制了工件的$\vec{Z}$、$\widehat{X}$、$\widehat{Y}$三个自由度。它是常见的定位中定位点较少的一种，平面磨加工时采用。

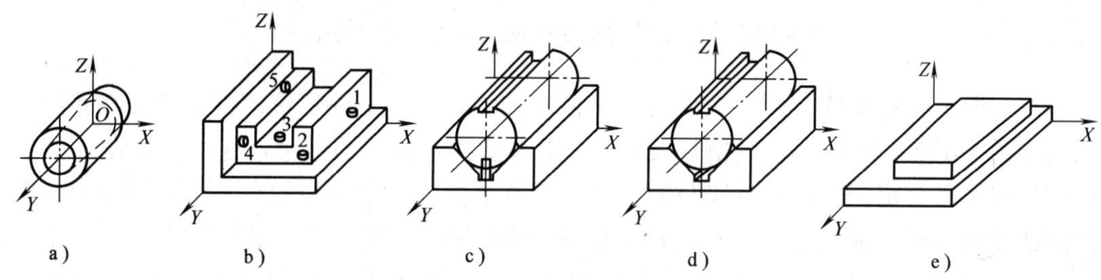

图 5-9　不完全定位示例

在工件定位时，以下几种情况允许不完全定位：

1）加工通孔或通槽时，沿贯通轴的位置自由度可不限制，如图 5-9a 和 5-9b 所示。

2）毛坯（本工序加工前）是轴对称时，绕对称轴的角度自由度可不限制，如图 5-9c 所示。

3）加工贯通的平面时，除可不限制沿两个贯通轴位置的自由度外，还可不限制绕垂直加工面的轴的角度自由度，如图 5-9e 所示。

三、欠定位与重复定位

1. 欠定位

工件在夹具中定位时，若实际定位的支承点或实际限制的自由度数目少于工序加工所要求应予限制的数目，则工件定位不足，称为欠定位。

如图 5-10a 所示的工件，要求铣削键槽，工件在夹具中定位时，加工表面键槽的宽度 b 由键槽铣刀的直径尺寸保证，其位置尺寸 A、B、C 及键槽侧面、底面对工件侧面、底面的位置精度，则由夹具上定位支承点的合理布置保证。为满足上述工序要求，工件在夹具中必须实现如图 5-10b 所示的限制六个自由度的完全定位。在设计夹具时，若没有设置图中的端面支承点 1（未限制$\vec{X}$），则铣出的键槽长度 C 无法保证；若在工件侧面只设置一个支承点 2（未限制$\widehat{Z}$），则铣出键槽的侧面就不能保证对工件侧面 D 的平行度；若在工件底面上仅设置两个支承点 3（未限制$\widehat{X}$），则铣出键槽的底面也就不能保证对工件底面 E 的平行度。

在图 5-11a 所示的圆盘工件上钻孔 ϕD，钻孔加工前，工件的上下面、内孔及键槽均已加工好，要求所钻小孔 ϕD 的中心线与内孔中心线的距离尺寸为 L，小孔对键槽的方位为 90°，并与工件 A 面垂直。从定位原理分析，为保证钻孔工序的加工精度要求，只需限制五

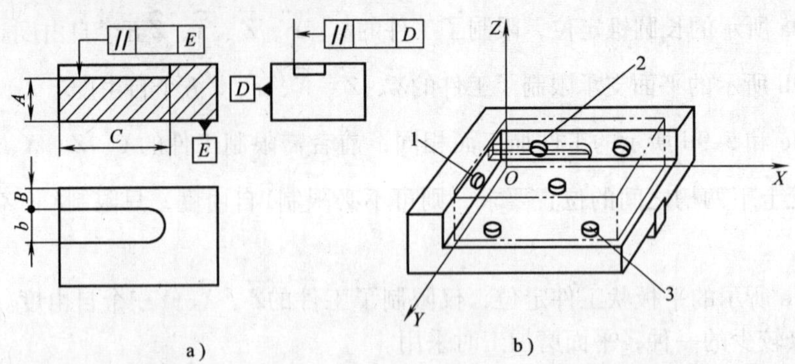

图 5-10　工件上铣键槽工序及工件在夹具中的定位

个自由度，即沿钻孔轴线方向的自由度可不被限制。为保证工件定位的稳定性，在实际加工时采用如图 5-11b 所示夹具上的圆环支板 2、短圆柱销 1 及活动锥销 3 定位，限制了六个自由度，达到了完全定位。在设计夹具时，若在工件下面以两个支承钉代替圆环支板 2，则不能保证钻孔轴线对 *A* 面的垂直度；若没有设置短圆柱销 1，则不能保证钻孔中心线与工件内孔中心线之间的尺寸精度；若没有设置活动锥销 3，则不能保证钻孔与键槽之间的位置精度。

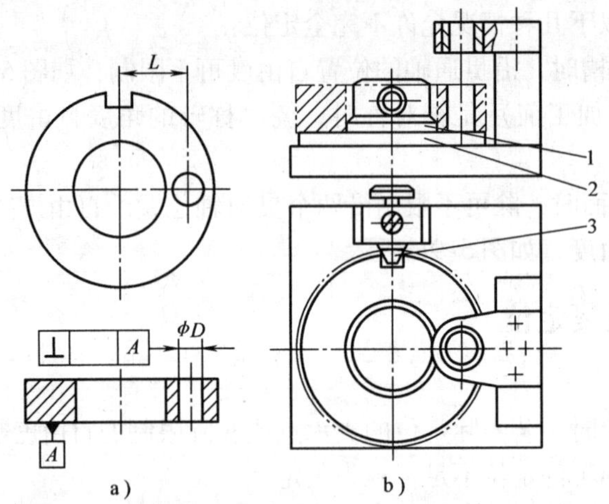

图 5-11　圆盘工件钻孔工序及工件在夹具中的定位

1—短圆柱销　2—圆环支板　3—活动锥销

欠定位即定位不足时，夹具提供的定位点数少于工件加工应消除的自由度数目，它不能保证工件合格加工的要求，在实际生产中是不允许出现的。

2. 重复定位

重复定位也称过定位。工件在夹具中定位，若几个定位支承点重复限制同一个或几个自由度时，称为重复定位。在设计夹具时，是否允许重复定位，应根据工件的不同情况进行分析。

一般来说，对工件上用形状精度和位置精度很低的毛坯表面作为定位表面时，是不允许出现重复定位的，但对用已加工过的工件表面或精度较高的表面作为定位表面时，为了提高工件定位的稳定性和刚度，在一定的条件下是允许采用重复定位的。

如图5-12所示的平面长销定位，工件以内孔和一端面在夹具上定位，加工上部键槽。采用图中的夹具定位，环形平面1消除了$\vec{X}$、$\widehat{Y}$、$\widehat{Z}$三个自由度，长圆柱销2消除了$\vec{Y}$、$\vec{Z}$和$\widehat{Y}$、$\widehat{Z}$四个自由度，这时，$\widehat{Y}$、$\widehat{Z}$两个转动自由度被环形平面和长圆柱销重复限制。又如图5-13所示的平面两销定位，工件在夹具上利用底平面及底面上的两个孔进行定位，定位元件中的大平面1消除了$\vec{Z}$、$\widehat{X}$、$\widehat{Y}$三个自由度，每个短销均限制了$\vec{X}$、$\vec{Y}$两个移动自由度，对工件的$\vec{X}$、$\vec{Y}$两个移动自由度重复限制。若两短销间距较远，两销还形成了对工件自由度$\widehat{Z}$的约束。这两个例子是比较典型的重复定位。

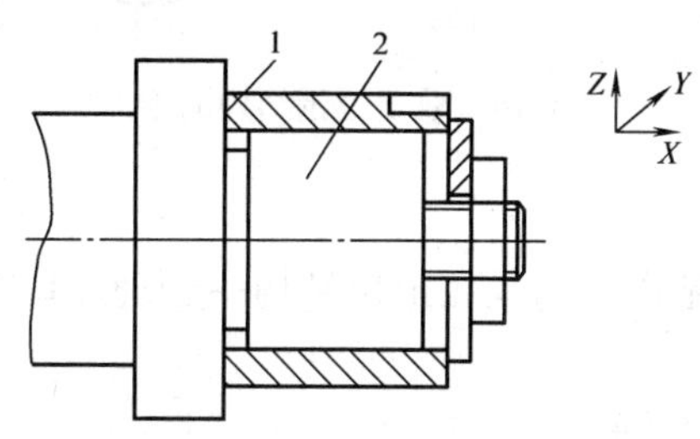

图5-12　平面长销定位

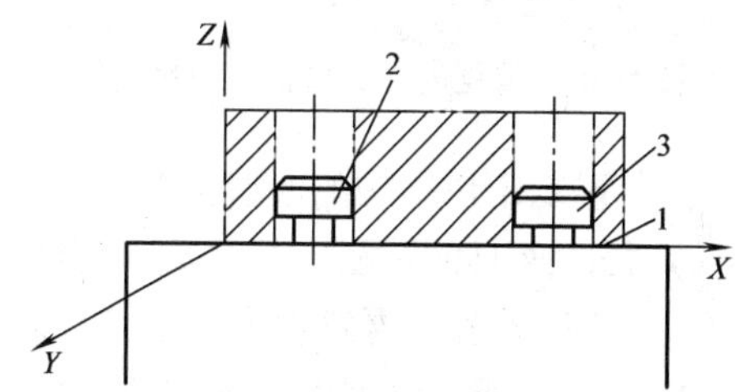

图5-13　平面两销定位

（1）重复定位的不良后果

1）重复定位会造成定位质量不稳定，降低定位精度。

如图5-12所示的平面长销定位中，由于工件内孔与端面存在垂直度误差，对于内孔尺寸较小的工件，与心轴配合时间隙较小，定位时其$\widehat{Y}$、$\widehat{Z}$由心轴来限制，如图5-14a所示；若工件内孔尺寸较大时，对工件的$\widehat{Y}$、$\widehat{Z}$就可能由环形平面来限制，如图5-14b所示。所以，工件的$\widehat{Y}$、$\widehat{Z}$两个自由度，可能由心轴来约束，也可能由环形平面来限制，这就造成整批工件定位的不同一性，使定位质量不稳定，影响了工件的定位精度。

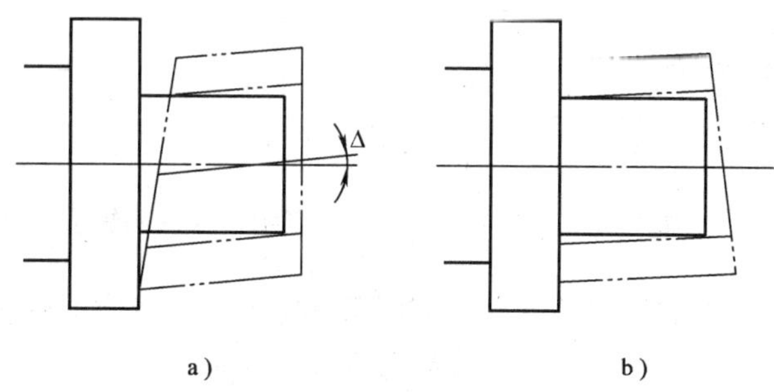

图5-14　工件端面垂直度误差对重复定位的要求

2）重复定位可能引起夹紧变形与虚假接触。

如图5-12所示的定位中，由于工件左端面存在垂直度误差，定位时，工件的左端面与夹具定位肩台平面成一点接触，如图5-14a所示，若此时夹紧力方向平行于轴线方向，则有可能产生如图5-15所示的严重弯曲变形情况，造成较大的夹紧变形，破坏原有的定位状态。

3）重复定位可能造成工件装夹困难。

如图 5-13 所示的平面两销定位中，若两定位孔的孔间距误差较大，使得参加定位的两孔中心距 L_k 与夹具上的两销中心距 L_x 有较大差异，往往会造成如图 5-16 所示的月牙形阴影区材料的干涉，给正常装夹带来困难。

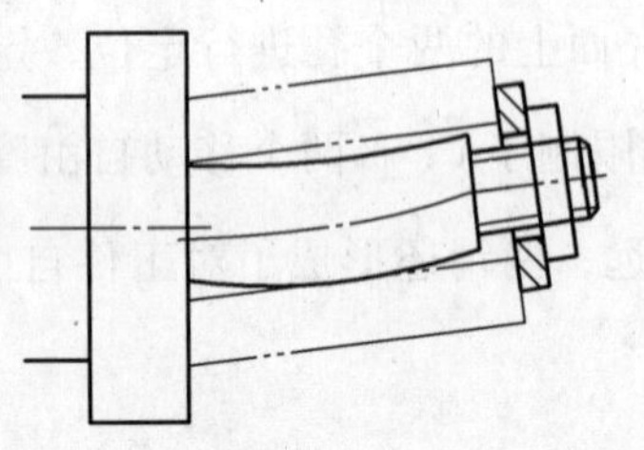

图 5-15 重复定位引起心轴夹紧变形

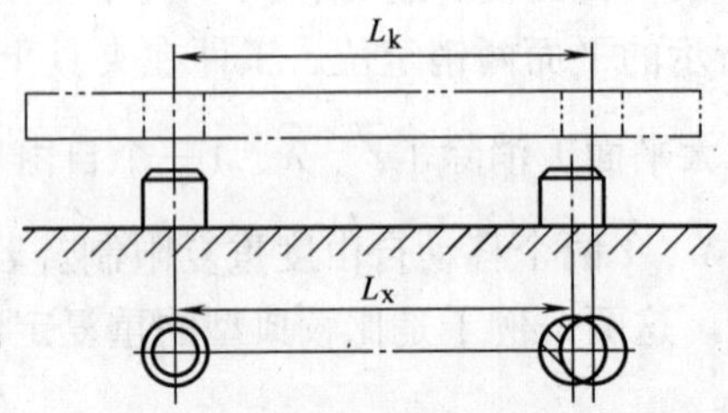

图 5-16 双定位销结构的干涉

（2）重复定位结构的改善措施

1）修改夹具的重复定位结构。修改夹具的重复定位结构是在定位结构中合理地调整定位点，使定位系统不再发生重复定位。

如图 5-12 所示的平面长销定位，可以将长销适当改短。

如图 5-17 所示为在夹具上的端面定位环节中加进一套球面垫圈副，组成了面浮动自位支承结构。

如图 5-13 所示的平面两销定位，可以把销 3 改成削边销或菱形销，这样就解除了对 $\vec{Y}$ 的约束作用，如图 5-18 所示。

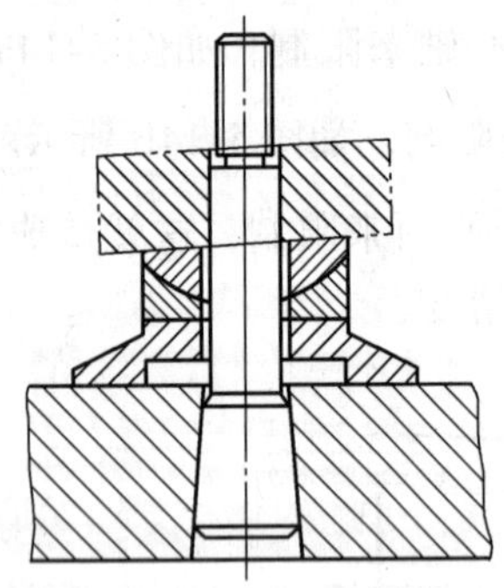

图 5-17 改进定位机构避免重复定位

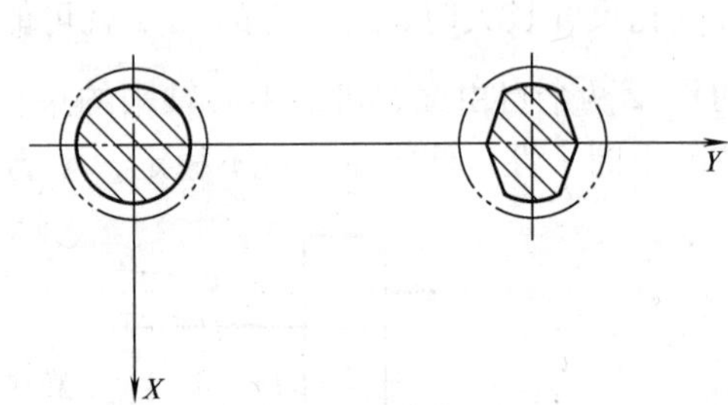

图 5-18 平面两销重复定位结构的改善

2）提高工件定位表面的加工精度，是克服重复定位可能造成不良后果的首要方法。

如图 5-12 所示的平面长销定位，严格控制工件左端面相对内孔的垂直度公差，就会减少心轴的弯曲变形；又如图 5-13 所示的平面两销定位，严格控制工件两定位孔的孔距公差和孔径公差，就不会发生材料干涉及插不进销的情况。

3）撤销重复限制自由度的定位元件。

受工件定位表面加工精度误差的影响，重复定位可能会对定位与夹紧造成不良影响，若工件定位表面的加工精度高，工件与夹具定位元件的接触就会比较理想，重复定位结构不但不会对安装造成不良影响，相反，还会使工件的定位结构简化，提高定位结构的刚度。

实际生产中，随着工件加工精度的不断提高，在不影响工件精度的前提下，重复定位结构的应用越来越广泛。

第三节　定位元件的选择

机械加工中，虽然被加工工件的种类繁多、形状各异，但从它们的基本结构来看，不外乎是由平面、圆柱面、圆锥面及各种成形面所组成。工件在夹具中定位时，可根据各自的结构特点和工序的加工精度要求，选取其上的平面、圆柱面、圆锥面或它们之间的组合表面作为定位基准。

工件在夹具中定位，主要是通过各种类型的定位元件来实现的。对定位元件有如下的基本要求：

1. 足够的精度

由于定位误差中的基准位移误差直接与定位元件的定位表面有关，因此定位元件的定位表面应有足够的精度，以保证工件的加工精度，并且，通常其定位表面还应有较小的表面粗糙度。

2. 足够的强度和刚度

一般设计时对定位元件的强度和刚度是不作校核的，但它往往也是影响加工精度的因素之一，因此，为缩短夹具的设计周期，常用类比法来保证定位元件的强度和刚度。

3. 应协调好与有关元件的关系

在定位设计时，还应处理、协调好定位元件与夹具体、夹具装置、对刀、引导元件的关系。

4. 具有良好的结构工艺性

定位元件的结构应符合便于加工、装配、维修等工艺性要求。通常标准化的定位元件有良好的工艺性，设计时应优先选用标准件。

在夹具设计时，根据需要，通常选用下述各种类型的定位元件。

一、工件以平面定位时的定位元件

用于平面定位的定位元件有多种形式，最常用的平面定位元件大致有以下几类：

1. 固定支承

在夹具体上，支承点的位置固定不变的定位元件称为固定支承。

（1）支承钉　支承钉在实际生产中应用较广泛，其结构尺寸已标准化。如图 5-19 所示是三种常用支承钉的结构与类型，图 5-19a 所示的 A 型为平头支承钉，用于已加工表面的定位；图 5-19b 所示的 B 型为球头支承钉，用于工件毛坯表面的定位，这种支承钉与工件形成点接触，接触应力较大，易压溃工件表面，使表面留下浅坑，故尽量不用于负荷较大的场合；图 5-19c 所示 C 型为齿纹支承钉，可防止工件在加工时滑动，但也易损伤工件表面，故多用于还需精加工的工件表面的定位。以上三类支承钉在夹具体上的安装方法均为固定式安装。

（2）支承板　工件上幅面较大、跨度较大的大型精加工平面，为使工件安装稳固、可靠，夹具上的定位元件多选用支承板来定位。如图 5-20 所示为两种常用支承板的结构形式，

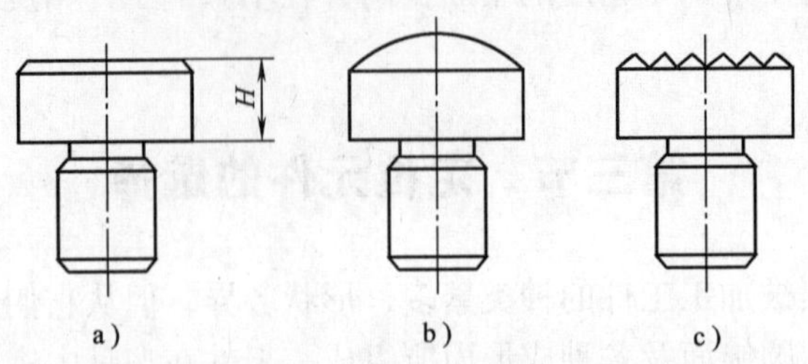

图 5-19　支承钉

a) A 型　b) B 型　c) C 型

A 型为光面支承板，用于垂直布置的场合；B 型为带斜槽的支承板，用于水平方向布置的定位中，其凹槽可防止细小切屑停留在定位面上。对于中、小型工件，当其批量小时，也可直接用夹具体上的某平面作为定位面。

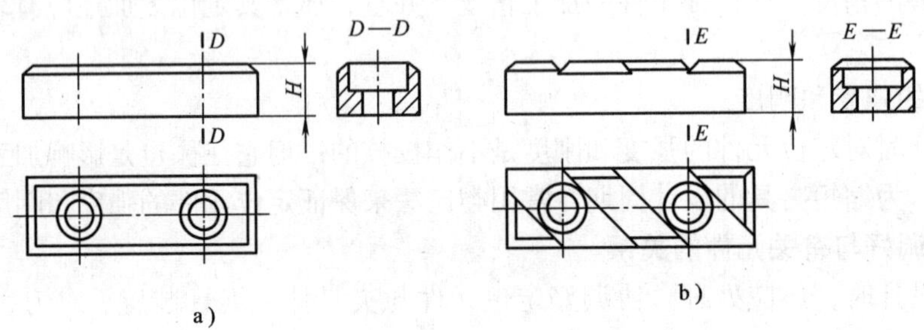

图 5-20　支承板

a) A 型　b) B 型

支承钉与支承板的安装为固定式，不可调整，所以为保证其定位精度，A 型支承钉与支承板在夹具体上安装时，其定位高度均留磨削余量，装配后，一次磨平，保证高度一致。

2. 自位支承

在工件定位过程中，能自动调整位置的支承称为自位支承或浮动支承。如图 5-21 所示为几种常用自位支承的结构。它们与工件的接触点虽然是两点或三点，但仍只限制工件的一个自由度。使用自位支承时，要注意支承结构的浮动量不要过大，以免造成附加的转动自由度。

3. 可调支承

可调支承是指高度可以调节的支承。如图 5-22 所示即为几种常用的可调支承结构，这几种可调支承都是通过螺钉和螺母来实现支承点位置调节的，其中图 5-22a 所示为直接用手或扳杆拧动球头螺钉进行调节的，适用于重量轻的小型工件；图 5-22b 所示为通过扳手进行调节的，故适用于较重的工件；图 5-22c 所示为供设置在工件侧面进行支承点位置的调节用的。

可调支承支承点的位置，一经调节适当后，便需通过锁紧螺母锁紧，以防止在夹具使用过程中定位支承螺钉的松动而使其支承点位置发生变化。

当不同批量工件的毛坯质量差异较大时，可通过可调支承的一次性调整来统一定位；或

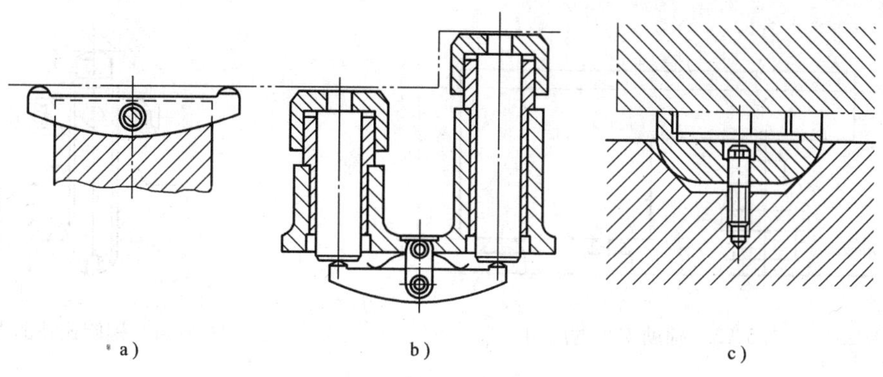

图 5-21　自位支承

a）摆动式　b）移动式　c）球形浮动式

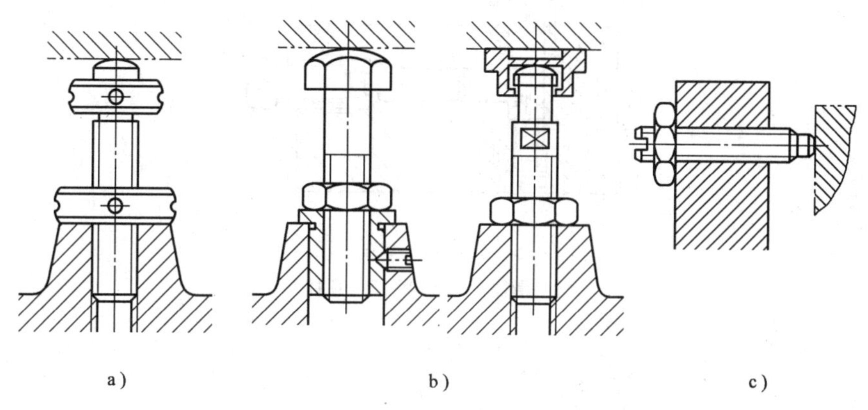

图 5-22　各种可调支承

者同类工件要求不同的规格，需要夹具改变某一尺寸的定位要求时，也可通过可调支承的一次性调整来满足新工件的定位要求。

4. 辅助支承

为了提高工件的安装刚性及稳定性、防止工件切削振动及变形，或者为了工件的预定位而设置的非定位支承称为辅助支承。辅助支承不起定位作用。

如图 5-23 所示的工件需铣削顶平面，以保证铣削高度 H，以工件的底面作为主要定位基准，而左半部悬伸部分壁厚较薄，刚性较差，为防止工件左端在切削力的作用下产生变形和铣削振动，在工件左端的悬伸部位下设置辅助支承，来提高工件的安装稳定性和刚性。

（1）螺旋式辅助支承　如图 5-24 所示，螺旋式辅助支承的结构与可调支承相近，但操作过程不同，前者不起定位作用，后者起定位作用，且结构上螺旋式辅助支承不用螺母锁紧。

（2）自动调节支承　如图 5-25 所示，弹簧 2 推动滑柱 1 与工件接触，转动手柄通过顶柱 3 锁紧滑柱 1，使其承受切削力等外力。此结构的弹簧力应能推动滑柱，但不能顶起工件，不会破坏工件的定位。

（3）推引式辅助支承　如图 5-26 所示，工件定位后，推动手轮 1 使滑销 2 与工件接触，然后转动手轮使斜楔 3 的开槽部分胀开而锁紧。

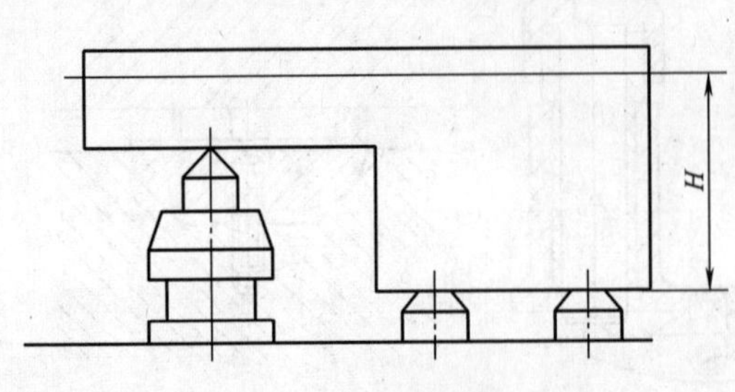

图 5-23　辅助支承的应用

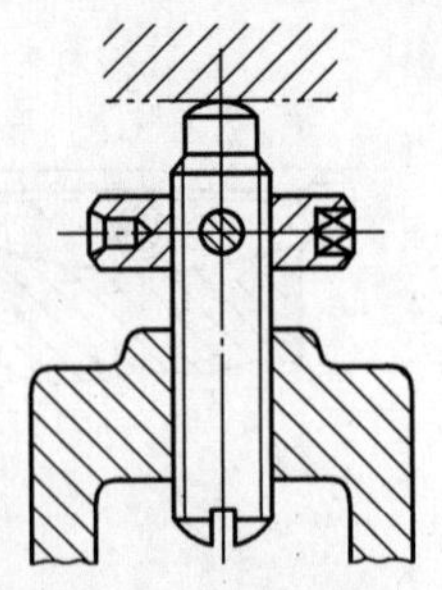

图 5-24　螺旋式辅助支承

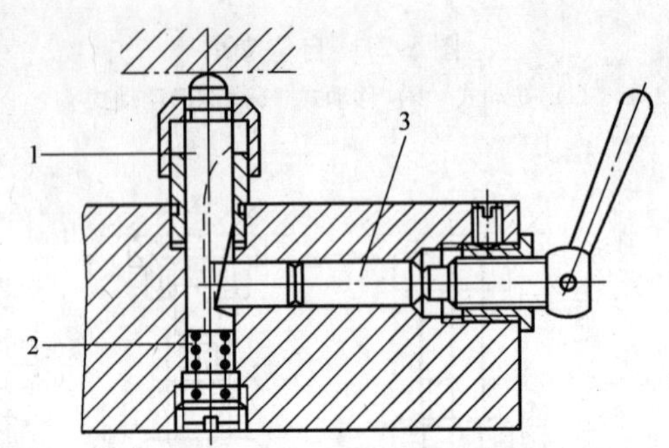

图 5-25　自动调节支承
1—滑柱　2—弹簧　3—顶柱

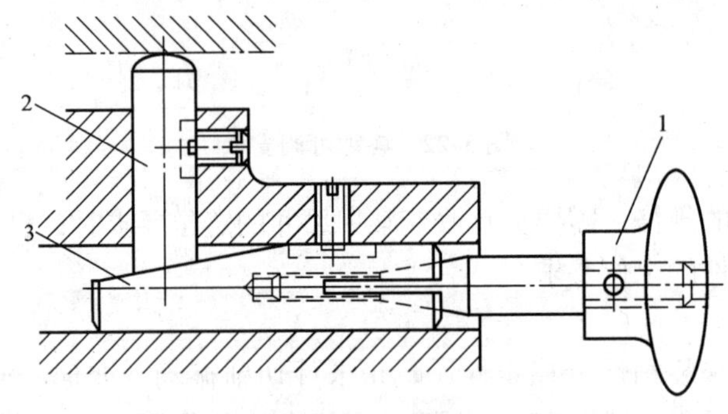

图 5-26　推引式辅助支承
1—手轮　2—滑销　3—斜楔

二、工件以圆柱孔定位时的定位元件

夹具设计时，经常以孔来作为工件的定位表面，用于圆孔表面的定位元件有定位销、圆柱心轴和锥度心轴等。

1．定位销

（1）定位销的结构　在夹具中，工件以圆孔表面定位时使用的定位销一般有固定式和可换式两种。在大批量生产中，由于定位销磨损较快，为保证工序加工精度需定期维修更换，常采用便于更换的可换式定位销。

如图 5-27 所示为几种常用固定式定位销的典型结构。

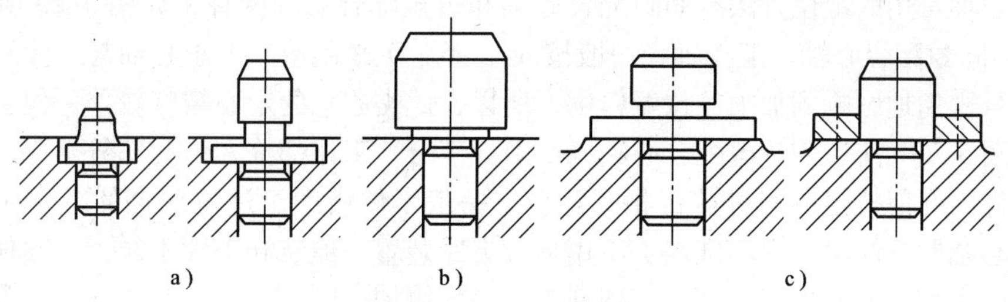

图 5-27　固定式定位销的典型结构

当被定位工件的圆孔尺寸较小时，可采用如图 5-27a 所示的定位销结构。这种带有小凸肩的定位销结构，与夹具体连接时稳定牢靠。

当被定位工件的圆孔尺寸较大时，选用如图 5-27b 所示的结构。

若被定位工件同时以圆柱孔和端面组合定位时，还可选用如图 5-27c 所示的带有支承垫圈的定位销结构。支承垫圈与定位销可做成整体式的、也可做成组合式的。

为保证定位销在夹具上的位置精度，一般固定式定位销与夹具体的连接采用过盈配合。

可换式定位销如图 5-28 所示，为了便于定期更换，在定位销与夹具体之间装有衬套。定位销与衬套孔常用 H7/h6、H7/f6 间隙配合，而衬套与夹具体则采用过渡配合。由于这种定位销与衬套之间存在装配间隙，故其位置精度较固定式定位销低。

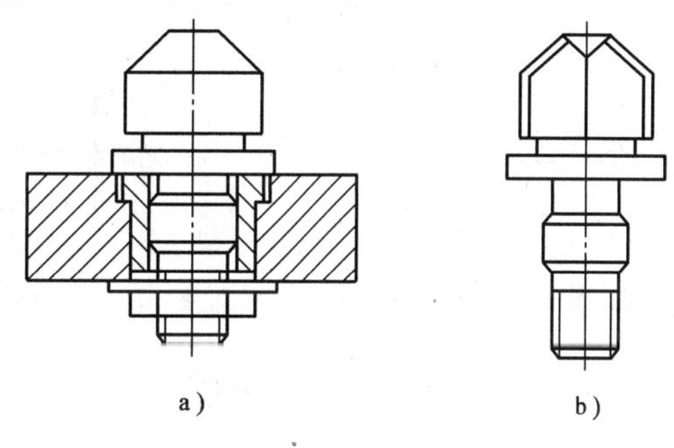

图 5-28　可换式定位销

a）A 型　b）B 型

在固定式和可换式定位销中，为适应以工件上的两孔一起定位的需要，通常在两个定位销中采用一个削边定位销。常用削边定位销的结构形状如图 5-28b 所示。在图 5-28 中，A 型销为圆柱销，B 型销为削边销，其结构是为解决销定位时的重复定位及干涉而设置的。这两类销在夹具体上的安装均靠销体安装部位与夹具体安装孔的 HT/r6 过盈配合压入夹具体内，再用螺纹锁紧。

（2）定位销的材料　当工件的定位孔径 10mm < D < 18mm 时，定位销多采用 T7A 或 T8A 工具钢制造，并整体淬硬，达 50 ~ 55HRC；当 D > 18mm 时，销体多采用 20 号低碳钢制造，并表面渗碳后淬硬达 58 ~ 62HRC。

（3）圆柱定位销工作部分的尺寸　为了保证每批相同的工件能顺利装卸，又要确保加工精度，已知定位销的最大极限尺寸要小于定位基准孔的最小极限尺寸，且保持一个最小间隙。由于定位基准孔的直径和公差是已知的，因此可以把定位基准孔作为基孔制中的基准孔，而选用与它相配的定位销。根据经验，一般选 g5、g6、f6、f7 的定位销，经过这样的选定，一般都能保证加工要求。

2. 圆柱心轴

对于套类、盘类零件的车削、磨削和齿轮加工中，为保证加工面与内孔的同轴度公差，常使用圆柱心轴。

圆柱心轴常用的定位方法有间隙配合心轴和过盈配合心轴两种，如图5-29所示。图5-29a所示为间隙配合心轴，工作轴径一般按h6、g6、f7来制造，由于心轴与工件间存在配合间隙，不可避免地影响到加工的位置精度，所以，此类心轴的定心精度较差，但工件安装迅速方便；图5-29b所示为过盈配合心轴，由引导部分、工作部分和传动部分组成。过盈配合心轴与工件内孔保持足够的过盈量相互配合，一般工件借助于过盈配合的结合力来实现夹紧，这种心轴制造简单、定心准确、不用另设夹紧装置，但装卸工件不便，易损伤工件的定位孔，因此多用于定心精度要求高、切削力不大的精加工。

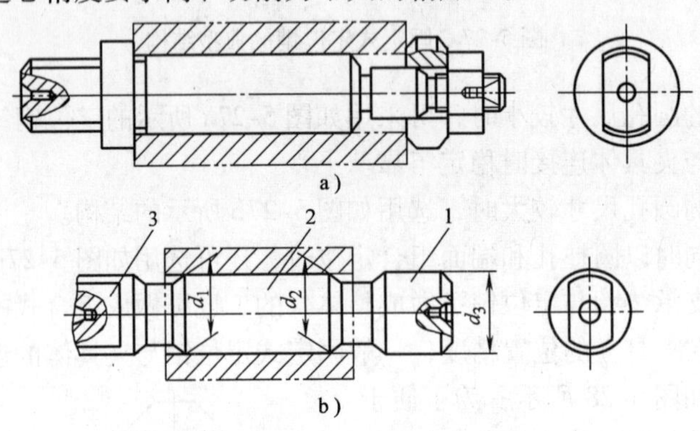

图5-29 圆柱心轴

a）间隙配合心轴 b）过盈配合心轴

1—引导部分 2—工作部分 3—传动部分

圆柱心轴在机床上的常用安装方式如图5-30所示。

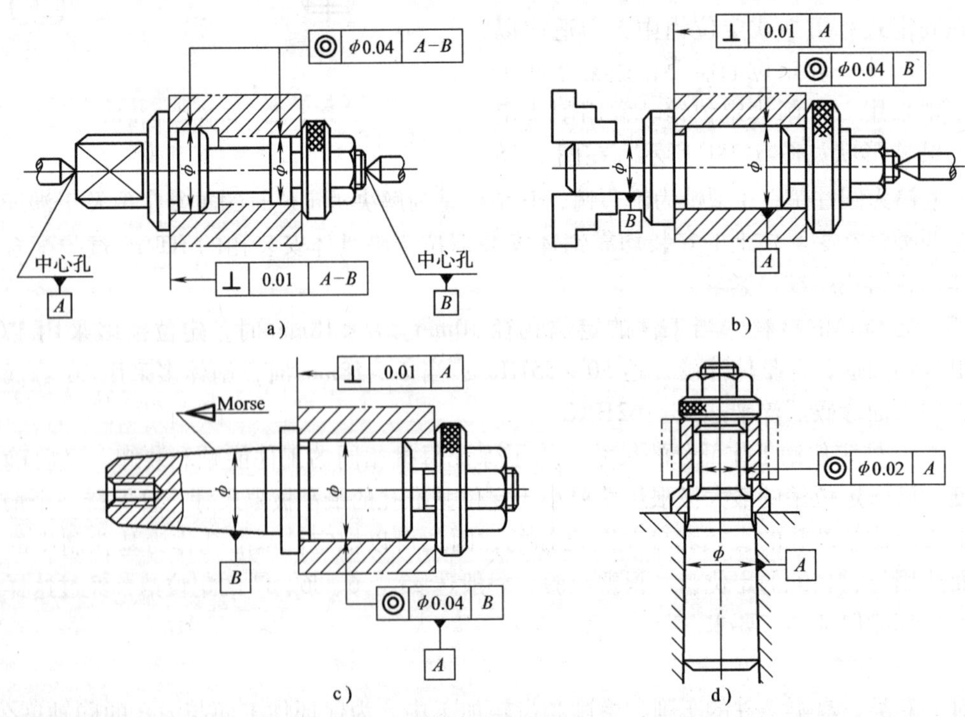

图5-30 圆柱心轴在机床上的常用安装方式

3. 锥度心轴

为了消除工件与心轴间的配合间隙，提高定心定位精度，可采用锥形心轴，但工件的圆柱孔与锥形心轴的装配只能保证孔的一端紧密接触，另一端仍存在间隙，会造成工件安装歪斜而破坏同轴度。所以，一般与圆柱孔配合的锥形心轴均采用小锥度心轴，其锥度 C 有 1∶3000、1∶5000 和 1∶8000 三种。一般工件在锥度心轴上安装时，要求具有一定的楔紧力，以使其产生弹性变形，保持两者在一定轴向深度内相互挤压配合来保证同轴度要求。锥度 C 值越小、两者接配长度越长，定心精度越高，但 C 值越小，工件的轴向安装位置差异也越大。如图 5-31 所示为标准锥度心轴的结构。

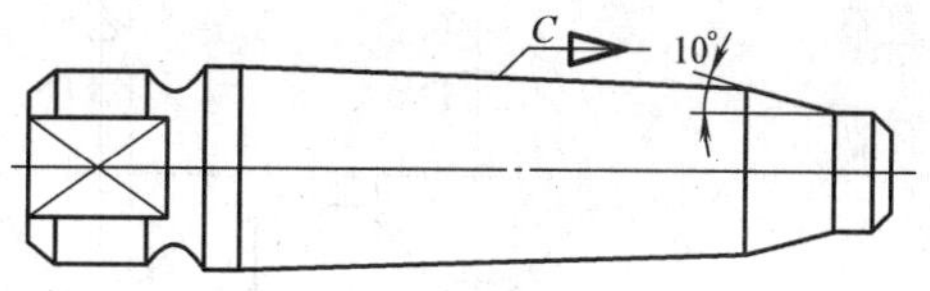

图 5-31　锥度心轴

锥度心轴定位方式的定心精度较高，可达 $\phi0.01 \sim \phi0.02$mm，但工件的轴向位移误差较大，适用于工件定位孔精度不低于 IT7 的精车和磨削加工，不能加工端面。

三、工件以外圆柱面定位时的定位元件

工件以外圆柱面定位时，常采用定位套、V 形块等定位元件。

1. 定位套

工件以外圆柱面定位时，常采用定位套。定位套的结构常制成带肩胛的，其端面常用于工件端面的定位，一般采用 H7/r6 压入夹具体或用 H7/k6、H7/js6 装入夹具体，再用螺钉固定，如图 5-32 所示。

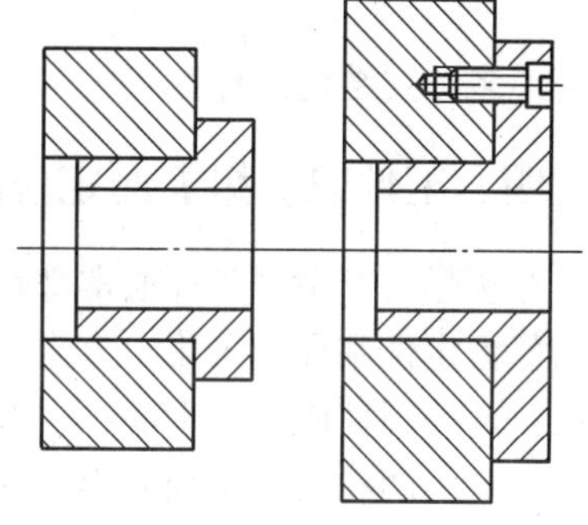
图 5-32　常用的定位套

定位套结构简单、容易制造，但定心精度不高，一般只适用于精定位基面。

各种类型的定位套和定位销一样，也可根据被加工工件的批量和工序加工精度要求，设计成为固定式和可换式的。固定式定位套的定位精度较高。

2. V 形块

V 形块的应用很广泛，不论定位基准是否经过加工，它既能用于精定位基面，又能用于粗定位基面；能用于完整的圆柱面，也能用于局部圆柱面；而且具有对中性（使工件的定位基准总处在 V 形块两限位基面的对称面内），活动 V 形块还可兼作夹紧元件。因此，当工件以外圆柱面定位时，V 形块是用得最多的定位元件。

如图 5-33 所示为 V 形块定位方法的应用，其突出优点是对中性好，即工件上定位用的外圆柱面轴线始终处在 V 形块两斜面的对称面上。不管工件上的定位基准直径误差如何，其轴线位置均在 V 形块的对称面上变动。

V 形块的结构形式，取决于它所起的作用和工件的结构、尺寸、精度及生产批量。如图 5-34 所示为常用 V 形块的结构形式，其中图 5-34a 所示为单 V 形块，用于较短工件的定位；图 5-34b 和图 5-34c 所示均为双 V 形块，用于较长工件两端或断续圆柱轴颈的定位。

常用 V 形块两工作斜面的夹角一般有 60°、90°和 120°，角度为 60°时，V 形块外形尺寸偏大；角度为 120°时，定位的稳定性较差；角度为 90°时比较恰当，所以 90°角的 V 形块的

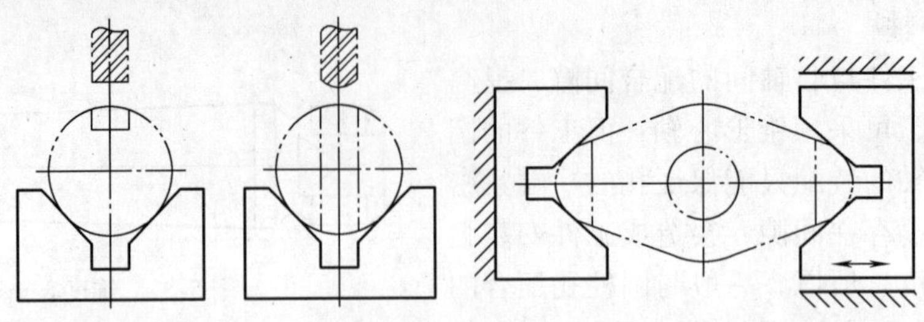

图 5-33　V 形块的应用

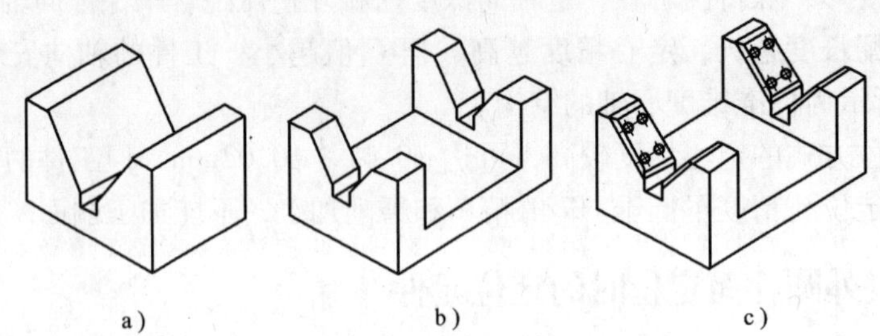

图 5-34　常用 V 形块的结构形式

应用最多，其结构已标准化。

四、工件以一组表面定位时的定位元件

在实际生产中，工件通常都是以两个或两个以上表面作为定位基准，采用组合定位方式，如两孔与一平面；两外圆柱面与一平面；一圆孔、一外圆与一平面等。其中两孔与一平面的组合定位最为常见。

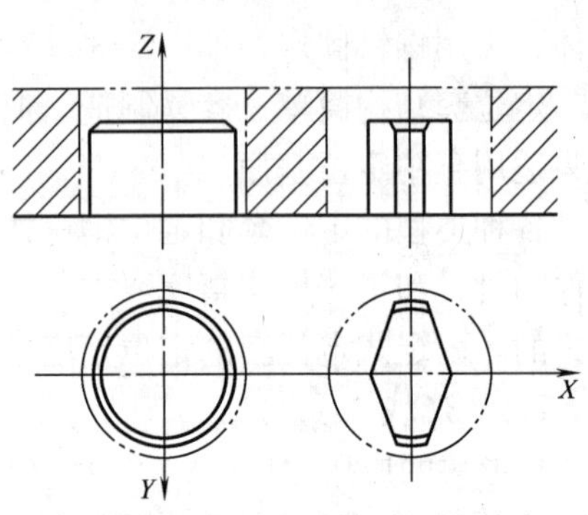

图 5-35　工件以两孔一平面定位

如图 5-35 所示为两孔与一平面的定位方式。工件以平面作主要定位基准，用支承板限制工件的三个自由度$\vec{Z}$、$\widehat{X}$、$\widehat{Y}$，其中一孔用一定位销定位，限制工件的两个自由度$\vec{X}$、$\vec{Y}$，另一孔仅消除工件的一个转动自由度$\widehat{Z}$，采用菱形销作防转支承。

为确保一面两销的支承能正常工作，装配时，应使削边销的削边方向垂直于两销的连心线。

第四节　工件的装夹

在机械加工中，工件的安装包括定位和夹紧两个工作过程。前节已研究了定位问题，定位的目的在于解决工件的正确位置和保证必要的定位精度。定位后，在大多数场合下，还无法进行加工。只有在夹具上设置相应的夹紧装置对工件实行夹紧，保证在加工过程中不会由于切削力、离心力或重力等外力作用而产生工件位置的改变或振动，才能完成工件在夹具中装夹的全部任务。

这种将工件夹紧夹牢的机构称为夹紧装置。

一、夹紧装置的基本要求及组成

1. 对夹紧装置的基本要求

工件的加工过程中，必须将工件夹紧。因为在加工过程中工件受到切削力等的作用，若不夹紧就会产生移动或振动，轻则影响加工精度，严重时则会损坏刀具、机床，甚至发生人身事故。夹紧元件、夹紧装置的选择合理与否，对工件的加工精度与加工效率影响很大。因此，对机床夹具的夹紧元件、夹紧装置有下列主要要求：

1）夹紧时不应改变工件在定位时所得到的位置。

2）夹紧应可靠和适当，既要使工件在加工过程中不产生移动或振动，又不使工件产生过大的变形和损伤。

3）夹紧装置应使操作安全、方便、省力、迅速。

4）夹紧装置必须保证不因毛坯或半成品的制造公差而使工件夹不紧或产生过度的变形。

5）夹紧装置的自动化程度及复杂程度应与产品的生产类型相适应。

2. 夹紧装置的组成

夹紧装置大多由动力装置和夹紧机构两部分组成。

（1）动力装置　动力装置的作用是产生夹紧力。在加工过程中，要保证工件不离开定位时占据的正确位置，就必须有足够的夹紧力来平衡切削力、惯性力、离心力及重力对工件的影响。夹紧力的来源，一是人力，二是某种动力装置。常用的动力装置有液压装置、气压装置、电磁装置、电动装置、气—液联动装置和真空装置等。

（2）夹紧机构　夹紧机构的作用是传递夹紧力。要使动力装置所产生的力或人力正确地作用到工件上，需有适当的传递机构。在工件夹紧过程中起力的传递作用的机构，称为夹紧机构。夹紧机构在传递力的过程中，能根据需要改变力的大小、方向和作用点。手动夹具的夹紧机构还应具有良好的自锁性能，以保证人力的作用停止后，仍能可靠地夹紧工件。如图 5-36 所示是一套液压夹紧的铣床夹具，其中液压缸 4、活塞 5、活塞杆 3 等组成了液压动力装置，铰链臂 2 和压板 1 等组成了铰链压板夹紧机构。

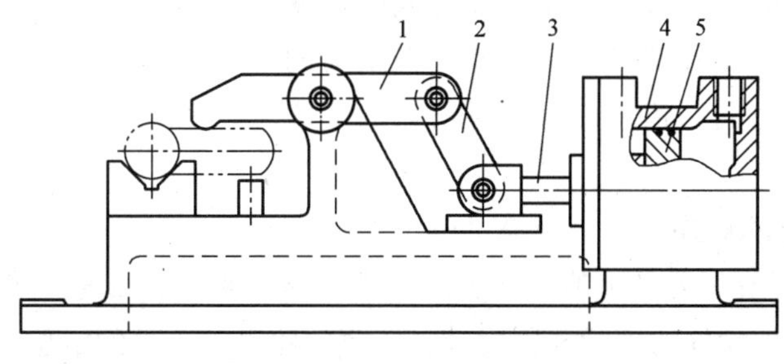

图 5-36　液压夹紧铣床夹具

1—压板　2—铰链臂　3—活塞杆　4—液压缸　5—活塞

二、夹紧力的确定

设计夹紧装置时，首先应合理地确定夹紧力的三个要素，即夹紧力的方向、大小和作用点。

1. 夹紧力方向的确定

尽管加工时工件的装夹方式多种多样，但选择夹紧力方向时，都应遵循以下原则：

（1）夹紧力的作用方向应不破坏工件定位的准确性　即在夹紧力的作用下，工件不应离开定位面（点），且最好使工件对各个定位面（点）都有一定的压力。如图 5-37 所示，由于巧妙地安排压板的位置，使夹紧工件的同时对两个定位面都产生压力，从而保证工件能同时紧贴在两个定位面上。

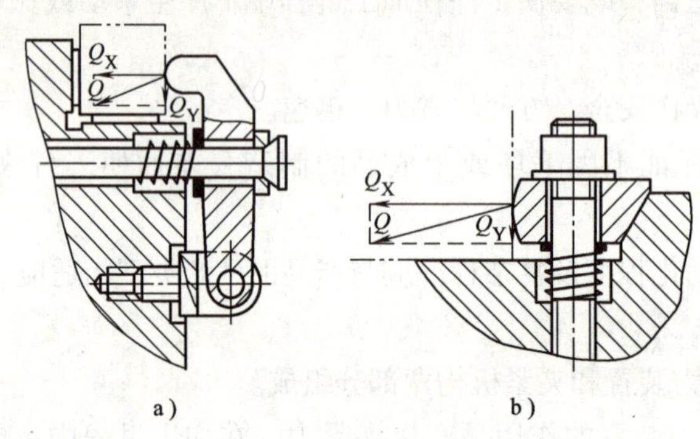

图 5-37　夹紧力同时作用

a）垂直型端面压板　b）水平型端面压板

（2）夹紧力的方向应尽量减小工件变形　同一工件，各方向的刚性也不尽相同，为尽量减小夹紧变形，应尽量选择刚性较强的方向施力来夹紧工件。如图5-38a 所示的薄壁件，其径向刚性比轴向差，应采用如图 5-38b 所示的夹紧方法，以减小夹紧变形。

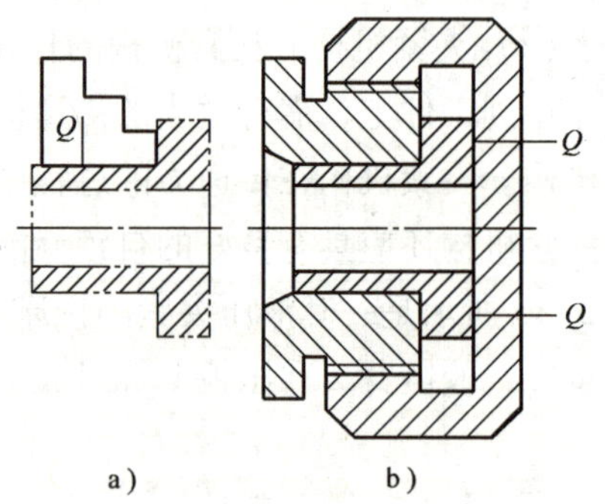

图 5-38　夹紧力方向与减小工件变形

a）不合理　b）合理

（3）夹紧力方向的选择应尽可能使所需夹紧力减小　减小夹紧力就可减轻工人的劳动强度，同时可使夹紧装置轻便、紧凑、工件变形小。因此，夹紧力的方向最好与切削力的方向一致，因为这时所需的夹紧力最小。

2. 夹紧力作用点的选择

1）夹紧力应落在支承元件上或几个支承元件所形成的支承面内。如图5-39 所示，夹紧力的作用点落到了定位元件的支承范围之外，夹紧时将破坏工件的定位。

2）夹紧力应朝向主要限位面。对工件只施加一个夹紧力，或施加几个方向相同的夹紧力时，夹紧力的方向应尽可能朝向主要限位面。

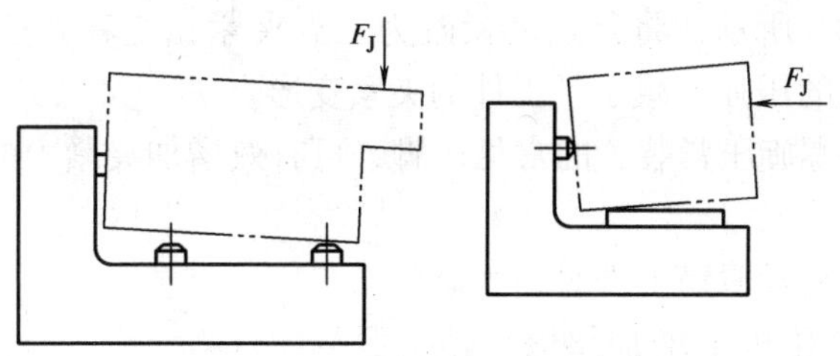

图 5-39　夹紧力作用点不正确

如图 5-40 所示，工件被镗的孔与左端面有一定的垂直度要求，工件以孔的左端面与定位元件的 A 面接触，以底面与 B 面接触，夹紧力朝向主要限位面 A。这样有利于保证孔与左端面的垂直度要求。如果夹紧力改朝 B 面，则由于工件左端面与底面的夹角 α 的误差，夹紧时将破坏工件的定位，影响孔与左端面的垂直度要求。

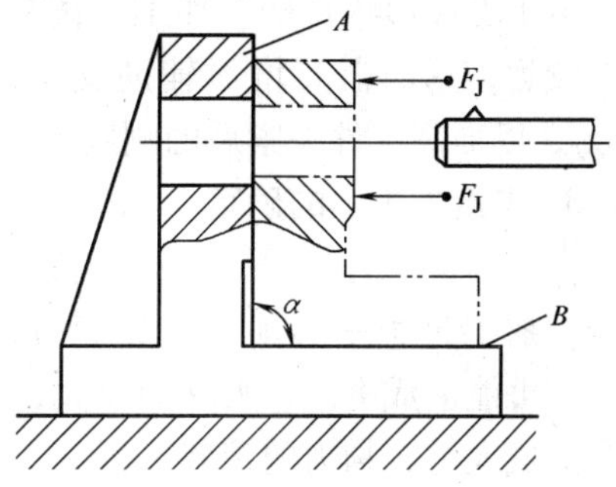

图 5-40　夹紧力朝向主要限位面

3）夹紧力应落在工件刚度较好的部位上。如图 5-41a 所示，夹紧薄壁箱体时，夹紧力不应作用在箱体的顶面，而应作用在刚性好的凸边上。箱体没有凸

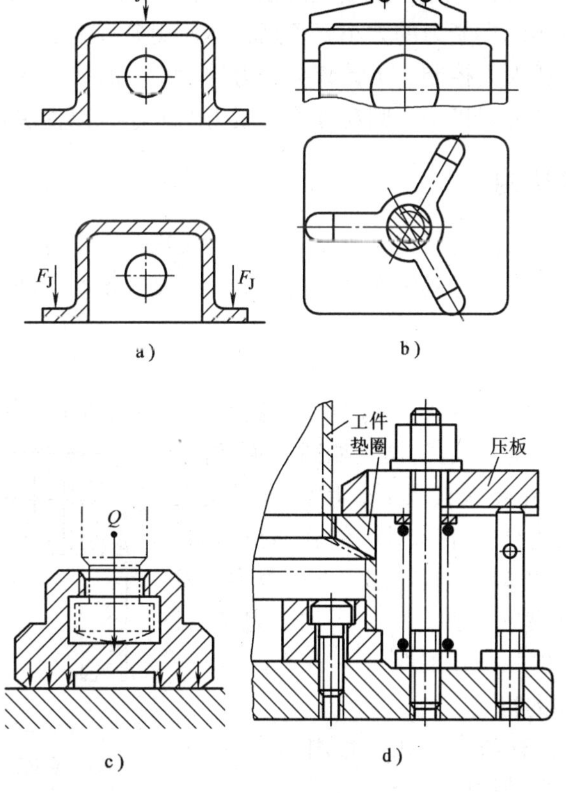

图 5-41　夹紧力作用点应避免工件变形

边时，可改为如图 5-41b 所示，将单点夹紧改为三点夹紧，使着力点落在刚性较好的箱壁上，这就降低了着力点的压强，减小了工件的夹紧变形。

如图 5-41c 所示为螺旋压紧装置的常见压脚，可有效增加夹紧力的作用面积，减少局部压力变形。

如图 5-41d 所示为夹紧薄壁工件时，为避免工件被局部压陷变形，在压板下增加垫圈，使夹紧力通过垫圈均匀地作用在工件上。

4）夹紧力应尽量靠近加工面。如图 5-42 所示，由于工件形状特殊，加工面离夹紧力 Q_1 的作用点较远，这时需要增添辅助支承，并附加夹紧力 Q_2，以提高工件夹紧后的刚度。

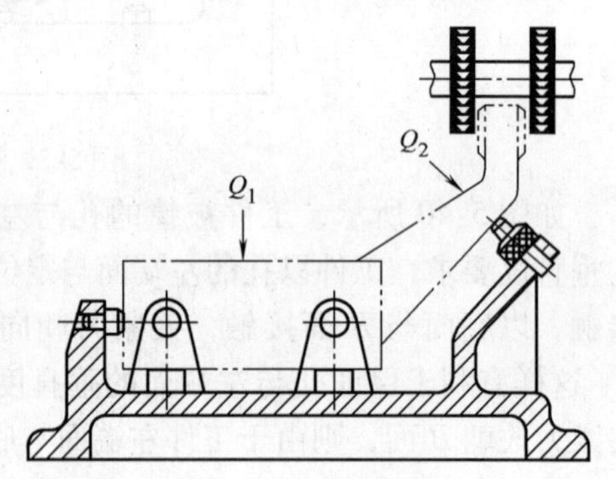

图 5-42　夹紧力作用点的选择

3. 夹紧力大小的确定

夹紧力的大小必须适当。夹紧力过小，工件可能在加工过程中移动而破坏定位，不仅影响质量，还可能造成事故；夹紧力过大，不但会使工件和夹具产生变形，对加工质量不利，而且还会造成人力、物力的浪费。

估算夹紧力时，通常将夹具和工件看成一个刚性系统。理论上，夹紧力的大小应与作用在工件上的切削力等力（力矩）相平衡，可列平衡方程式求解理论夹紧力的大小。而实际上，夹紧力的大小还与很多因素有关，比如加工性质、加工余量是否均匀、刀具的钝化程度、切削的特点等，故实际夹紧力的大小要根据具体使用条件下的修正系数折算而来。

一般手动夹紧机构凭人力控制，不计算夹紧力的大小，必要时才对螺钉、压板等压紧元件作强度校核。若为机动夹紧机构，则要计算夹紧力的大小，以便决定动力部件的尺寸。

三、典型的夹紧机构

机床夹具中使用最普遍的是机械夹紧机构。这类机构绝大部分都是利用机械摩擦的自锁原理来夹紧工件的，斜楔夹紧是其中最基本的形式，螺旋、偏心、凸轮等机构是斜楔夹紧的变化应用。

1. 斜楔夹紧机构

（1）斜楔夹紧的原理　在夹紧机构中，大多数都是利用机械摩擦的斜面自锁原理来夹紧工件的，其中最基本的形式是斜楔。如图 5-43 所示为一斜楔夹紧机构，工件装入夹具后，用锤击斜楔大端，斜楔在斜面的楔紧力作用下，对工件施加挤压力。由于工件与斜楔间、夹具体与斜楔间都存在摩擦力，发生了自锁，从而将工件楔紧在夹具中。当加工完毕后，锤击斜楔小端，斜楔退出并松开工件。

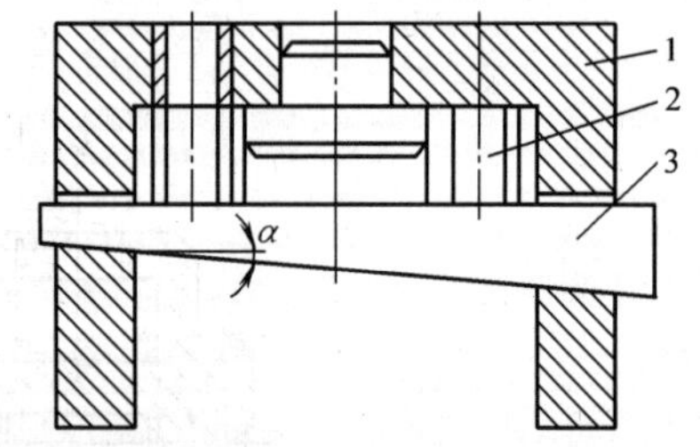

图 5-43　斜楔夹紧机构
1—夹具体　2—工件　3—斜楔

（2）斜楔夹紧机构的特点

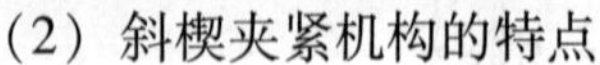

1）斜楔结构简单，有增力作用，且斜角 α 越小，增力作用越大，并具有自锁性能。

2）斜楔夹紧的行程小，且受斜楔斜角的影响，增大斜角可加大行程，但自锁性能变差。因此，增加夹紧行程是和斜楔的自锁性能相矛盾的。在选择升角时，应综合考虑到自锁、扩力、行程三方面问题。如果要求较大的夹紧行程，且机构又要求自锁，可以采用双升角的斜楔夹紧机构，如图5-44所示其前端大升角 α_0 仅用于加大夹紧行程，后端小升角 α 则用于夹紧并自锁。采用双升角斜楔，也可放宽被夹工件在夹紧方向尺寸精度的要求。

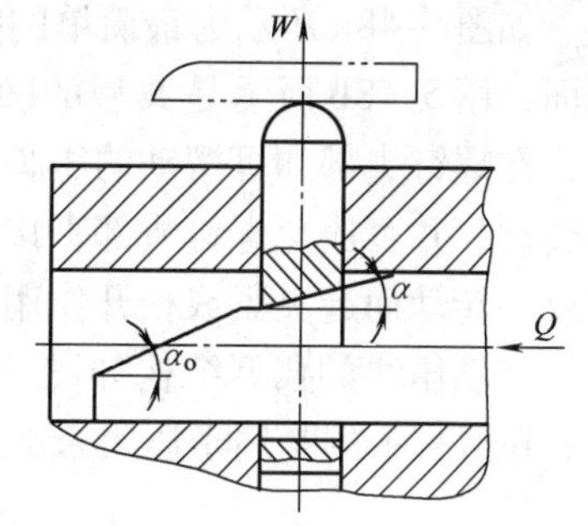

图5-44 具有两个升角的斜楔夹紧机构

3）使用手动操作的简单斜楔夹紧时，工件的夹紧和松开都需敲击斜楔的大、小端，因此单独应用较少，通常都与其他机动夹紧机构联合使用，以改变夹紧力方向或作增力机构用。当斜楔结构和气动、液压动力装置或螺旋机构联合使用时，由于作用在斜楔上的动力来自气缸、液压缸或螺旋机构，所以不必考虑自锁。这时，斜角 α 可增大15°～30°。如图5-45所示为一种将斜楔与滑柱合成的夹紧机构，采用液压或气动驱动。

4）斜楔夹紧效率低。因斜楔与夹具体及工件间是滑动摩擦，故效率较低。为了提高效率，可采用带滚子的斜楔夹紧机构，但其自锁性能降低了，故一般用在机动夹紧上。

（3）常用的斜楔夹紧机构　如图5-46所示为一种由端面斜楔与压板组合而成的夹紧机构。

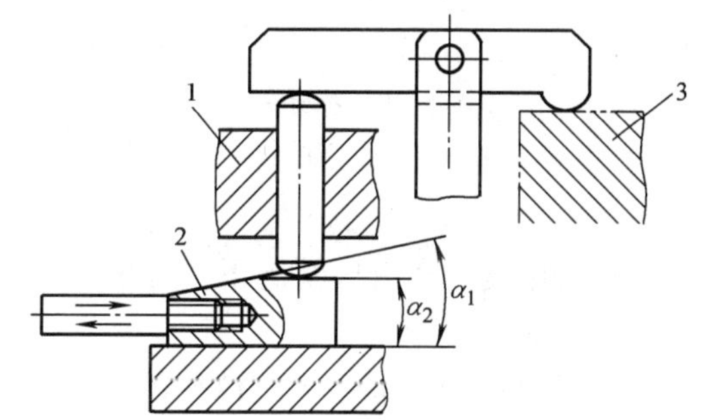

图5-45 液压或气动驱动的斜楔与滑柱合成夹紧机构

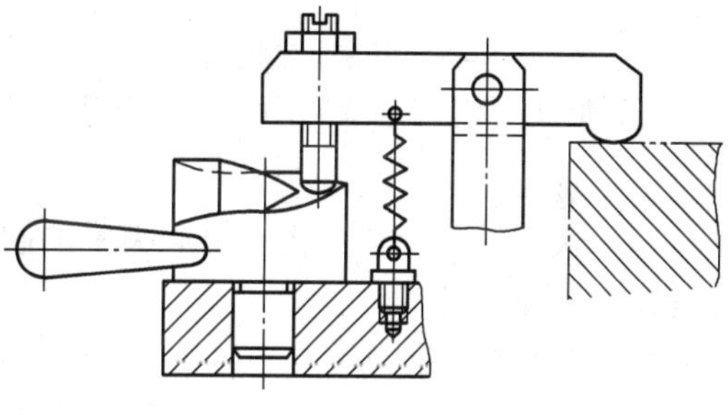

图5-46 斜楔与压板组合的夹紧机构

如图5-47所示是螺旋与简单斜楔相结合的联合夹紧机构。此时，由于不必考虑斜楔的自锁，所以楔角 α 可做得较大。当拧紧螺旋时楔块向左移动，使杠杆压板转动压紧工件；当反向转动螺旋时，楔块右移，在弹簧力的作用下，杠杆压板松开工件。

斜楔一般采用20钢制造，表面渗碳淬硬至55～60HRC，使斜楔表面比较耐磨。

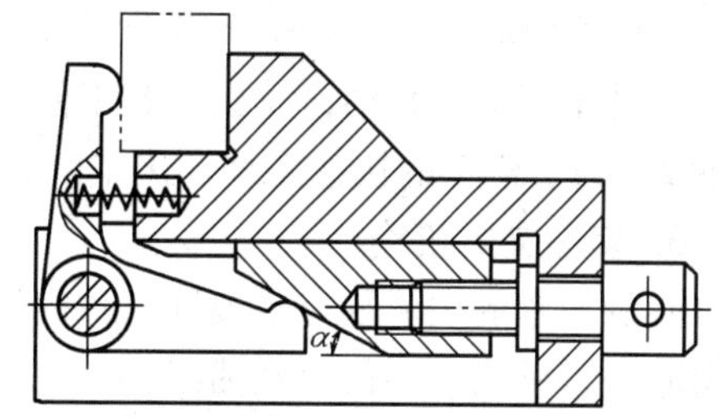

图5-47 螺旋与斜楔结合的夹紧机构

2. 螺旋夹紧机构

（1）螺旋夹紧的原理　螺旋夹紧的原理与斜楔相同，可将螺旋看做一个绕在圆柱上的斜面，展开后就相当于斜楔。由于螺旋升角 α 很小，所以其扩力远比斜楔大，并能可靠自锁。

（2）螺旋夹紧机构的特点　螺旋夹紧机构结构简单、夹紧可靠、增力比大、自锁性好、制造方便，且元件已标准化，所以在机床夹具中得到广泛的应用。

如图 5-48a 所示为最简单的螺旋夹紧机构，用扳手拧紧螺钉时，螺钉头直接作用于工件表面；图 5-48b 所示是典型的螺旋夹紧机构（单螺杆夹紧），螺母套筒以螺纹拧在夹具体上，在螺钉头部加可摆动的压脚，这样能保证与工件表面有良好的接触，防止夹紧时带动工件转动，并可避免螺钉头部直接与工件接触而造成压痕。旋转手柄，则螺杆在螺母套筒的内螺纹中转动而起夹紧或松开作用。

摆动压块的典型结构如图 5-49 所示，图中 A 型表示的是用于压紧已加工的光面的压块；B 型表示的是用于压紧未加工的毛面的压块。

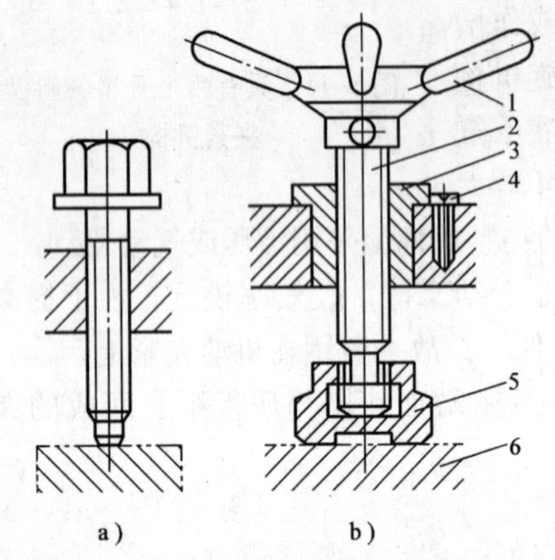

图 5-48　螺旋夹紧机构

1—手柄　2—螺杆　3—螺母套筒　4—止动螺钉　5—压块　6—工件

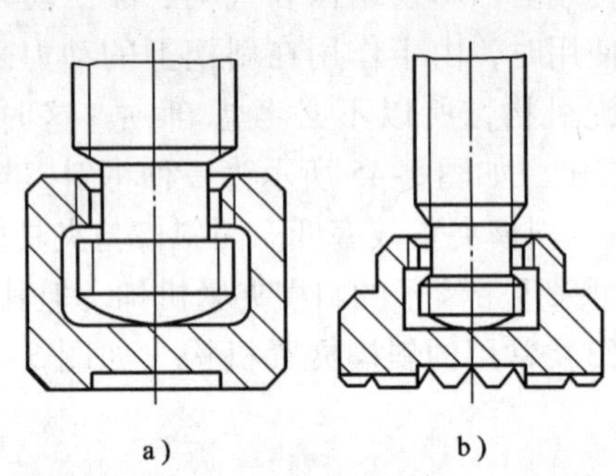

图 5-49　摆动压块

a）A 型　b）B 型

（3）快速螺旋夹紧机构　螺旋夹紧的缺点是夹紧动作慢，在有些情况下，可采用各种快速螺旋夹紧装置。

如图 5-50a 所示为带有开口垫圈的快速松开装置，由于螺母外径小于工件孔径，只要稍松开螺母，取下开口垫圈，工件即可穿过螺母取出。

如图 5-50b 所示为在螺杆上开有螺旋槽和直槽。夹紧时，用直槽快速推进工件，再利用螺旋槽夹紧工件；松开工件时，将螺杆转至直槽处，即可快速抽出螺杆，以便装卸工件。

如图 5-50c 所示的手柄 1 带动螺母旋转时，因手柄 2 的限制，螺母不能右移，致使螺杆带着摆动压块向左移动，从而夹紧工件；松夹时，只要反转手柄 1，稍微松开后，即可转动手柄 2，为手柄 1 的快速右移让出空间。

3. 偏心夹紧机构

螺旋夹紧的主要缺点是装卸工件的辅助时间长，而偏心夹紧是一种快速夹紧机构。常用的偏心夹紧机构有圆偏心和曲线偏心两种，因圆偏心结构简单、制造方便，因此较曲线偏心应用更广。

如图 5-51 所示为典型的偏心夹紧机构，以原始力 F 作用于手柄上，使偏心轮绕小轴转动，偏心轮的圆柱面压在垫板上，在垫板的反作用力作用下，小轴被向上推动，使压板左端向下压紧工件。此结构中，偏心轮并不直接夹紧工件，而是压紧垫板，通过压板的杠杆作用夹紧工件。

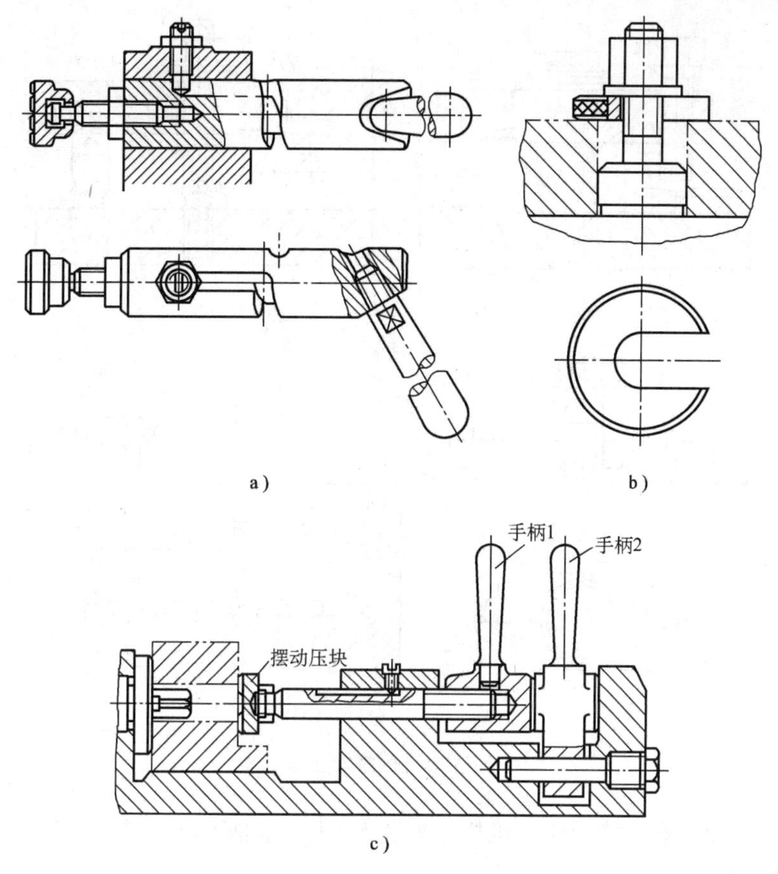

图 5-50　快速螺旋夹紧机构

偏心夹紧机构的夹紧速度比螺旋夹紧要快得多，应用也很广，但偏心夹紧机构的夹紧行程较小，扩力倍数不及螺旋夹紧装置大，通常用于没有振动或振动很小、需要夹紧力不大的情况。偏心夹紧机构一般很少直接用于夹紧工件，大多是与其他夹紧机构联合使用。

偏心轮的材料常用 T7A、T8A，淬硬至 53～58HRC，或用 20Cr 钢渗碳淬硬，表面层硬度大于 58HRC。

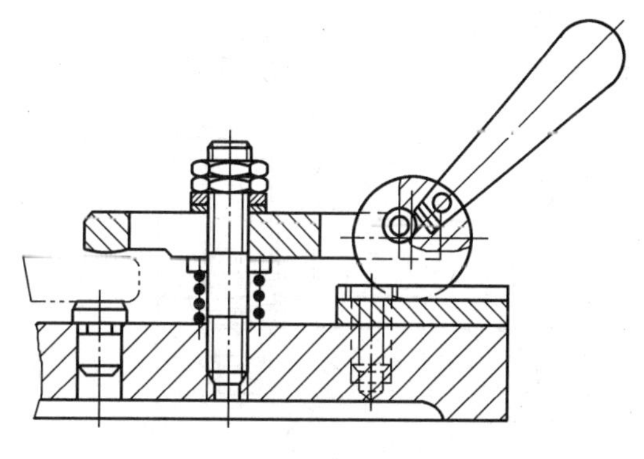

图 5-51　偏心夹紧机构

四、组合夹紧机构与联动夹紧机构

1. 组合夹紧机构

组合夹紧机构是由几个简单的夹紧元件利用杠杆和自锁原理组成的，它可以改变原始外力的大小和方向，应用比较灵活、方便，在手动夹紧机构中应用最广泛的是螺旋压板机构。

如图 5-52 所示是几种最典型的螺旋压板机构，图中 a、b 为移动压板，c、d 为回转压板，这种压板夹紧机构结构简单、使用方便，各元件基本上已标准化。

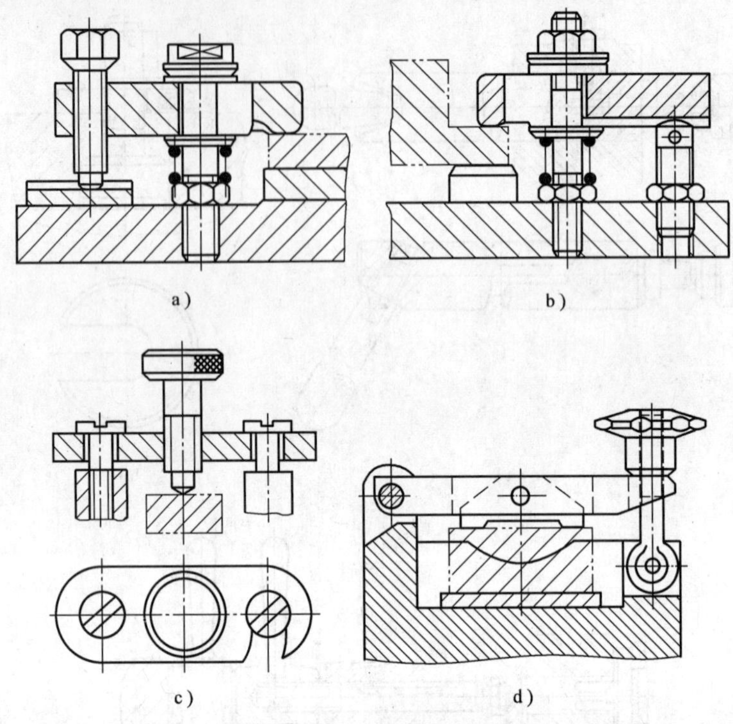

图 5-52　典型的螺旋压板机构

如图 5-53 所示为螺旋钩形压板机构，如图 5-54 所示是万能自调式压板夹紧机构，其结构紧凑，使用方便。

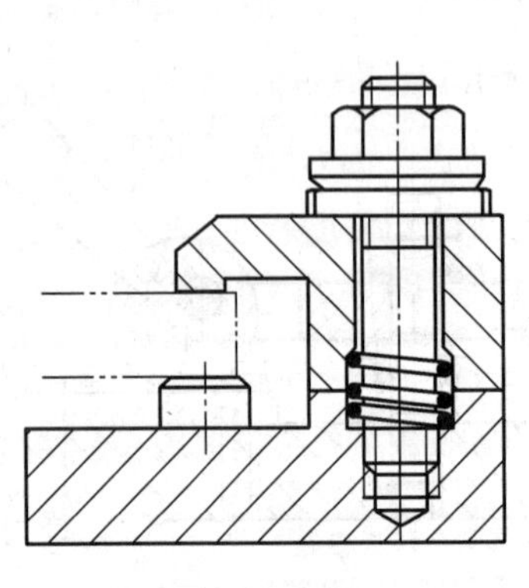

图 5-53　钩形压板

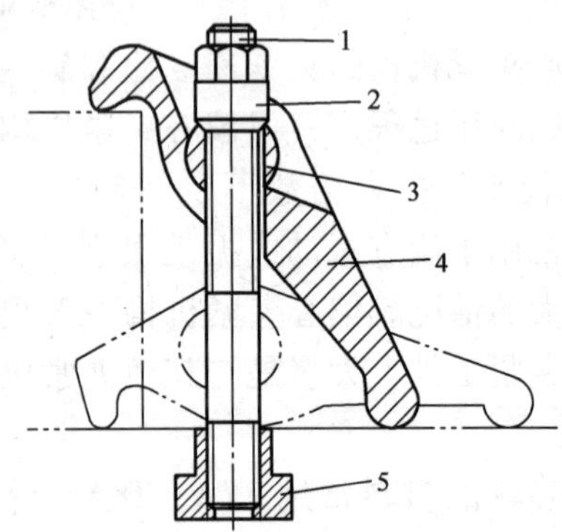

图 5-54　万能自调式压板
1—螺柱　2—螺母　3—球形垫圈
4—压板　5—专用螺母

如图 5-55、图 5-56 和图 5-57 所示是三种组合夹紧机构。

2. 联动夹紧机构

联动夹紧机构是指利用一个原始外力实现单件或多件的多点、多向同时夹紧的机构。这种机构可以缩短夹紧辅助时间，提高劳动生产率，使各作用点受力均匀，补偿工件各受力处的尺寸差别。

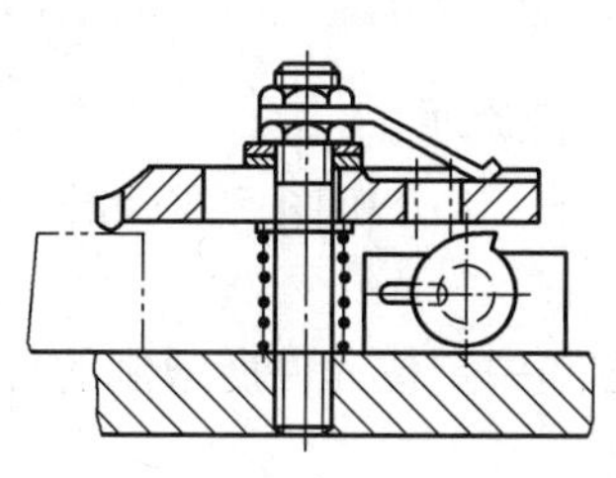

图 5-55　螺旋、偏心组合夹紧

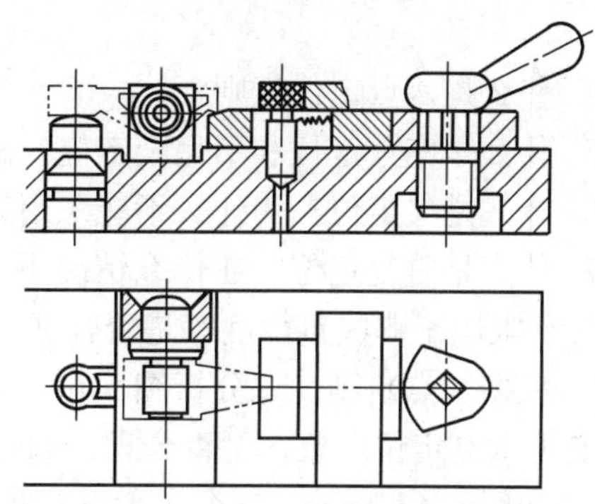

图 5-56　偏心轮、斜楔组合夹紧

联动夹紧机构按夹紧工件的数量多少分为单件联动夹紧机构和多件联动夹紧机构。如图 5-58 所示是单件联动夹紧机构，图 5-59 所示是多件联动夹紧机构。

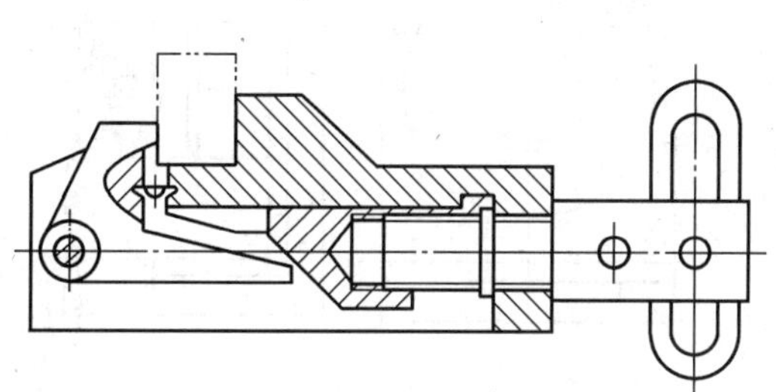

图 5-57　螺旋、斜楔、杠杆组合夹紧

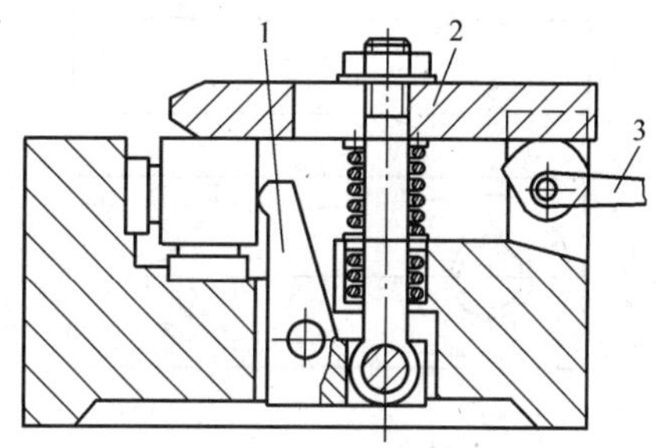

图 5-58　单件联动夹紧

1—压板　2—摆动块　3—手柄

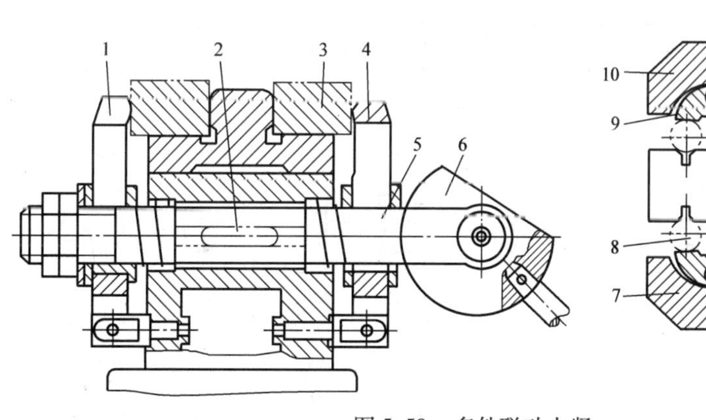

图 5-59　多件联动夹紧

1、4、7、10—压板　2—键　3、8—工件　5—拉杆　6—偏心轮　9—摆动压板

习　　题

1. 什么是机床夹具？其作用是什么？
2. 机床夹具通常由哪些部分组成？各个组成部分起何作用？
3. 按夹具的应用范围进行分类，机床夹具主要分哪几类？各自的特点及应用场合是什么？

4. 什么是六点定位规则？

5. 什么是完全定位和不完全定位？试举例进行说明。

6. 什么是欠定位？为什么不能采用欠定位？试举例进行说明。

7. 什么是重复定位？在什么情况下允许出现重复定位？试分析图 5-60 和图 5-61 中的定位元件限制了哪些自由度？是否合理？如何改进？

8. 根据六点定则，试分析图 5-62 中 a ~ f 的各定位方案中定位元件所限制的自由度，并说明有无重复定位现象，是否合理，如何改正。

9. 如图 5-63 所示，三个支承点分布在同一直线上，其定位稳定性如何？限制了几个自由度？

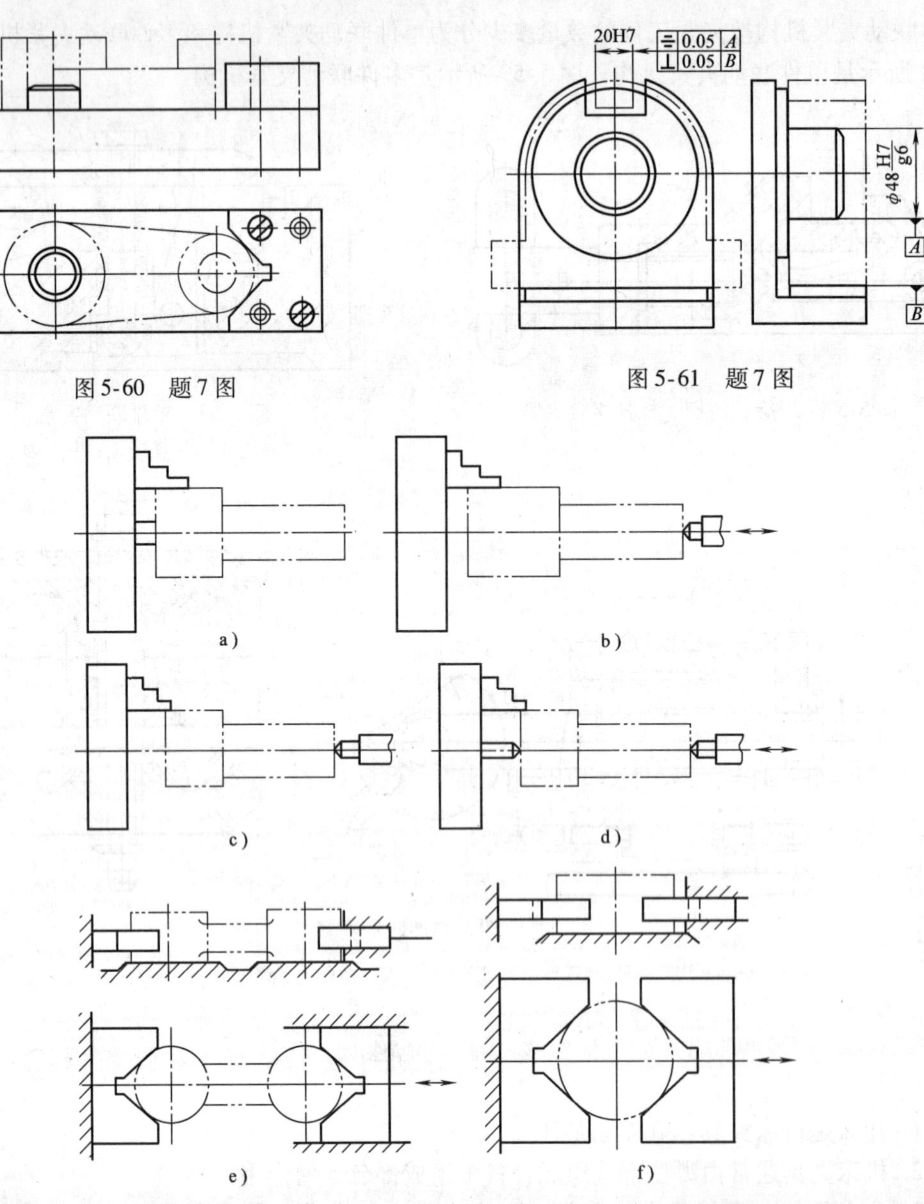

图 5-60　题 7 图

图 5-61　题 7 图

图 5-62　题 8 图

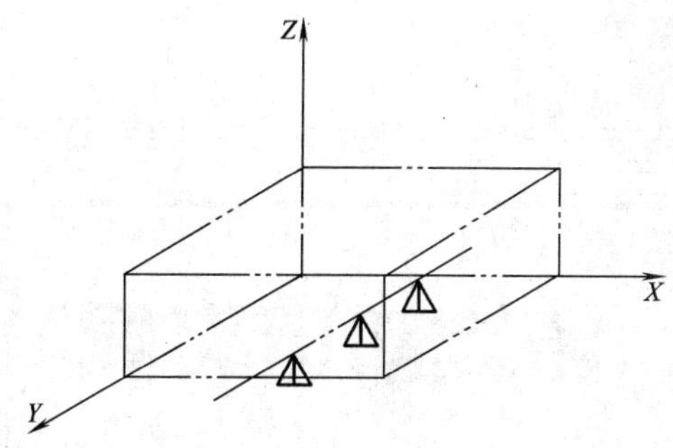

图5-63　题9图

10. 夹具的定位元件有哪些基本要求?

11. 可调支承用于什么场合?

12. 平面定位元件有哪些? 其结构有何特点?

13. 自位支承、可调支承、辅助支承三者有什么区别?

14. 孔类定位元件有哪些? 其结构有何特点?

15. 外圆柱面定位元件有哪些? 其结构有何特点?

16. 工件在夹具中定位、夹紧的任务各是什么?

17. 对夹紧装置有什么基本要求?

18. 选择夹紧力的方向应遵循哪几条原则? 如何选择夹紧力的作用点? 如何确定夹紧力的大小?

19. 斜楔夹紧的原理是什么? 螺旋夹紧的原理呢?

20. 斜楔、螺旋、圆偏心夹紧机构各有哪些特点? 各适用于什么场合?

第六章

各类机床夹具

【学习目标】

1. 了解典型车床夹具的结构特点和应用。
2. 了解典型铣床夹具的结构特点和应用。
3. 了解典型钻床夹具的结构特点和应用。
4. 了解组合夹具的结构特点和应用。
5. 了解数控机床夹具的结构特点和应用。
6. 了解电火花机床夹具的结构特点和应用。
7. 了解典型磨床夹具的结构特点和应用。

机床夹具一般都是由定位装置、夹紧装置、夹具体及其他装置或元件所组成的，但由于各类机床都有其各自的结构特点和工艺特点，夹具与机床的连接方式也各不相同，因此夹具的具体结构和要求等也各不相同。现对几类典型的机床夹具进行分析，以了解其结构特点。

第一节 车床夹具

车床夹具一般是装在机床主轴上，由主轴带动工件旋转，且工件被加工孔和外圆的中心与机床主轴的回转中心一致；加工表面主要为内外圆柱表面、圆锥表面、回转成形面、端平面及孔类等。

车床夹具的类型主要包括顶尖类、心轴类、拨盘类、中心架、跟刀架类、自动定心卡盘类、卡盘类（指非自动定心卡盘）和角铁类（或称弯板类）等。目前，上述多种类型的车床夹具有许多已通用化了，如顶尖、拨盘、中心架和三爪自定心卡盘等，它们已作为机床附件供用户使用。只有当上述通用夹具不能满足生产要求时，才设计制造卡盘式、角铁式等专用夹具。

一、车床夹具的结构特点

车床夹具分为两种基本类型，一是安装在车床主轴上的夹具，二是安装在车床拖板上的夹具。第一类夹具应用最多，这类夹具工作时，工件和夹具随机床主轴一起高速旋转。以下分别介绍车床夹具各部分的特点：

1. 定位装置的特点

车床以加工回转表面为主，其定位的特点是使加工表面的中心线与机床主轴的旋转轴线重合，所以车床夹具的定位装置必须保证定位元件的工作表面与回转轴线的位置精度。

2. 夹紧装置的特点

车床夹具工作时，由于工件随夹具一起做高速旋转运动，工件除受切削力作用之外，整个夹具还受到离心力的作用，且转速越高、离心力越大，夹具承受的外力也越大，这样会抵消部分夹紧装置的夹紧力。此外，工件定位基准的位置相对于切削力和重力的方向来说是变化的，因此夹紧装置所产生的夹紧力必须足够，自锁性能要好，以防止工件在加工过程中脱离定位元件的工作表面而引起振动、松动或飞出。

3. 夹具体的结构特点

1）夹具体是夹具上最大、最重的元件，且一般是在悬伸状态下工作的。为保证加工的稳定性，夹具结构应力求紧凑，轮廓尺寸要小、悬伸要短、重量要轻，且重心尽量靠近主轴。

一般夹具体设计成圆盘形，以适应回转运动的需要。为减轻机床主轴的负荷，使夹具的重量尽可能轻，悬伸臂要尽量短。

2）夹具随机床主轴高速回转，如夹具不平衡就会产生离心力，不仅引起机床主轴的过早磨损，而且会产生振动，影响工件的加工精度和表面粗糙度，降低刀具寿命。

夹具的平衡措施一般有设置配重块或加工减重块两种方法。配重块的重量和位置应能调整，为此，夹具上都开有径向或周向的T形槽。

3）为保证夹具工作安全，夹具上的元件不应超出夹具体的边缘，也不允许有易松脱或活动的元件，必要时加防护罩，以免发生事故。

4）加工过程中应使工件的测量和排屑方便，防止切削液的飞溅。

二、车床夹具与机床主轴的连接

车床夹具与机床主轴的连接精度直接影响着夹具的回转精度，常用的连接方式有以下两种。

1. 夹具通过主轴锥孔与机床主轴连接

当夹具体两端有中心孔时，夹具安装在车床的前、后顶尖上。当夹具体带有锥柄时，夹具通过莫氏锥柄直接安装在主轴锥孔中，并用螺栓拉紧，如图6-1a所示，这种安装方式的安装误差小、定心精度高、装卸迅速方便，但刚性较差，一般用于心轴类车床夹具，径向尺寸 $D<140\text{mm}$ 或 $D<(2\sim3)d$。

2. 通过过渡盘与机床主轴连接

过渡盘与主轴连接处的形状取决于主轴端部的结构。机床型号不同，其主轴端部的结构也不同。

若主轴端部的外形是圆柱端面的结构，常采用如图6-1b所示的法兰盘式的过渡盘，用定位孔按H7/h6或H7/js6与主轴圆柱面配合，并用螺纹和主轴联接。为防止正转和反转经常变化时因惯性作用使两者松开，采用两个保险钩卡在主轴凸缘上。这种过渡盘连接的定心精度受配合间隙的影响，定心精度较差。

若主轴端部的外形是圆锥形的结构，则常采用如图6-1c、6-1d所示的过渡盘，其中图6-1c所示的过渡盘是用长锥面配合定心，用活套在主轴上的螺母来锁紧，由键传递转矩，这种过渡盘安装的定心精度高，但端面要求紧贴，制造较困难；图6-1d所示的过渡盘是以

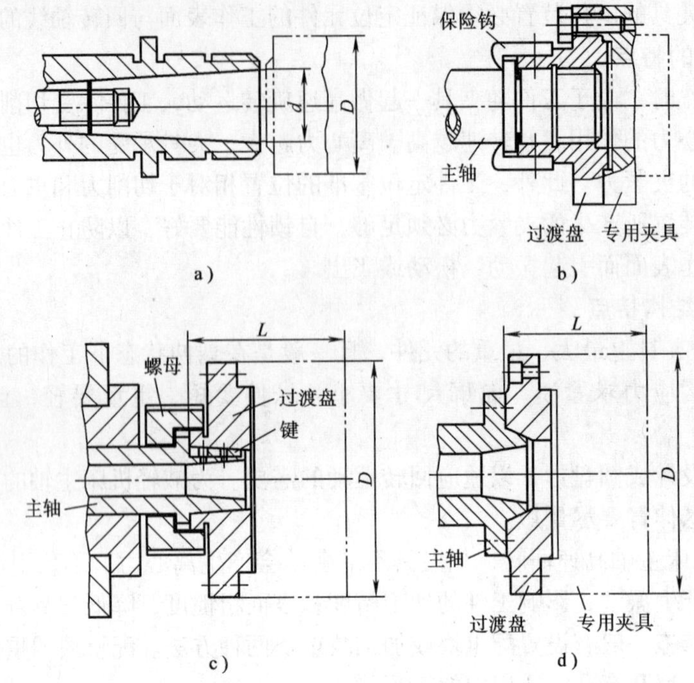

图 6-1　车床夹具与机床主轴的连接

短锥面配合定心，端面与主轴端面允许有 0.05 ~ 0.1mm 的间隙，用螺钉均匀拧紧后，即可保证端面与锥面全部贴合。

专用夹具都是以定位止口孔按 H7/h6 或 H7/js6 装配在过渡盘的凸缘上，轴向由过渡盘端面与主轴前端的台阶面接触，用螺钉紧固。这种连接方式的刚性较好，适合于径向尺寸 D 较大的夹具。一般情况下，过渡盘为机床附件，由机床生产厂家提供。如没有过渡盘，应根据机床主轴前端的尺寸设计过渡盘，或将过渡盘与夹具合成一体设计。

三、几种典型的车床夹具

1. 心轴类车床夹具

按心轴结构的不同，心轴类车床夹具可分为有顶尖式心轴、圆柱心轴、圆锥心轴、花键心轴和弹簧类心轴等。

（1）顶尖式圆柱心轴　顶尖式心轴多用于工件的内孔作为定位基准，加工长筒形工件的外圆柱面和端面的情况，要求保证加工要素相对工件内孔轴线的同轴度、圆跳动等位置公差要求。如图 6-2 所示为最常见的间隙配合的顶尖式圆柱心轴，其工作部分与工件内孔一般按 H7/h6、H7/g6、H7/f7 配合，故装卸工件比较方便，但定心精度不高。顶尖式圆柱心轴夹紧螺母的前面，经常放置一个开口垫圈，以便快速装卸工件。

（2）弹簧心轴　如图 6-3 所示为手动弹簧心轴，工件以精加工过的内孔在弹性筒夹 5 和心轴端面上定位，旋紧螺母 4 通过锥体 1 和锥套 3 使弹性筒夹 5 向外变形，将工件胀紧。这种夹紧机构也称为均匀变形定心夹紧机构，由于其弹性变形量较小，要求工件定位孔的精度高于 IT8，所以定心精度一般可达 0.02 ~ 0.05mm。

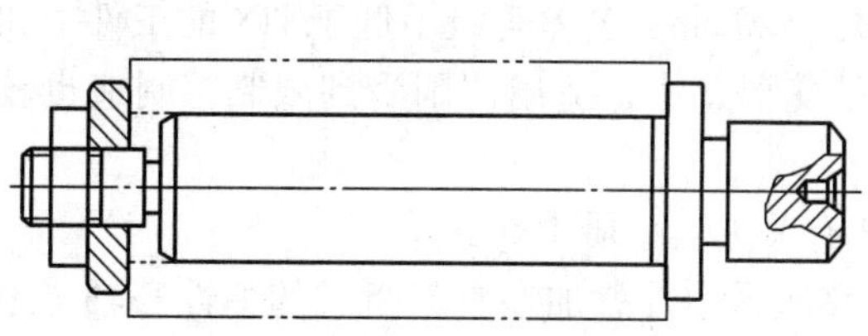
图6-2 顶尖式圆柱心轴

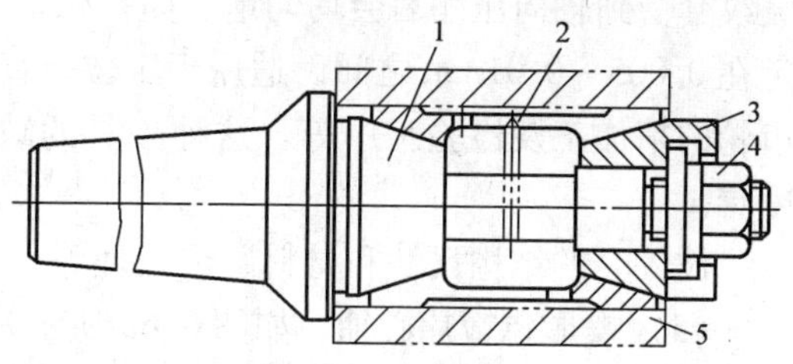

图6-3 手动弹簧心轴

1—锥体 2—防转销 3—锥套 4—螺母 5—弹性筒夹

（3）弹簧夹头 如图6-4所示为弹簧夹头，用于加工阶梯轴上$\phi30_{-0.033}^{\ 0}$mm的外圆柱面及端面。如果采用三爪自定心卡盘装夹工件，很难保证两端圆柱面的同轴度要求，为此设计了专用弹簧夹头。

工件以$\phi20_{-0.021}^{\ 0}$mm的圆柱面及端面C在弹性筒夹2内定位，夹具体以锥柄插入车床主轴的锥孔中。当拧紧螺母3时，其内锥面迫使筒夹的薄壁部分均匀变形收缩，将工件夹紧；反转螺母时，筒夹弹性恢复张开，松开工件。

弹簧夹头与弹簧心轴上的关键元件是弹性筒夹，弹性筒夹的结构参数及材料、热处理等，均可从有关夹具手册中查到。

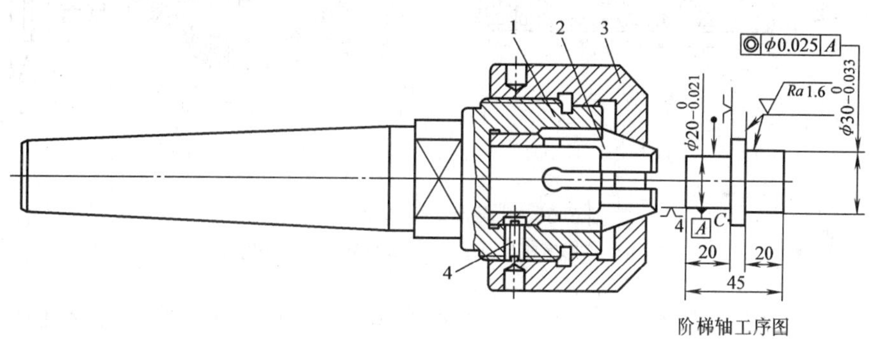

图6-4 弹簧夹头

1—夹具体 2—弹性筒夹 3—螺母 4—螺钉

（4）波纹套弹性心轴 如图6-5所示心轴的弹性元件是一个波纹套（又称蛇腹套）。当

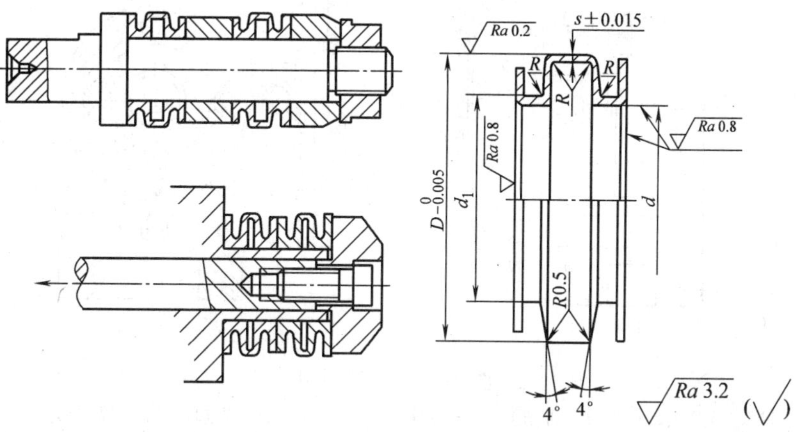

图6-5 波纹套弹性心轴

波纹套受到轴向压缩后会均匀地径向扩张，将工件定心并夹紧，其特点是定心精度高，可稳定在0.005～0.01mm之间，适用于定位孔直径大于20mm、公差等级不低于IT8的工件，如齿轮的精加工及检验工序等。这种夹具的缺点是变形量小，适用范围受到限制，制造也较困难。

波纹套的结构尺寸和材料、热处理等，可从有关夹具手册中查到。

（5）蝶形弹簧片心轴　如图6-6a所示是由蝶形弹簧片叠加在一起组成的弹性心轴。施加进给力后，弹簧片便径向胀开，将工件定心并夹紧。如图6-6b所示为蝶形弹簧片结构，为了增加其变形量，开有许多内外交错的径向槽，弹簧片厚度 s 一般为1～1.25mm，蝶形角一般为12°，用65Mn或30CrMnSi钢片冲压而成，热处理硬度为35～40HRC。此种心轴的定心精度在0.01mm内。

蝶形弹簧片也可在夹头上使用，制成蝶形弹簧片夹头。

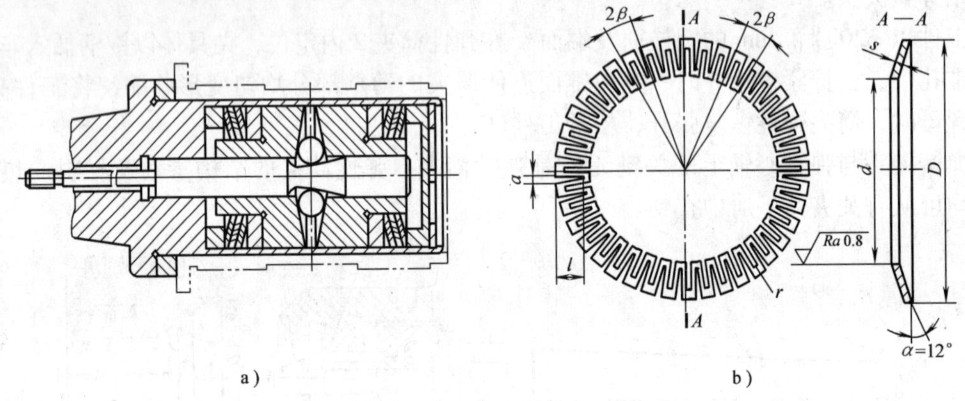

图6-6　蝶形弹簧片心轴与结构图

a）蝶形弹簧片心轴　b）蝶形弹簧片的结构

（6）不停车夹头　如图6-7所示为一种不停车夹头，此夹头可以在车床主轴不停车的高速回转条件下装卸工件，大大节省了装卸辅助时间。要夹紧工件时，可用扳手转动转轴

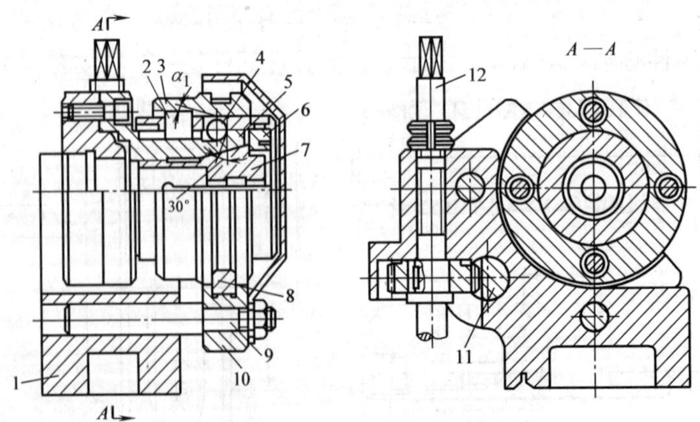

图6-7　不停车夹头

1—支座　2—键　3—外滑套　4—钢球　5—内锥套　6—调整环　7—弹簧卡头　8—滑块　9—导柱　10—拨叉　11—齿条　12—转轴

12，通过其齿轮和齿条11的传动使导柱9轴向移动，经拨叉10、滑块8带动外滑套3做轴向移动，外滑套3上的内锥孔在移动中挤压钢球4，并通过内锥套5挤压弹簧卡头7来夹紧工件。

由于这类夹头是借助于弹簧卡头的微量弹性变形来夹紧工件的外圆的，夹紧行程较小，故这类夹头适用于外圆精度较高的棒料毛坯的装夹，而且内锥套5、调整环6可根据棒料毛坯的外圆尺寸预调弹簧卡头的张口尺寸。

为保证夹紧后外滑套的自锁，其内锥孔的斜角 α_1 应小于钢球与内锥套间的摩擦角。

这种结构通过拨叉、滑块的左右移动，实现了在主轴不停转的情况下，使弹簧卡头产生张口、缩口，实现松开、夹紧动作，大大提高了装夹工作效率。如果在主轴后端装上棒料自动送料机构和凸轮自动松夹装置，就可以不停车地自动上料和夹紧。这种夹紧结构在自动车床和自动生产线上得到了广泛的应用。

（7）塑性尖齿拨爪顶尖　这种夹具是利用拨爪嵌入工件的端面驱动工件旋转的，主要用于数控车床上加工轴、套类零件。采用端面驱动夹具不仅可以缩短装夹辅助时间，而且能在一次装夹中完成工件所有外表面的加工，综合加工效率高，能提高工件各表面之间的相互位置精度。如图6-8所示的塑性尖齿拨爪顶尖即属于这类夹具，用于以中心孔定位的轴类工件的车磨加工。中心顶尖2和圆周均布的几个拨爪1，通过液性塑料可以互相微量浮动，从而保证各尖齿拨爪均匀地顶入工件端面，使工件获得驱动力矩以抵抗切削力。

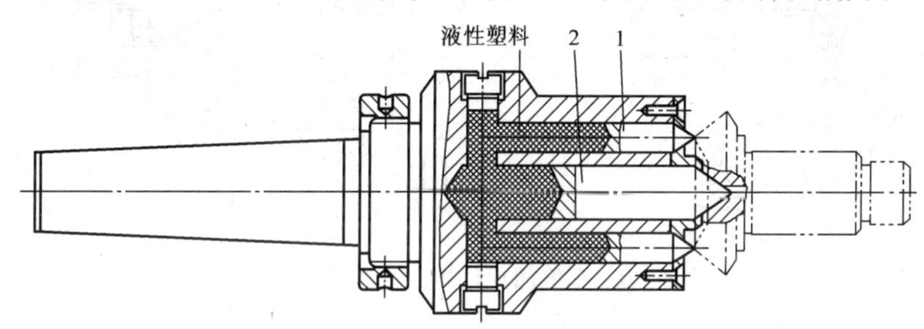

图6-8　塑性尖齿拨爪顶尖

1—拨爪　2—中心顶尖

2. 角铁式车床夹具

角铁式车床夹具一般用于比较复杂结构工件的装夹，其夹具体呈角铁状，故称为角铁式车床夹具。角铁式车床夹具结构不对称，主要用于加工壳体、支座、杠杆、接头等零件上的回转面和端面，如图6-9、图6-10和图6-11所示。

如图6-9所示为镗车内孔的角铁式车床夹具。此夹具采用平面两销定位，并用螺钉、压板压紧工件两侧凸台。若工件内孔轴向尺寸较长，可采用导向套4前导镗杆。由于此类夹具多为不匀称结构，为防止高速转动时产生较大的惯性离心力，故专门设置一定质量的平衡块3。

如图6-10所示为车气门顶杆端面的角铁式夹具。由于该工件是以细小的外圆柱面定位的，因此很难采用自动定心装置，于是采用半圆孔定位元件，夹具体设计成角铁状。为了使夹具平衡，该夹具采用了在一侧钻平衡孔的办法。

如图6-11b所示为镗车开合螺母上 $\phi40^{+0.027}_{0}$ mm孔的专用夹具，图6-11a为其零件图。工件的燕尾面和两个 $\phi12^{+0.019}_{0}$ mm的孔已经加工，两孔距离为（38 ± 0.1）mm，$\phi40^{+0.027}_{0}$ mm

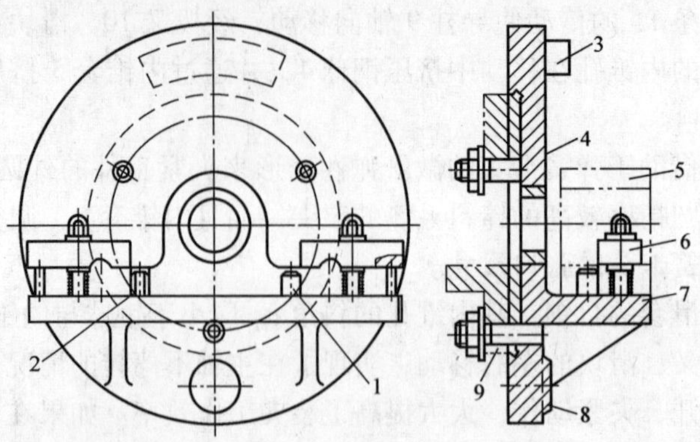

图 6-9 角铁式车床夹具

1—圆柱销 2—菱形销 3—平衡块 4—导向套 5—工件
6—压板 7—夹具体 8—定位基准 9—过渡盘

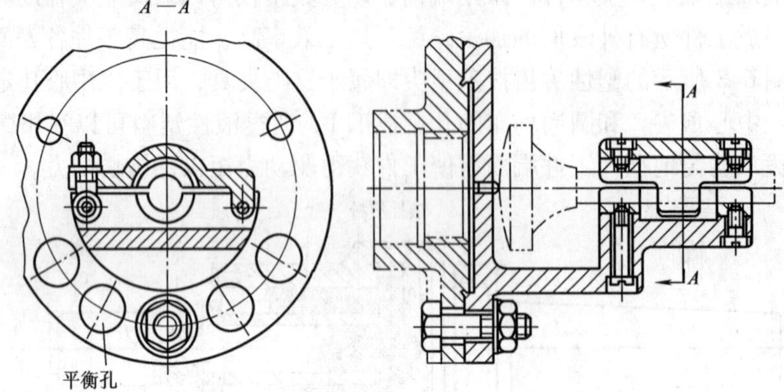

图 6-10 车气门顶杆端面的角铁式夹具

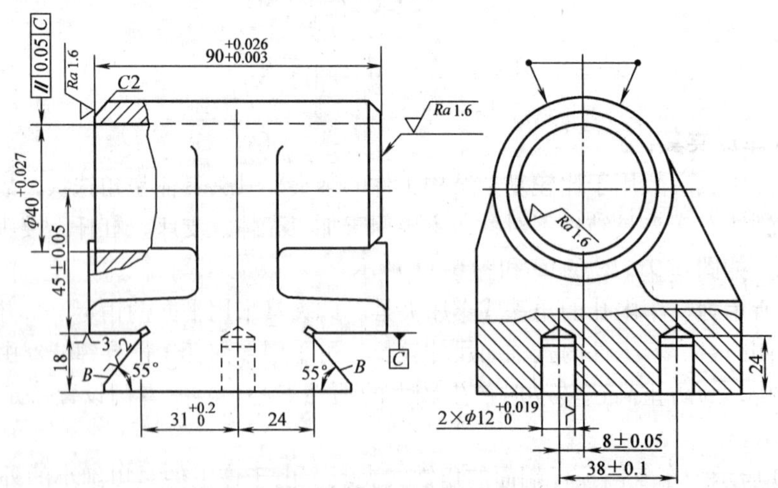

图 6-11 开合螺母零件图及其镗车开合螺母的专用夹具

a）开合螺母的零件图

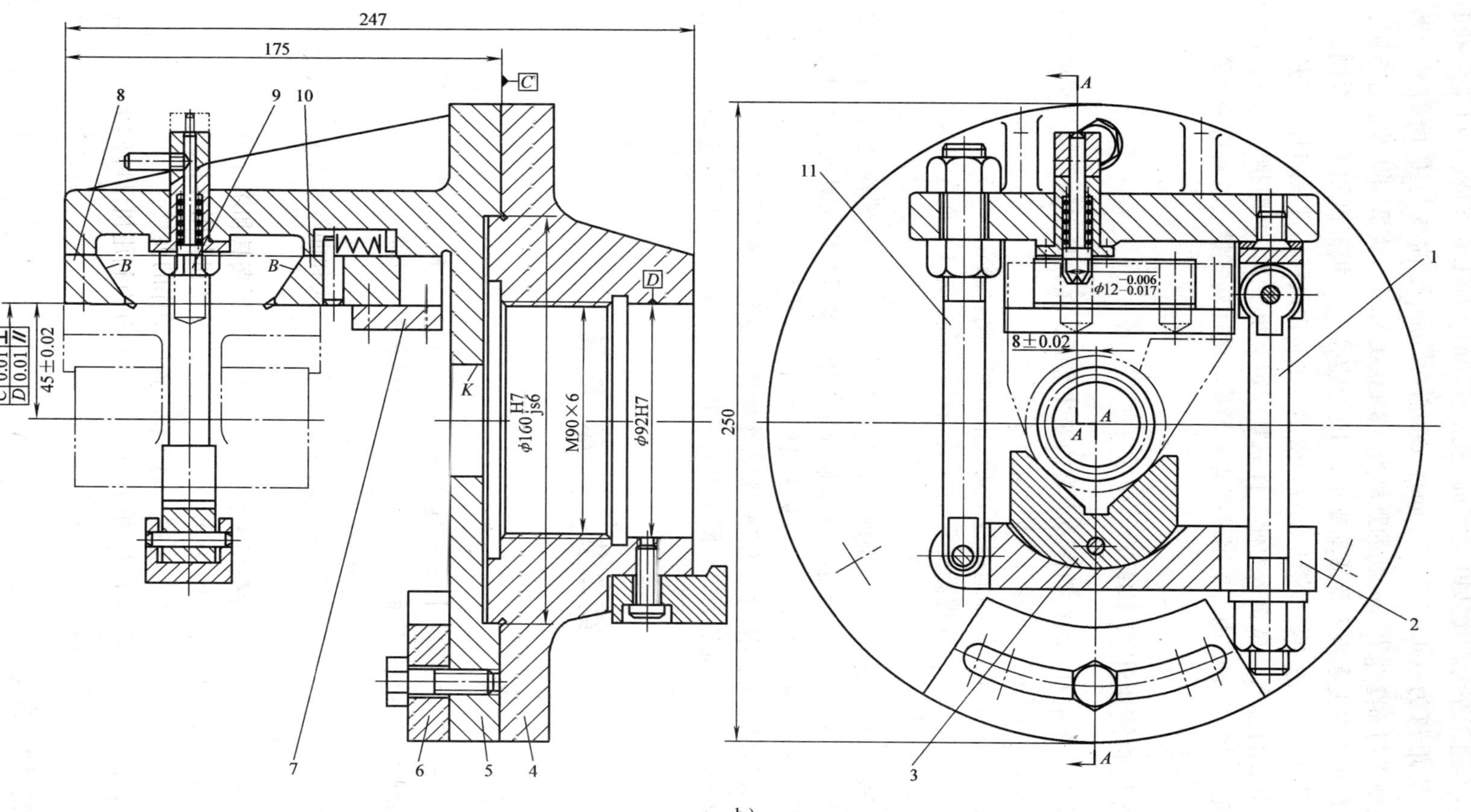

图 6-11 开合螺母零件图及其镗车开合螺母的专用夹具（续）

b）角铁式车床夹具

1、11—螺栓 2—压板 3—摆动 V 形块 4—过渡盘 5—夹具体 6—平衡块 7—盖板 8—固定支承板 9—活动菱形销 10—活动支承板

孔已经过粗加工。本道工序为精镗 $\phi40^{+0.027}_{0}$mm 孔及车端面，加工要求是：$\phi40^{+0.027}_{0}$孔的轴线至燕尾底面 C 的距离为（45 ± 0.05）mm，$\phi40^{+0.027}_{0}$mm 孔轴线与 C 面的平行度为 0.05mm，加工孔轴线与 $\phi12^{+0.019}_{0}$mm 孔的距离为（8 ±0.05）mm。为贯彻基准重合原则，工件用燕尾面 B 和 C 在固定支承板 8 及活动支承板 10 上定位（两板高度相等），限制五个自由度；用 $\phi12^{+0.019}_{0}$mm 孔与活动菱形销 9 配合，限制一个自由度；工件装卸时，可从上方推开活动支承板 10 将工件插入，靠弹簧力使工件靠紧固定支承板 8，并略推移工件使活动菱形销 9 弹入定位孔 $\phi12^{+0.019}_{0}$mm 内。采用带摆动 V 形块 3 的回转式螺旋压板机构夹紧，用平衡块 6 来保持夹具的平衡。

四、车床夹具的使用注意事项

1）若夹具是以机床主轴内圆锥面作为夹具的安装基面，在夹具安装前应将机床主轴的内圆锥面和夹具的外圆锥面擦净并修去飞边和表面伤痕。

2）角铁式车床在加工前应仔细地调整平衡块位置和平衡块质量。

3）利用花盘安装夹具时，为提高夹具的安装精度，可将花盘平面在机床上修正一次，并将夹具在机床上仔细校圆。

4）带锥柄的夹具或心轴除工件轻小或有后顶尖支承外，均应用螺栓通过主轴孔拉紧。利用机床主轴螺纹联接的夹具，加工前一定要检查是否用保险压板将夹具或过渡盘压紧。

5）停车时不应将扳手插在夹具上，以免夹具突然旋转发生危险。

6）夹具与带短锥的主轴连接时应均匀拧紧各个螺栓，安装后还应用百分表校验。

7）车床心轴不能采用标准的开口垫圈来夹紧工件，必须采用带肩开口垫圈，以防垫圈飞出发生事故。

第二节　铣床夹具

一、铣床夹具的分类

铣床的加工范围很广，利用不同的刀具和辅助工具可以加工平面、斜面、成形表面、直槽、T 形槽、螺旋槽及不同的孔表面。因此，铣床夹具的种类也非常多，目前还没有一个统一的分类，一般按以下几个方面进行分类。

1）按工件的进给方式分，可分为直线进给式、回转进给式和曲线靠模进给式三种，其中以直线进给方式应用最广泛。

2）按同时在夹具中安装的工件数量来分，可分为单件加工夹具和多件加工夹具。

3）按夹具的结构特征来分，可分为通用夹具、可调式夹具和专用夹具。

4）按夹具的动作情况来分，可分为连续动作和不连续动作的夹具。

5）按是否利用机动时间进行工件装卸的情况来分，可分为利用机动时间进行装卸的和不利用机动时间进行装卸的夹具。

二、铣床夹具的特点

铣削加工的切削用量和切削力一般较大，切削力的大小和方向也是变化的，而且又是断续切削，在切削过程中常伴随着强烈的冲击和振动，因而加工时的冲击和振动也较严重。由于铣削刀具易磨损，生产中需要经常进行调刀和换刀，因此铣床夹具具有以下特点：

1）工件在夹具上的定位要稳定，夹紧要可靠；

2）要特别注意夹紧装置要能产生足够的夹紧力，手动夹紧时要有良好的自锁性能和抗振性；

3）夹具上各组成元件应具有足够的强度和刚度；

4）在夹具上常设置专门的快速对刀装置，以减少调刀、换刀的时间；

5）粗铣加工时，切削力及振动较大，因振动时偏心夹紧易松开，所以不宜采用偏心夹紧。

三、铣床夹具的设计要点

1. 定位装置

因铣削加工易产生振动，铣床夹具定位装置的布置应保证工件定位的稳定性，其主要定位面尽量大一些，必要时为增加工件的安装刚度应采用辅助支承。

2. 夹紧装置

夹紧装置应具有足够的夹紧力和良好的自锁性能，施力作用点应尽量靠近加工面，必要时可设置辅助夹紧机构，若为手动夹紧，多采用螺旋压板夹紧机构。

3. 对刀装置的设计

铣床夹具安装后，还需调整铣刀与工件的相对位置，调整的方法有试削调整、标准件调整和对刀装置调整，而其中对刀装置调整应用既广泛又方便。

对刀装置调整的方法是：刀具要在缓慢的运动状态下，将对刀块上的对刀面慢慢靠近铣刀，并在对刀面与铣刀之间塞入塞尺，使人手感觉到对刀面、塞尺和铣刀之间稍微有一点紧度，这样就确定了铣刀的位置。在对刀块与刀具之间采用塞尺，是为了避免刀具直接与对刀面接触时发生碰伤和磨损，且接触情况容易感觉，尺寸容易控制。如图 6-12 所示为铣削夹具的对刀装置。

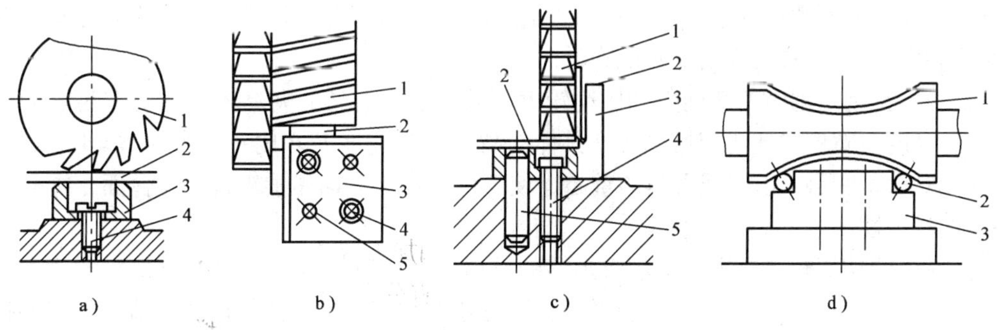

图 6-12　铣削夹具的对刀装置

1—刀具　2—对刀塞尺　3—对刀块　4—紧固螺钉　5—双圆柱

对刀块的结构取决于加工表面的形状，其中平面对刀块的结构已标准化，如图 6-13a、图 6-13b 所示为单面对刀块，图 6-13c 和图 6-13d 所示为双面对刀块，也可根据夹具的具体结构自行设计对刀块。

对刀时，铣刀不能与对刀块的工作表面直接接触，以免损坏切削刃或造成对刀块过早磨

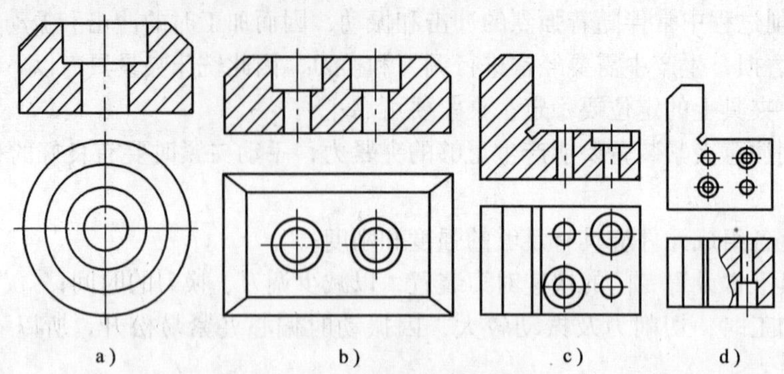

图 6-13　常用对刀块的结构

损，而应通过塞尺来校准它们之间的相对位置，即将塞尺放在刀具与对刀块工作表面之间，凭借抽动塞尺的松紧感觉来判断铣刀的位置。

如图 6-14 所示是常用的两种标准塞尺结构，图 6-14a 所示为对刀平塞尺，常用的规格有厚 1mm、3mm 和 5mm 的；图 6-14b 所示为圆柱塞尺，常用的规格有 ϕ3mm 和 ϕ5mm，一般用于曲面对刀或成形对刀的场合。

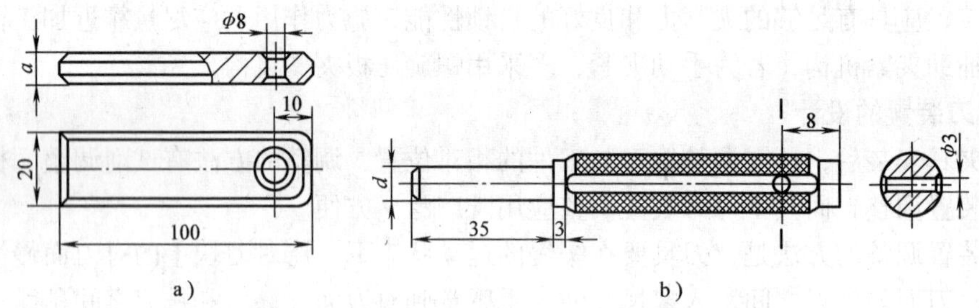

图 6-14　对刀用标准塞尺

a）平塞尺　b）圆柱塞尺

4. 总体结构设计特点

1）夹具是在断续切削条件下工作的，故要求夹具体、定位装置、夹紧装置等有足够的强度、刚度，整个夹具的高度尽可能降低。

2）由于铣削切削时的切削力和振动较大，因此铣床夹具的夹具体不仅要有足够的刚度和强度，高度与宽度之比也应恰当。夹具体的高度 H 和宽度 B 之比一般取 $H/B=1\sim1.25$ 为宜，如图 6-15a 所示，以降低夹具的重心，使工件的加工表面尽量靠近工作台面，提高加工时夹具的稳定性。

3）铣削的切屑较多，夹具上应有足够的排屑空间，应尽量避免切屑堆积在定位支承面上。因此，定位支承面应高出周围的平面，而且在夹具体内尽可能做出便于清除切屑和排出切削液的出口。

4）在侧面夹紧工件（如加工薄而大的平面）时，压板的着力点应低于工件侧面的定位支承点，并使夹紧力有一垂直分力，将工件压向主要定位支承面，以免工件向上抬起；对于毛坯件，压板与工件接触处应开有尖齿纹，以增大摩擦系数。

5）为方便铣床夹具在铣床工作台上的固定，夹具体上应设置耳槽。常见的耳槽结构如图 6-15b、图 6-15c 所示，其结构尺寸可参考有关夹具手册。

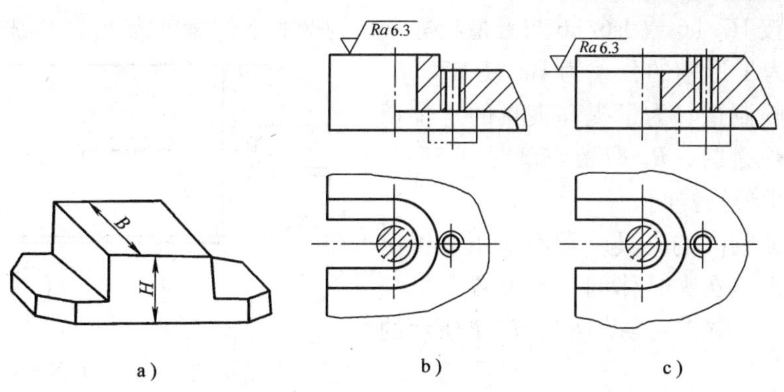

图 6-15 铣床夹具体和耳槽

6）对于小型夹具体，一般两端各设置一个耳槽。夹具体较宽时，还应合理布置加强筋和耳槽。夹具体较宽时，可在同一侧布置两个耳槽，这两个耳槽的距离要与所选择机床工作台两 T 形槽之间的距离相同，耳槽的大小要与 T 形槽的宽度一致。

7）大型铣床夹具应安装吊环，以方便起吊和运输。

四、铣床夹具与机床的连接

铣床夹具与机床的连接，一般是利用装在夹具体底面的两个定位键与机床工作台上的 T 形槽对定安装。如图 6-16 所示，用沉头螺钉将定位键固定在夹具体底面纵向槽的两端，通过定位键与铣床工作台上的 T 形槽配合，确定了夹具在机床上的正确位置。两定位键间的距离越大，定位精度越高。除定位之外，定位键还能承受部分切削转矩，减轻了夹具固定螺栓的负荷，增加了夹具的稳定性。因此，铣平面夹具有时也装定位键。

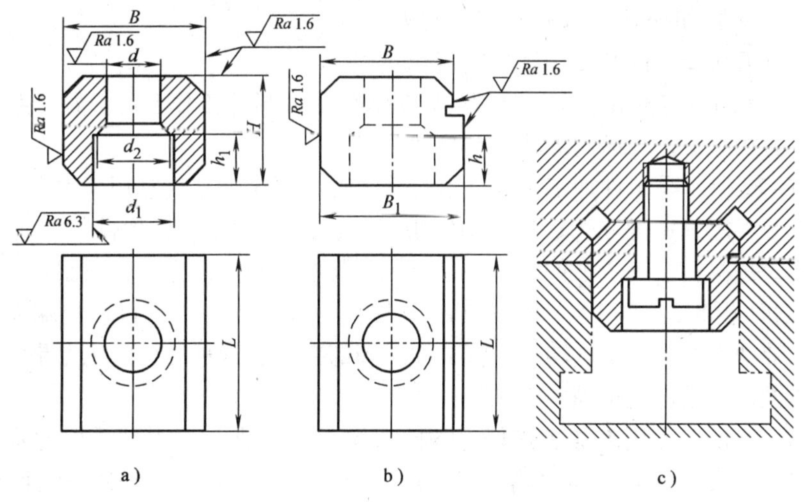

图 6-16 定位键及安装方式

定位键的结构尺寸已标准化，设计时，可按铣床工作台的 T 形槽尺寸选用，它与夹具体以及 T 形槽的配合均按 H9/h8 选用。

定位键有矩形和圆形两种，常用的是矩形定位键，如图 6-16 所示。矩形定位键有 A 型和 B 型两种结构形式。A 型定位键的宽度，按统一尺寸 B（h6 或 h8）制作，适用于夹具的定向精度要求不高的场合；B 型定位键的侧面开有沟槽，沟槽的上部与夹具体的键槽配合，

其宽度尺寸 B 按 H7/h6 或 Js6/h6 与键槽相配合，沟槽的下部宽度为 B_1，与铣床工作台的 T 形槽配合。因为 T 形槽的公差为 H8 或 H7，B_1 一般按 h8 或 h6 制造。为了提高夹具的定位精度，在制造定位键时，B_1 应留有磨量 0.5mm，以便与工作台 T 形槽修配。

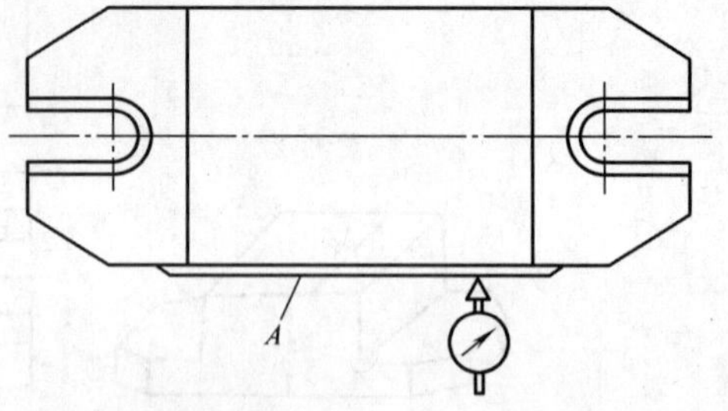

图 6-17　铣削夹具的找正基面

对安装精度较高的夹具，常不采用设置定位键的方式，而是在夹具体的一侧设置一个找正基面，通过找正方式安装，如图 6-17 所示的 A 面。

五、几种典型的铣床夹具

1）如图 6-18 所示为铣削套筒工件上端面通槽的铣床夹具。这种夹具每次只能安装一件工件，生产效率较低，多用于一般企业的小批量生产。根据工件的外形特点及加工精度要求，夹具设置长 V 形架及端面组合定位系统。工件以外圆面在夹具的长 V 形架 7 上定位，限制两个移动、两个转动共四个自由度，另以下端面在夹具支承套 5 上定位，限制垂直方向的移动自由度，从而实现工件在夹具中的五点定位。扳动手柄，带动夹紧偏心轮 3 转动，可使活动 V 形架 6 左右移动，从而将工件夹紧和松开。为完成快速调刀，夹具上设置有对刀块 2。利用夹具底面的定位键 4 与工作台 T 形槽的对定安装，可以迅速确定夹具体相对机床工作台的位置关系，保证 V 形架对称中心平面相对工作台纵向导轨的平行度。

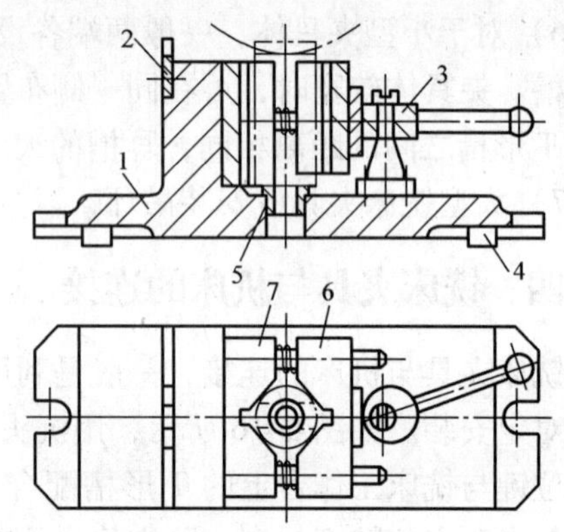

图 6-18　单件铣削夹具图

1—夹具体　2—对刀块　3—偏心轮　4—定位键
5—支承套　6—活动 V 形架　7—固定 V 形架

2）如图 6-19 所示是单件加工直线进给式铣床夹具。这类夹具多用于中小批生产或加工大型工件，或加工定位夹紧方式较特殊的中小工件，图中是加工叉形件（右下图）的手动夹紧铣床夹具，每次安装一个工件。工件以内孔及其端面和筋部定位，限制六个自由度。转动手柄 6，通过压板 8、柱销 10、角形压板 3、螺杆 5 和压板 4 将工件从孔端面夹紧，同时螺杆 7 上移，带动压板 9 绕支点转动，将工件从筋部夹紧。这种结构的优点是定位可靠，采用联动夹紧装置，夹紧迅速牢固。

3）如图 6-20 所示为用来加工连杆上的两对槽的铣床夹具。工件采用的是一面两销定位，用两套螺旋压板装置分别从两侧压紧工件。加工两对槽时，分别用左右两个菱形销定位，整个夹具以底面两定位键在铣床的 T 形槽内定位，用螺栓固定。铣削时，靠直角对刀块调整铣刀与工件的位置关系。

4）如图 6-21 所示为铣削轴端四方头的夹具。此夹具一次可装夹 4 个工件，并可通过回转座 4 的 90°转位，实现一次装夹条件下四方端头两个方向上的铣削加工，提高了加工效率。利用工件的外圆柱形表面，夹具设置双面 V 形架 8，以实现工件的定位，利用浮动压板 7 和螺母 6 将 4 个工件同时夹紧。工件的四方头尺寸由四片三面刃铣刀的组合距离保证。在

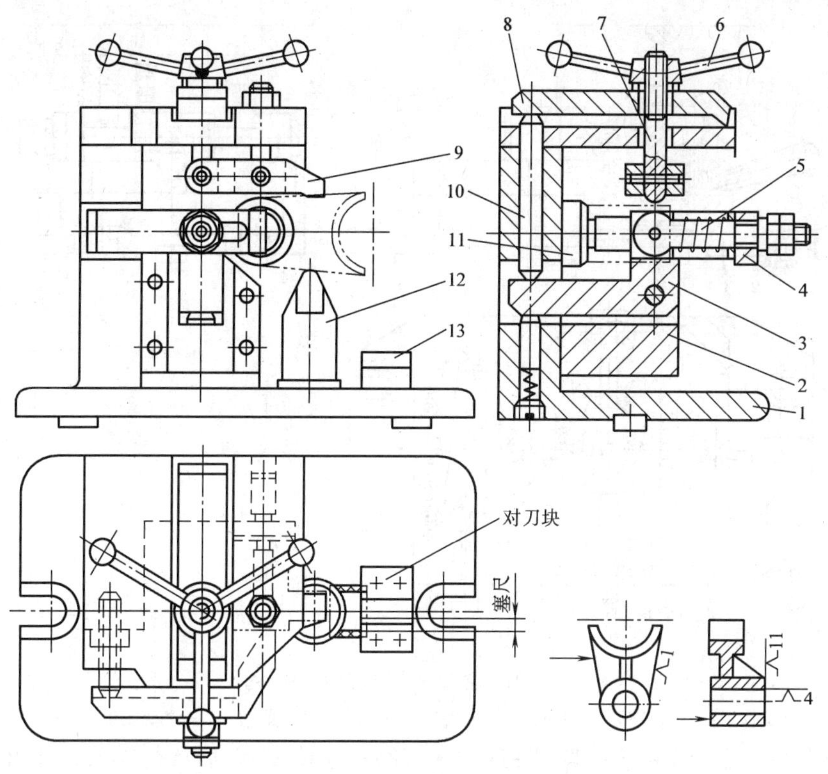

图 6-19　单件加工的直线进给式铣床夹具

1—夹具体　2—支架　3—角形压板　4、8、9—压板　5、7—螺杆　6—手柄　10—柱销　11　定位圆柱销　12—支承　13—对刀块

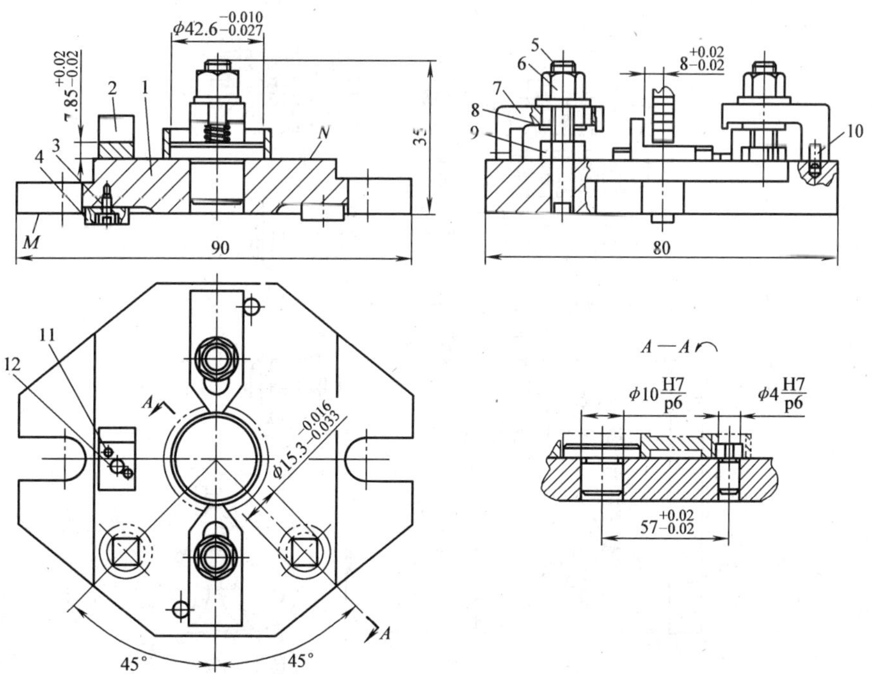

图 6-20　加工连杆上两对槽的铣床夹具

1—夹具体　2—对刀块　3、4—定向装置　5 ~ 9—夹紧装置　10—挡销　11—销钉　12—螺钉

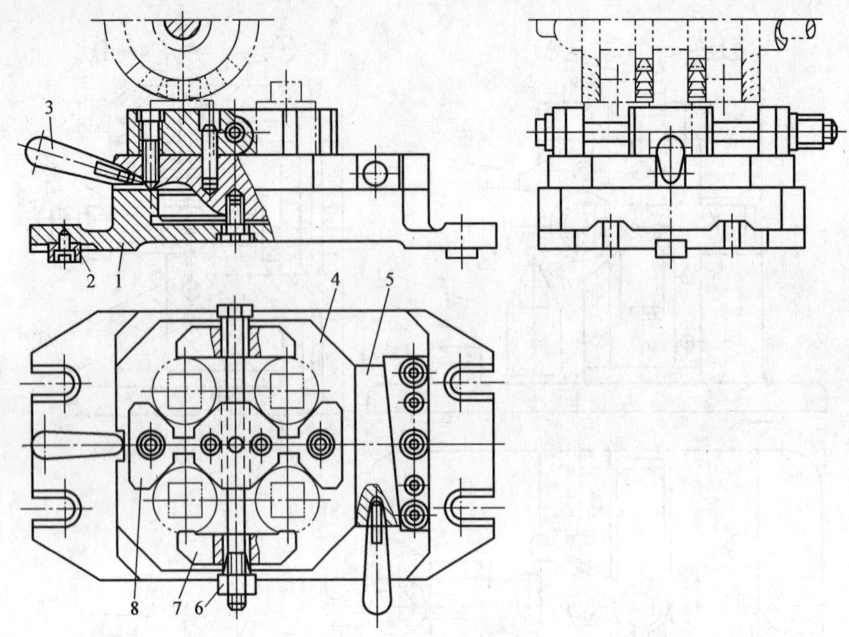

图 6-21　铣削轴端四方头的夹具

1—夹具体　2—定位键　3—手柄　4—回转座　5—锲块　6—螺母　7—浮动压板　8—V 形架

铣完一个方向后，松开锲块 5，将工件连同回转座一起转过 90°后再行锲紧，即可进行另一个方向的铣削。利用这种装夹与转位，大大节省了装夹和切削的时间，有效地提高了生产效率。

5）如图 6-22 所示是在立式铣床上连续铣削拨叉两端面的圆周进给铣床夹具。圆周进给

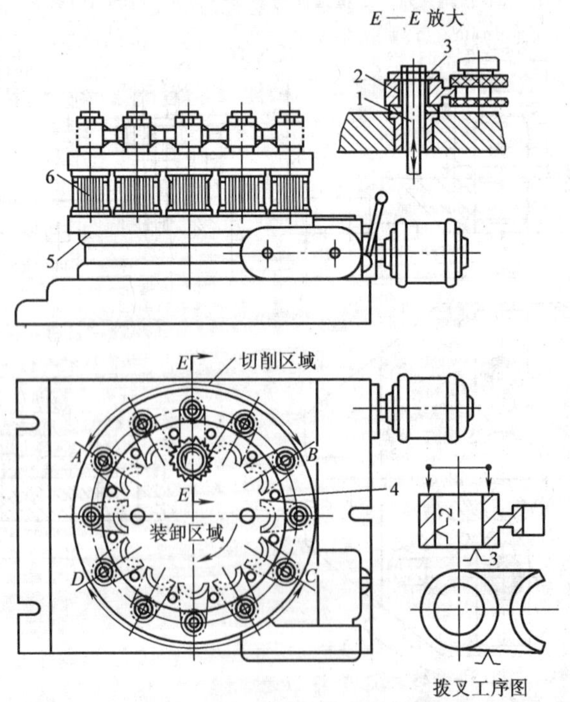

图 6-22　圆周进给铣床夹具

1—拉杆　2—定位销　3—开口垫圈　4—挡销　5—转台　6—液压缸

铣床夹具多用在有回转工作台或回转鼓轮的铣床上，依靠回转台或鼓轮的旋转将工件顺序送入铣床的加工区域，以实现连续切削。在切削的同时，可在装卸区域装卸工件，使辅助时间与机动时间重合，因此它是一种高效率的铣床夹具。

图 6-22 中的工件以圆孔、孔的端面及侧面在定位销 2 和挡销 4 上定位，由液压缸 6 驱动拉杆 1，通过开口垫圈 3 将工件夹紧，夹具上同时装夹 12 个工件。电动机通过蜗杆蜗轮机构带动工作台回转，*AB* 扇形区是切削区域，*CD* 是装卸工件区域，可在不停车的情况下装卸工件。

6）如图 6-23 所示为立式双头回转铣床，用于内燃机连杆工件的端面铣削。夹具沿机床回转工作台的圆周紧密排列，并由每个夹具的液压夹紧机构和浮动压板同时夹紧两个工件。机床设置两个动力铣头，可以依次完成每个工件顶面的粗铣和精铣。此类大型液压夹紧回转工作台还可以根据其他加工需要，在回转台周围设置其他动力加工工位，使双工位变成多工位。这种结构在大规模专业化生产中经常采用，生产效率及自动化程度均高。

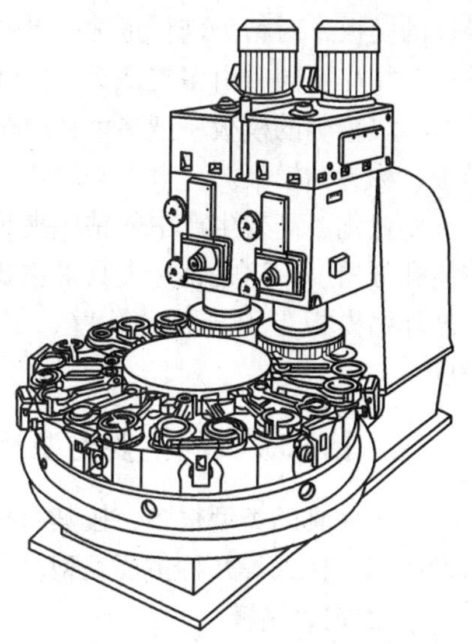

图 6-23　立式双头回转铣床

第三节　钻 床 夹 具

在各种钻床或组合机床上，用来钻、扩、铰各种孔所采用的装置，称为钻床夹具，其主要作用是保证孔的位置精度。这类夹具的特征是装有钻套和安放钻套用的钻模板，故习惯上称之为“钻模”。

一、钻床夹具的特点

1. 刀具刚度较差

钻床上所加工的孔多为中小尺寸的孔，其工序内容不外乎钻、扩、铰、锪或攻螺纹等，所以其刀具直径往往较小，而轴向尺寸较大，刀具的刚度较差。

2. 多切削刃的不对称，易造成孔的形位误差

钻、扩、铰等孔加工所用的刀具，多为多刃刀具，当切削刃分布不对称或切削刃长度不相等时，会造成被加工孔的制造误差，尤其是采用普通麻花钻钻孔时，手工刃磨钻头所造成的两侧切削刃的不对称，极易造成被加工孔的孔位偏移、孔径增大及孔轴线的弯曲和歪斜，严重影响孔的形状、位置精度。

3. 普通麻花钻头起钻时，孔位精度极差

普通麻花钻轴向尺寸大、结构刚度差，加上钻心结构所形成的横刃，破坏了定心，使钻尖运动不稳，往往在起钻过程中造成较大的孔位误差。在单件、小批量生产中，往往要靠操作工在起钻过程中不断地进行人工校正控制孔位精度，而在大批量高效生产中，则需依靠切削刃结构的改进和夹具对刀具的严格引导来解决此问题。

综合考虑孔加工的特点，钻床夹具的主要任务就是要解决好工件相对刀具的正确加工位置的严格控制问题。

在大批量生产中，为有效地解决钻头钻孔孔位精度不稳定问题，多直接设置带有刀具引导孔的模板，对钻头进行正确引导和对孔位进行强制性限制，尤其是对箱体、盖板类工件的钻孔，往往要同时由多支钻头一次性地钻出众多的孔。为保证加工孔系的位置精度，一定要通过一块精确的模板，把多个孔位由引导孔限制好。这种用来正确引导钻头控制孔位精度的模板，称为钻模板。

专业化、高效生产中的钻床夹具，通常具有较精确的钻模板，以正确、快速地引导钻头控制孔位精度，这是钻床夹具最主要的特点，所以习惯上又把钻床夹具称为钻模。为防止钻刃破坏钻模板上引导孔的孔壁，多在引导孔中设置高硬度的钻套，以维持钻模板的孔系精度。

二、钻床夹具的主要类型及其适用范围

钻床夹具的类型很多，按其结构特点分，常见的有固定式、盖板式、翻转式、回转式、移动式和滑柱式等几种主要类型。

1. 固定式钻模

这类钻模在使用过程中，是固定在钻床工作台上的，夹具和工件在机床上的位置固定不变。这种夹具的刚性较好、钻孔位置精度较高，常用于在立式钻床上加工较大的单孔或在摇臂钻床上加工平行孔系。

如图 6-24 所示，在阶梯轴工件之大端钻孔，工序图已确定了定位基准，钻模上采用 V 形块及其端面和限制角度自由度的手动拔销定位，用偏心压板夹紧，夹具体周围留有供夹紧用的凸缘。

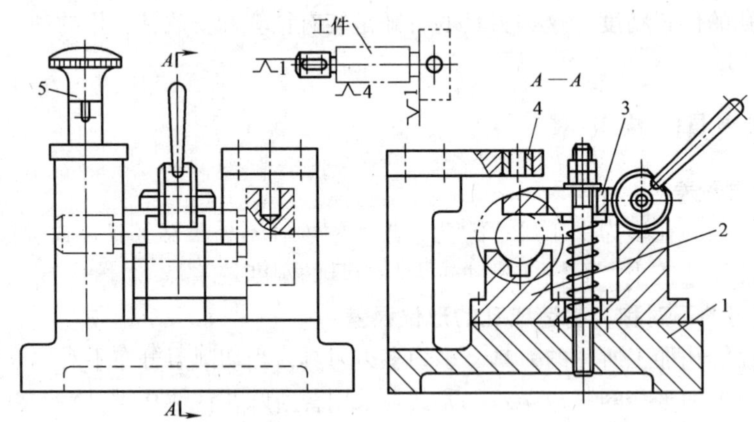

图 6-24　固定式钻模

1—夹具体　2—V 形块　3—偏心压板　4—钻套　5—手动拔销

2. 回转式钻模

在中、小批量生产中，当几个被加工孔是在一个平面上呈圆周分布或在一个圆柱表面上呈辐向分布时，往往采用绕水平轴或绕垂直轴旋转的钻模进行加工，这能提高加工精度和劳动生产率。

目前除特殊需要而需自行设计专用回转钻模外，一般钻夹具的回转部分均采用标准的回转工作台。回转工作台通用性强，调换工件时只需调换上面的固定钻模，简化了钻模的设计、降低了生产成本，故应用广泛。

如图 6-25 所示为一回转式钻模，用于依次加工工件同一截面上均布的六个径向孔。工件安装在可回转分度的心轴 3 上，由开口垫圈和螺母夹紧。每加工完一个孔后，松开锁紧螺母 7，拔出对定销 5 后，分度盘 4 就可以转位了。转位后，将对定销 5 插好，再用锁紧螺母 7 锁紧，便可对另一工位上的孔进行加工了。

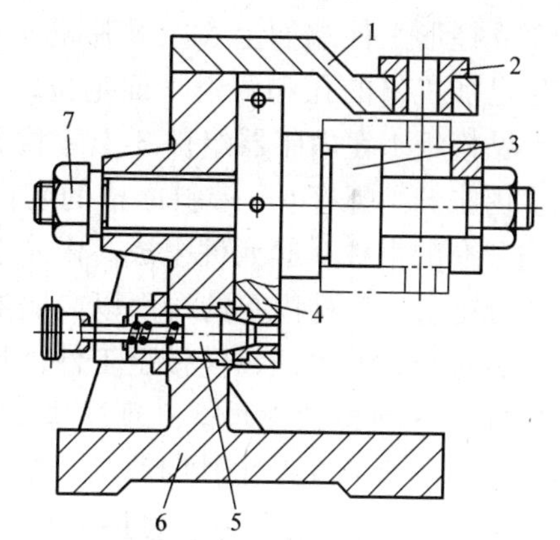

图 6-25　回转式钻模

1—钻模板　2—钻套　3—心轴　4—分度盘　5—对定销　6—夹具体　7—锁紧螺母

3. 翻转式钻模

翻转式钻模属于一种活动式钻模，工件一次性安装到夹具中后，可以借助夹具使用过程中的手动翻转来加工不同方向上的孔。这类钻模没有转轴和分度装置，在使用过程中需要用手进行翻转，所以钻模连同工件的总重量不能太重，以免操作者疲劳，一般限于 8 ~ 10kg 以内。翻转式钻模主要适用于加工小型工件上分布在几个方向上的孔，这种方法可以减少工件的装夹次数，提高工件上各孔之间的位置精度。

如图 6-26 所示为箱式翻转钻模。工件在夹具体 4 的内孔及端面上定位，用螺母 1 和开口垫圈 2 夹紧工件，整个夹具呈正方形，其中对角线上的四个径向孔是借助 V 形垫块 7 来完成定位的。

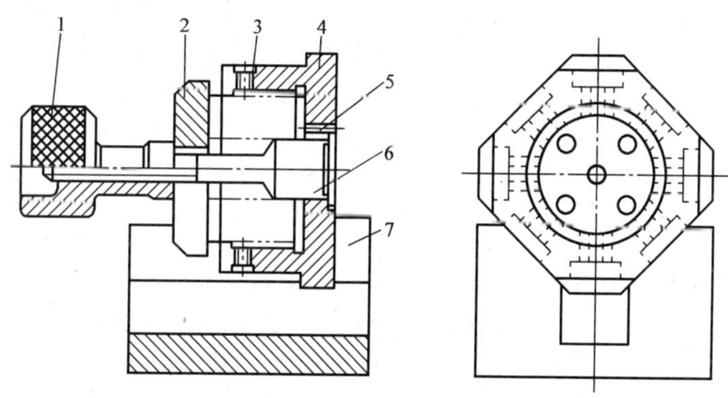

图 6-26　箱式翻转钻模

1—螺母　2—开口垫圈　3—钻套　4—夹具体　5—销钉　6—定位销　7—V 形垫块

如图 6-27 所示为支柱式翻转钻模，工件以大平面、侧面和端面挡料定位，用两个螺旋压板机构夹紧工件，翻转后加工孔。该钻模由四个支脚将钻模板支撑起来，且四个支脚的支撑面要在装配后磨平，以保证与钻模板平行。

4. 盖板式钻模

这类钻模没有夹具体，钻模板上除了安装钻套之外，还增加了工件的定位元件和夹紧装置，只要把它覆盖在工件上即可加工。这类夹具结构简单，多用于大型工件上小孔的加工，加工时，钻模板像盖子一样覆盖在工件上。如图 6-28 所示是加工立柱形工件端面上 5 个孔用的盖板式钻模，工件以已加工好的孔和两个平面定位，如图 6-28a 所示。钻模板 1 在内胀器组件 3 上定位并用螺钉 2 紧固。内胀器由螺杆 6、带斜面槽的套筒 8 和三个沿径向分布的滑柱 9 等元件组成。内胀器以外圆与工件内孔配合，工件内孔的端面以内胀器上的三个平面支钉定位，并保证钻模板至工件被加工表面的排屑空间。拧动夹紧螺母 5，通过垫圈 4、套筒 7 使带斜面槽的套筒 8 产生轴向移动，推动三个滑柱 9 均匀伸出，把工件孔胀紧。锁圈 10 用来防止滑柱掉出和松开工件时锁圈内收，螺钉 11 用来实现盖板式钻模的角度定位，与之接触的定位基准为工件上的侧平面。

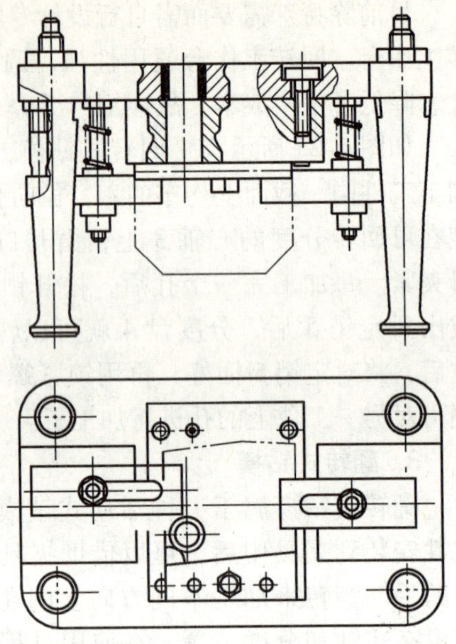

图 6-27　支柱式翻转钻模

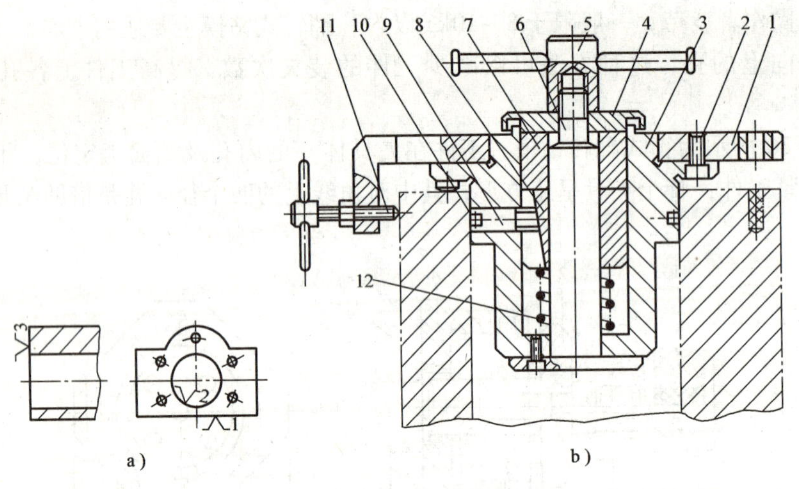

图 6-28　盖板式钻模

1—钻模板　2—螺钉　3—内胀器　4—垫圈　5—夹紧螺母　6—螺杆　7—套筒
8—斜面套筒　9—滑柱　10—锁圈　11—螺钉　12—弹簧

盖板式钻模的优点是结构简单轻巧，清除切屑方便。对于体积大而笨重工件的小孔加工，采用盖板式钻模最为适宜。对于中小批生产，凡需钻铰后立即进行倒角、锪窝、攻螺纹等工步时，采用盖板式钻模也极为方便，因为这时在钻铰孔后，随即取下盖板式钻模，就可进行上述后续工步的加工。但是，盖板式钻模每次需从工件上装卸，比较麻烦，故钻模的重量一般不宜超过 10kg。由于盖板式钻模经常装拆，辅助时间多，故不宜用于大批大量生产。

5. 移动式钻模

移动式钻模是指工件安装到夹具上后，可通过夹具整体的移动或夹具局部结构的直线移动来依次完成多个孔的加工的钻模。这类钻模主要用于单轴立式钻床上，先后钻削工件同一表面的多个孔，一般适合加工孔径不大的小型工件。

如图6-29所示为一种移动式钻模，夹具在两挡板之间移动，当移至右端挡板1时，加工孔1，当移至左端挡板2时，加工孔2，这样就可以缩短钻头对准钻套的时间，同时导轨还可承受钻孔时的扭转力矩。

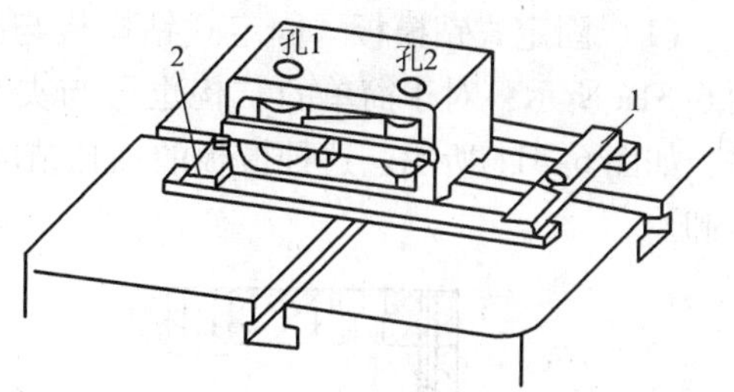

图6-29　移动式钻模

1—右端挡板　2—左端挡板

6. 滑柱式钻模

如图6-30所示为手动滑柱式钻模，钻模板1套装在两个滑柱2及齿条柱3上，用螺母紧固。滑柱装在夹具体4的导向孔中，转动手柄7时，齿轮轴6上螺旋角为45°的螺旋齿轮通过齿条柱3，带动钻模板1上下移动。齿轮轴6的一端制成双向锥体，锥度为1∶15，与夹具体4及套环5的锥孔配合。当钻模板下降而夹紧工件时，齿轮轴受轴向分力，使锥体楔紧在夹具体的锥孔中。由于锥角小，具有自锁性能，加工过程中不会松夹。加工结束、钻模板升到最高处时，可使另一段锥面楔紧在套环5的锥孔中。由于自锁作用，在装卸工件时，钻模板不会因自身重量而下降。

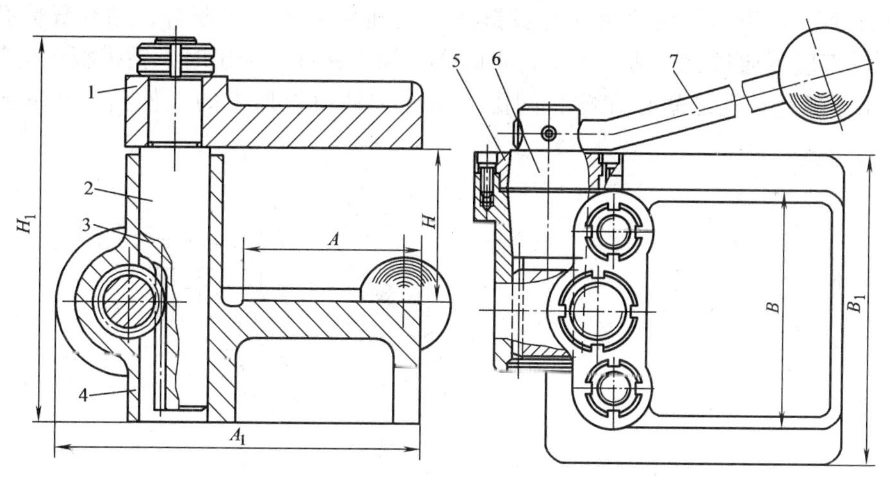

图6-30　滑柱式钻模

1—钻模板　2—滑柱　3—齿条柱　4—夹具体　5—套环　6—齿轮轴　7—手柄

滑柱式钻模夹紧迅速，使用方便，改变产品时只需要更换钻模上的定位元件、夹紧元件及钻模板，具有一定的通用性，因此适用于成批及大量生产。滑柱式钻模的结构已标准化和规格化，这种钻模已属于通用夹具范畴。

三、钻床夹具的组成与选择

钻床夹具有多种形式及结构，但它们的基本组成还是相同的。钻床夹具通常由夹具体、钻模板、钻套、定位元件及装置、夹紧装置五个部分组成。这里主要介绍钻模板和钻套。

1. 钻模板

钻模板是供安装钻套用并确保钻套在钻模上位置精度的元件。它必须具有一定的刚度和强度，其位置一般在工件的上方或前方。常见钻模板的结构类型有如下几种：

（1）固定式钻模板　固定式钻模板与夹具体的固定方法，一般采用螺钉联接固定，如图6-31a所示；对于简单的结构也可与夹具体制成一整体，如图6-31b所示；或焊接成一体，如图6-31c所示。这种模板的钻孔精度较高，因而使用广泛，但要注意不能妨碍工件的装卸。

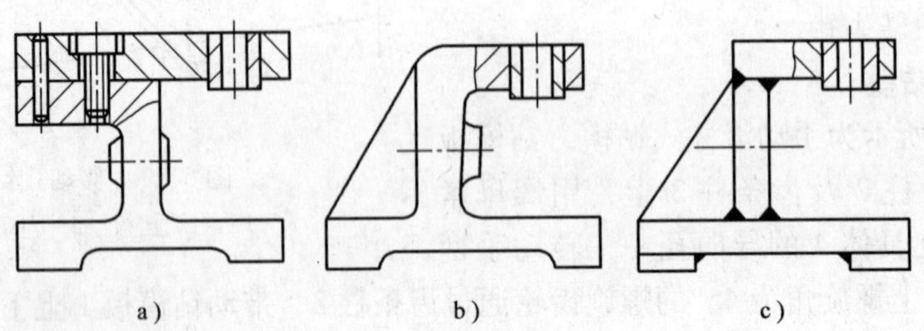

图6-31　固定式钻模板

（2）铰链式钻模板　当钻模板妨碍工件的装卸时或钻孔后需攻螺纹时，可采用如图6-32所示的铰链式钻模板，其铰链销1与钻模板5的销孔采用G7/h6配合，与铰链座3的销孔采用N7/h6配合，钻模板5与铰链座3之间采用H8/g7配合，钻套导向孔与夹具安装面的垂直度可通过调整两个支承钉4的高度加以保证，加工时，钻模板5由菱形螺母6锁紧。由于铰链销孔之间存在配合间隙，用此类钻模板加工的工件精度比固定式钻模板低。

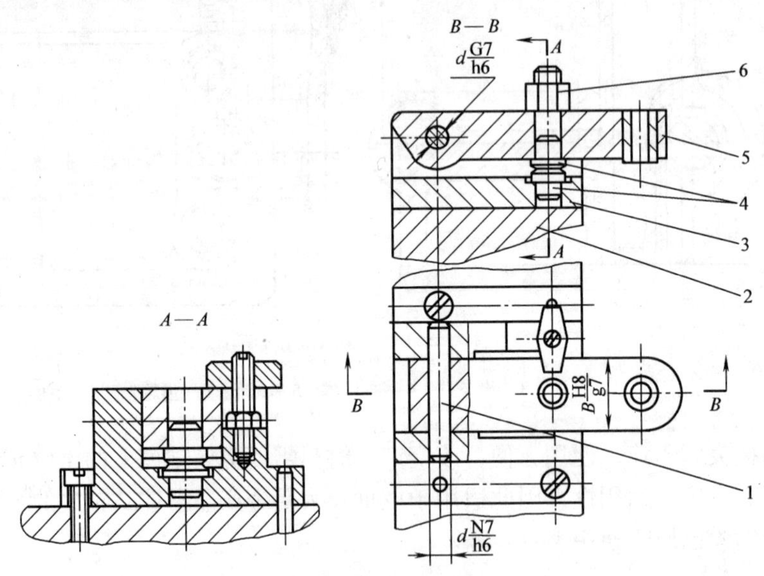

图6-32　铰链式钻模板

1—铰链销　2—夹具体　3—铰链座　4—支承钉　5—钻模板　6—菱形螺母

（3）可卸式钻模板　如图6-33所示，可卸式钻模板的两孔在圆柱销和削边销上定位，因加工孔径较小，故省略了夹紧结构，加工完毕需将钻模板卸下，才能装卸工件。这种钻模板装卸工件费时费力。

2. 钻套

钻套与钻模板一样，都是钻模上的特殊元件。钻套装在钻模板上，其作用是确定被加工孔的位置和引导刀具加工。

（1）钻套的分类

1）固定钻套。固定钻套如图6-34所示，其结构有A型和B型两种，B型用于钻模板较薄时，以便保持钻套的导引长度。钻套与钻模板的配合为H7/n6或H7/r6，安装时下端需稍微超出钻模板，否则切屑易卷入钻套座孔，加剧钻头磨损。固定钻套的结构简单、钻孔精度高，适用于单一钻孔工序和小批量生产。

2）可换钻套。可换钻套的结构如图6-35a所示，它通过衬套与钻模板相连接，由衬套来保护钻模板底孔。衬套与钻模板的配合为H7/n6小过盈配合，而钻套与衬套取H7/g5、H7/g6等小间隙配合，便于钻套的更换。为防止钻套随刀具转动或被切屑顶出，采用钻套螺钉将其压紧。这种钻套适合于单纯钻孔而批量较大的场合。

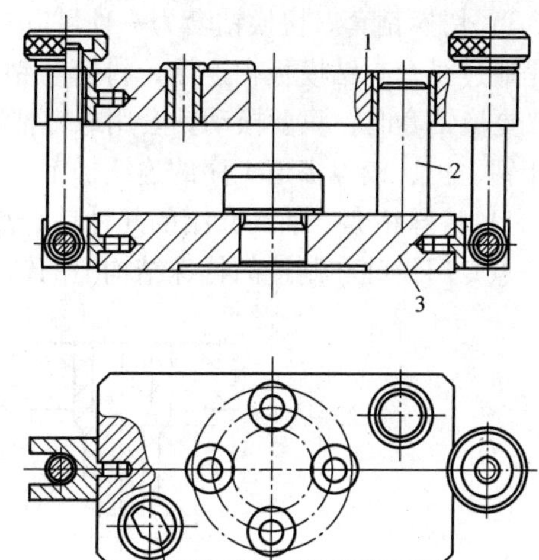

图6-33　可卸式钻模板
1—钻模板　2—导柱　3—夹具体　4—菱形销

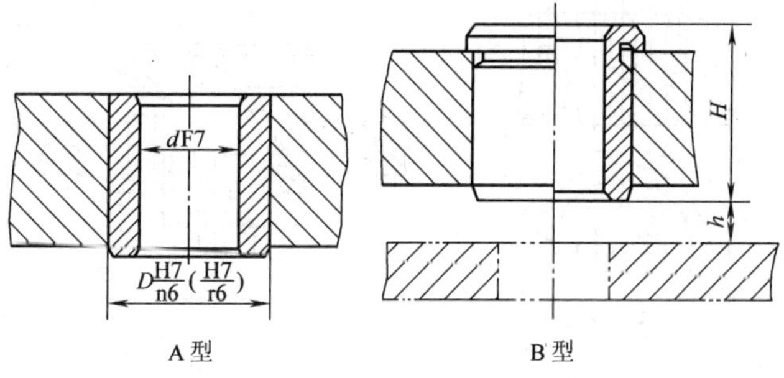

图6-34　固定钻套

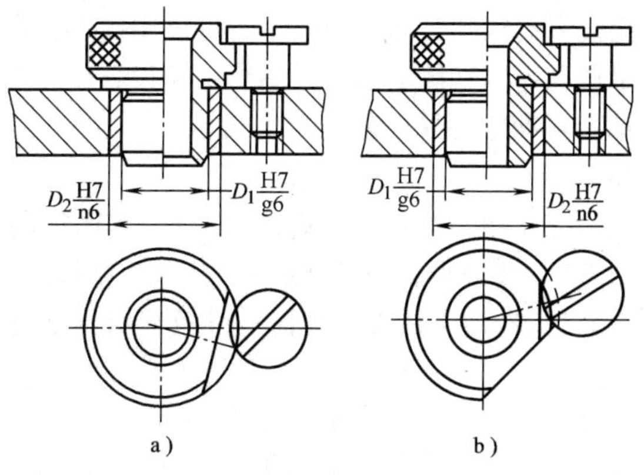

图6-35　可换钻套和快换钻套

3）快换钻套。快换钻套为一种可以进行快速更换的钻套，其结构如图 6-35b 所示。它也是通过衬套与钻模板相连接，衬套与钻模板、衬套与钻套的配合也是采用 H7/n6 和 H7/g6。更换钻套时，只要松动钻套用螺钉把钻套逆时针转动一下，便可将其取出。快换钻套适合于钻、扩、铰等多道工序的连续加工。

4）特殊钻套。前面介绍的几种钻套都已标准化，而特殊钻套是根据工件被加工孔的具体特点专门设计和制造的特殊结构上的钻套。如图 6-36 所示是几种常用的特殊钻套。

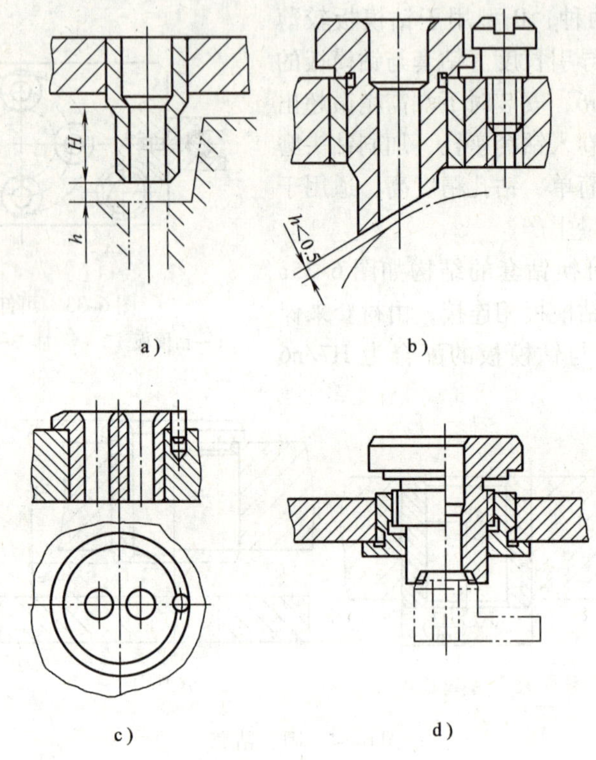

图 6-36　几种常用的特殊钻套

图 6-36a 所示为加长钻套，常用于工件的凹坑和凹面上的孔的加工；

图 6-36b 所示为用于斜面、弧面上钻孔的斜面钻套；

图 6-36c 所示为双孔或多孔钻套，当孔距较小时可以用一个钻套体代替多个钻套；

图 6-36d 所示为兼定位和夹紧功能的钻套，钻套下端设置短锥套自动定心结构，向下拧紧钻套，可使工件相对钻套自动定心并压紧。

（2）钻套有关参数的确定

1）钻套内径 d。钻套内孔一般与刀具按基轴制配合，其内径的基本尺寸取刀具的最大极限尺寸，钻、扩孔时取 F7、F8 公差，粗铰时取 G7 公差，精铰时取 G6 公差。

2）钻套高度 H。钻套过长易加剧钻头的磨损，过短其引导精度又下降，故钻套高度一般按下列原则选取：

钻一般不需再加工的孔：　　$H=(1.5\sim2)d$；

钻需要铰削的孔：　　$H=(2.5\sim3.5)d$；

铰孔：　　$H\geqslant(3\sim4)d$；

铰斜孔：　　　　　　　　　　　　　　$H \geqslant (4 \sim 8)d$。

3）排屑间隙 h。钻套下端与工件表面之间的距离 h（见图 6-34）用于排屑，称为排屑间隙。h 值过小时，切屑易堵，钻头易折断；过大时，会降低引导作用。故排屑间隙一般按以下原则确定：

加工铸铁等脆性材料：　　　　　　　$h=(0.3 \sim 0.7)d$；

加工钢等塑性材料：　　　　　　　　$h=(0.7 \sim 1.5)d$；

加工深孔（$L/d>5$）：　　　　　　$h=1.5d$；

加工斜面、弧面上的孔：　　　　　　$h=(0 \sim 0.2)d$，h 应尽量小。

3. 钻模类型的选择

钻模的种类繁多，在设计钻模时，首先要根据工件的形状、尺寸、精度和批量来选择钻模的结构类型，选择时要注意以下几点：

1）当钻孔直径大于 10mm 或加工精度要求高时，宜采用固定式钻模。

2）翻转式钻模与工件的总重量不宜超过 1000N。

3）移动式钻模所加工的工件孔径不宜过大。

4）盖板式钻模由于使用时经常搬动，其重量也不宜超过 100N。为了减轻重量，可设加强筋而减小模板厚度，设置减轻孔和改用铸铝件。

5）滑柱式钻模由于滑柱与导孔为间隙配合，因此工件的垂直度和孔位精度要求较高时，不宜采用。

四、几种典型的钻床夹具

1. 固定式普通钻模

如图 6-37 所示为摇臂零件图，其毛坯为锻件，ϕ25H7 的孔及其两端面、ϕ16mm 锥孔及其两端面均已加工，本工序是在立式钻床上钻削 ϕ12mm 的锁紧孔，孔的位置精度要求不高，故位置尺寸未标注公差。

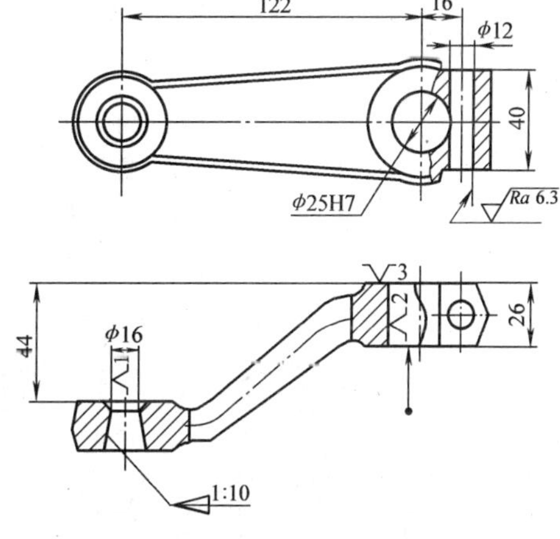

图 6-37　摇臂零件图

如图 6-38 所示为钻摇臂锁紧孔的固定式普通钻模。工件以一面两孔方式定位，定位心轴 6、定位板 8 及菱形销 2 为定位元件。由于两定位孔的中心距未注公差，菱形销 2 可在夹具体的长孔内作一定的调整，以保证每批工件都能顺利装夹。逆时针转动夹紧手柄 3，通过端面凸轮 5 使夹紧杆 7 向左移动，推动转动垫圈 4，可将工件夹紧。钻套 9 安装在钻模板 10 上，可确定刀具相对夹具的位置。由于夹具体的形状较复杂，故采用铸造夹具体，夹具体上设置耳座，底部四边铸出凸边。

2. 翻转式钻模

如图 6-39 所示为加工螺塞上三个轴向孔和三个径向孔的翻转式钻模。工件以螺纹大径及台阶面在夹具体 1 上定位，用两个钩形压板 3 压紧工件。夹具体 1 的外形为六角形，工件一次装夹后，可完成六个孔的加工。

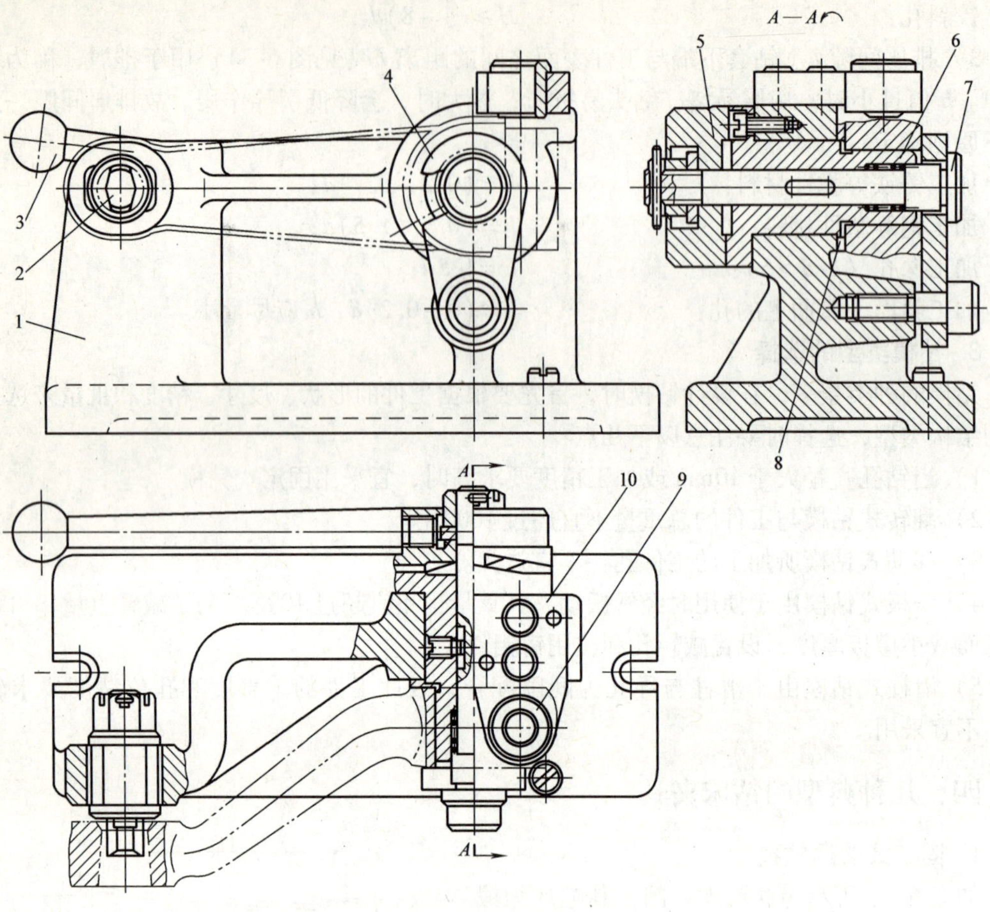

图6-38　钻摇臂锁紧孔的固定式普通钻模

1—夹具体　2—菱形销　3—夹紧手柄　4—转动垫圈　5—端面凸轮

6—定位心轴　7—夹紧杆　8—定位板　9—钻套　10—钻模板

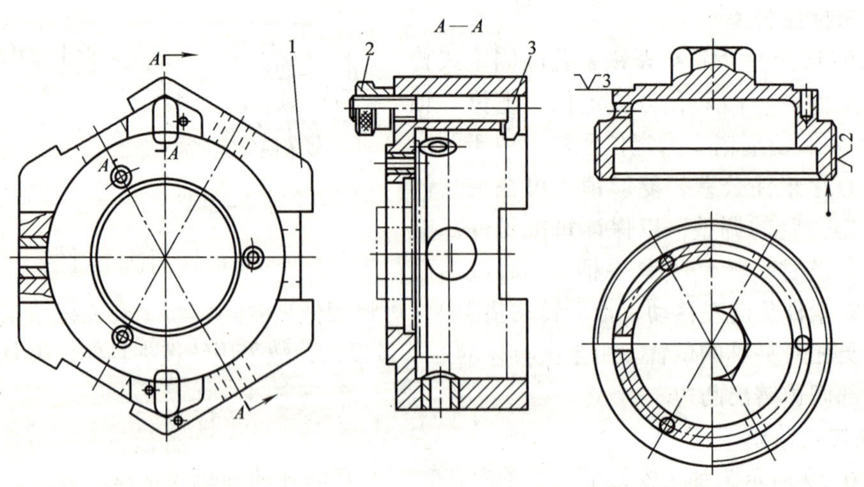

图6-39　螺塞上钻六孔翻转式钻模

1—夹具体　2—夹紧螺母　3—钩形压板

3. 盖板式钻模

如图 6-40 所示为主轴箱钻七孔盖板式钻模，其中 6-40a 为零件图，需加工两个大孔周围的七个螺纹底孔，工件其他表面均已加工完毕。

以工件上两个大孔及其端面作为定位基面，在钻模板的圆柱销 2、菱形销 6 及四个定位支承钉 1 组成的平面上定位。钻模板在工件上定位后，旋转螺杆 5，推动钢球 4 向下，钢球同时使三个柱塞 3 外移，将钻模板夹紧在工件上。该夹紧机构也称内涨器。

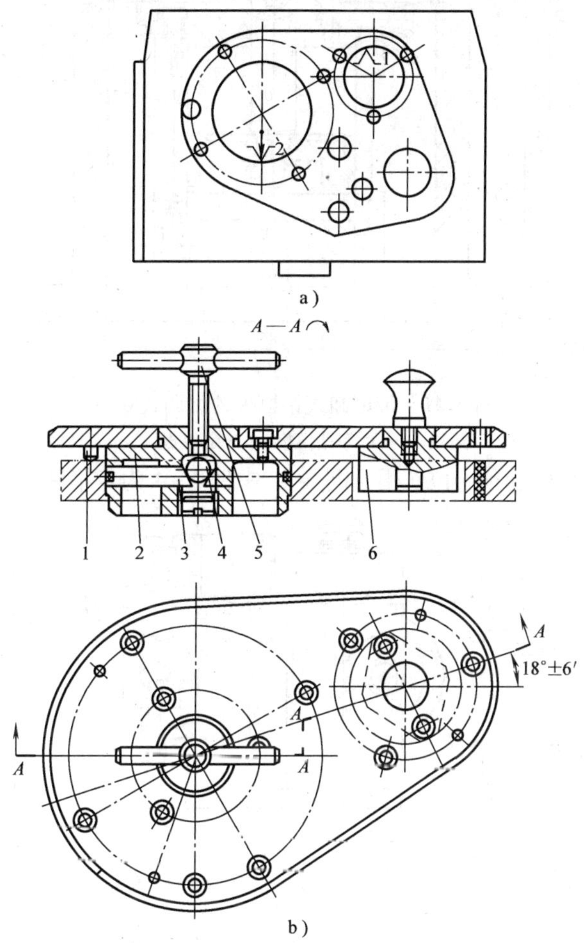

图 6-40　主轴箱钻七孔盖板式钻模

1—支承钉　2—圆柱销　3—柱塞　4—钢球　5—螺杆　6—菱形销

4. 可卸式钻模板

如图 6-41 所示气动可调式钻模上，采用了可卸式钻模板。工件先在可更换预定位元件（定位板 4）上预定位，可卸钻模板 3 与工件止口配合实现五点定位，夹紧气缸 6 的活塞杆（夹紧拉杆 1）通过开口垫圈 2 将可卸钻模板 3 与工件一起夹紧。这类钻模板的定位精度高，可与工件一起装卸。

5. 滑柱式钻模

滑柱式钻模的零件简图如图 6-42a 所示，孔的两端面已经加工，工件在支承 1 的平面、定心夹紧套 3 的三锥爪和防转定位支架 2 的槽中定位。钻模板下降时，通过定心夹紧套 3 使工件定心

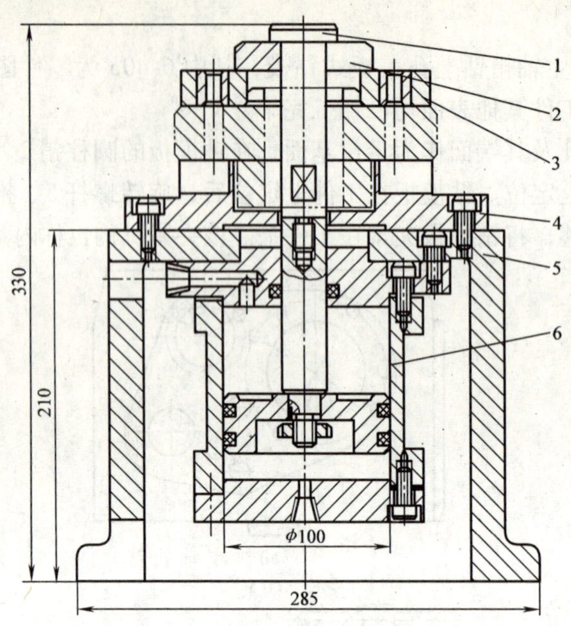

图 6-41　带可卸式钻模板的可调式钻模

1—夹紧拉杆　2—开口垫圈　3—可卸钻模板　4—定位板　5—夹具体　6—夹紧气缸

夹紧，支承 1 上的三锥爪仅起预定位作用。图 6-42 中件 1 ~4 为专用件，其他均为通用件。

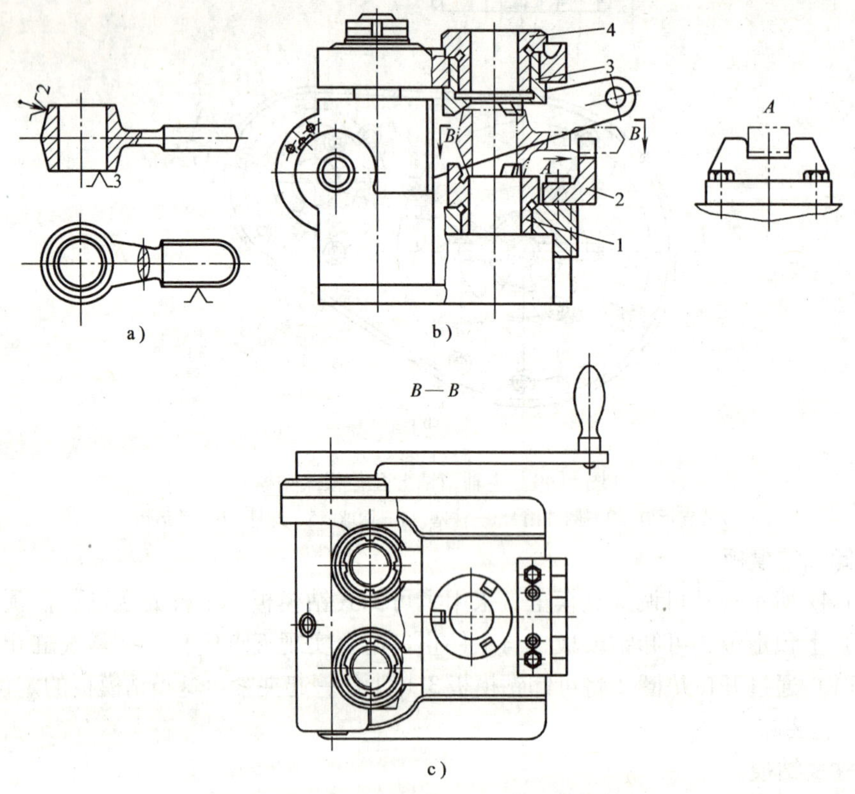

图 6-42　加工杠杆类零件的滑柱式钻模

1—支承　2—防转定位支架　3—定心夹紧套　4—钻套

五、钻床夹具的使用注意事项

1）在立式钻床上使用翻转式钻模时，应尽量使用固定在机床工作台上的挡块，以抵消钻孔时的转矩。在孔即将钻穿时，建议改用手动进给，以免钻头出头时，由于钻模跳动，造成钻头折断甚至钻模飞出伤人的恶性事故。

2）在使用卧轴式回转钻模时，应仔细调整配重，使回转均匀，无偏重现象。

3）若在立式钻床上加工位置精度要求较高的孔，建议采用固定式钻模，安装钻模时用钻头或铰刀在钻套中转动及上、下移动，使刀具与钻套内孔四周间隙均匀，最好采用心棒或百分表找正，以减少其定位误差，然后再固定钻模。

4）采用钻模在圆弧面或斜面上钻孔，起钻时，应先采用手动缓慢进给，等钻头在工件上钻出深坑后再机动进给，以免由于切削力不均匀而使钻头引偏，甚至折断。

5）在摇臂钻床上钻孔，应定期检查钻套的磨损情况，操作时应在主轴（或刀具）中心与钻套中心对准后再进刀，以免因钻头倾斜而影响孔距。

6）使用快换钻套时，应注意排屑，防止切屑将钻套顶起而影响钻孔的精度和孔距。

第四节　组 合 夹 具

组合夹具是一种标准化、系列化、通用化程度很高的工艺装备，它是由各种预先制造好的标准定位、夹紧、支承、导向元件及各类合件，根据不同的加工工艺要求，进行相应的临时组装而形成的组合性夹具。组合夹具使用完毕后，可以很方便地拆散、清洗，使这些标准元件得以重复性地组装使用。

一、组合夹具的特点与应用场合

1. 组合夹具的特点

1）组合夹具的适用范围广。一般情况下，组合夹具对应的工件形状的复杂程度可不受限制，其外形尺寸范围从20mm至600mm，特别适用于单件小批量生产，在模具、夹具制造行业应用广泛。

2）可缩短生产准备周期。由于组合夹具的各标准件已预先制备，只需在应用时根据工件需求进行组装使用，所以夹具形成的组装时间较短，这样可使生产的准备周期大为缩短，这是组合夹具应用的一大特点。

3）使用组合夹具后，可减少专用夹具的成本，从而降低产品的制造成本。专用夹具为专门化应用，当产品的尺寸规格发生变化或者不再生产时，这种夹具即告报废，不能再利用，而组合夹具为重复性使用件，绝大部分元件的重复使用率都很高。推广应用组合夹具可以节省大量的专用夹具的设计制造费用以及大量的材料消耗费用，并可以减少夹具的库存量。

4）适应性较好。组合夹具的组装结构形式视工件的具体安装及加工需要而定。由于组合夹具各元件本身都具有较高的精度和组装灵活性，其组装适应性较强。一般情况下，工件形状的复杂程度可以不受限制，很少遇到因工件几何形状特殊而不能完成组装的情况。组合夹具的组装精度也可以通过调装、检验过程中的修研和调整得到进一步保证。

5）组合夹具外形尺寸大，较笨重，刚性差。组合夹具各元件的组装性及其结构的标准性、通用性，使得单个元件的外形结构细节较复杂，需配备组装定位结构及连接结构。例如，槽系夹具的基础件、支承件需预制纵横交错的T形槽，以供定位、连接使用，所以其外形结构一般较为笨重，而各元件均靠螺钉、键销等挤压联接，其组装接触环节较多，总体接触刚度为各环节的串联关系，一般连接刚度较差。

6）组合夹具的初始投资较大。为保证组合夹具元件长期循环使用、反复拆装的要求，制造这些元件的材料应具有足够的强度、刚度和韧性、良好的耐蚀性和切削性能，所以组合夹具的元件多采用工具钢及优质合金钢制造。因此，组合夹具元件的材料费用较高，加上元件的制造精度要求较高，其制造成本也较高。

由于组合夹具的组装性和结构的多变性，需要一定数量的元件储备。一个一般规模的夹具组装站应具有约20000件元件的储备量，可见使用组合夹具的初始投资较大。

2. 组合夹具的应用场合

（1）从生产类型方面看　这种夹具最适用于产品经常变换性生产，如单件、小批生产及新产品试制和临时突击性的生产任务等。

（2）从加工工种方面看　组合夹具可用于钻、车、铣、镗、刨、磨、检验等工种，其中以钻模应用量最大。

（3）从加工精度方面看　由于组合夹具元件本身为2级精度，加上各组装环节的累积误差，因此在一般情况下，工件的加工精度可达3级。

二、组合夹具的基本元件及主要作用

根据组合夹具组装连接基面的形状，可将其分为槽系和孔系两大类。

1. 槽系组合夹具

槽系组合夹具的连接基面为T形槽，各元件由键和螺栓等元件定位固紧，是目前我国应用较多的一种夹具。孔系组合夹具的连接基面为圆柱孔和螺孔组成的坐标孔系，特别适合于小型精密工件的加工中心、数控机床等加工。

如图6-43所示为T形槽组合夹具各类元件的外形结构，按其功能要素的不同可分为基础件、支承件、定位件、导向件、夹紧件、紧固件、其他件及组合件共八大类。

（1）基础件　基础件的结构如图6-43a所示，分为圆形、方形、长方形基础板和基础角铁等几种外形。基础件是整个组合夹具的夹具体，作为其他元件的安装基础，需要具备一定的刚性，并设置有供元件安装的T形槽系统。

（2）支承件　各种支承件的具体结构情况如图6-43b所示，主要用作不同高度的垫块及支撑用，其种类较多，包括方形支承、长方形支承、角度支承和角铁支承等。

（3）定位件　各种定位件主要用作各单元来确定准确的相互位置关系及为工件和机床提供定位用。如图6-43c所示为各种定位销、定位盘、定位座、定位键、V形架、T形键和直键等。此外，各种心轴，顶尖，对定销，定位板及三棱、六棱、四方形支座，定位支承及调整块等，也属于定位件。

（4）导向件　导向件主要用来引导刀具如钻头、镗杆等，其结构如图6-43d所示，它包括各种钻套、钻模板、镗孔支承和导向支承等。

（5）压紧件　压紧件用来压紧工件及组合元件，其结构如图6-43e所示，主要有各种压板、压脚，包括平压板、开口压板和伸长压板和回转压板等。由于压板表面都经磨光，也常用作限位挡板、连接板和垫铁等其他用途。

（6）紧固件　各种紧固件的结构如图6-43f所示，用来紧固夹具上的各种散件及组件，主要包括各种T形螺栓、钩头螺栓、双头螺柱及其他特殊结构的螺母和垫圈等。

（7）组合件　组合件又称合件，是由数个元件组成的独立部件，如图6-43h所示。按用途不同，组合件有定位合件、分度合件、支承合件、导向合件和夹紧元件等；从结构上看，有顶尖座、回转顶尖、可调V形架、折合板、分度盘、可调支座和可调角度转盘等。

合件是组合夹具的重要部件，具有结构合理、使用方便、用途广泛的特点，可以通过一定的组合而形成可调合件、多功能合件和高效装夹合件等。另外，结构合理的合件可以形成独立的常用部件和多功能的专用合件，以提高组装时的组合速度。所以，合件被看做组合夹具中最具灵活性的重要部件。

（8）其他件　组合夹具中的其他件是指一些辅助元件，如连接件、滚花手柄、各种支钉和支承帽、平衡弹簧、平衡块、接头、摇板和摇块等，如图6-43g所示。

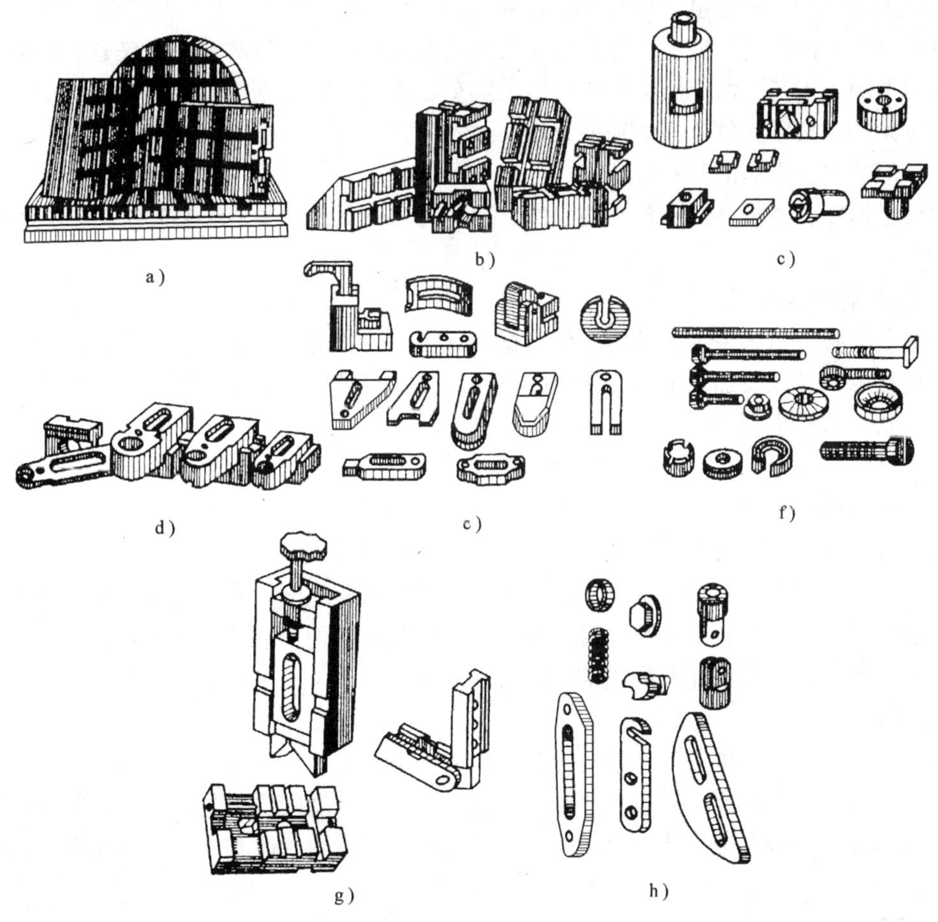

图6-43　T形槽系组合夹具元件

a）基础件　b）支承件　c）定位件　d）导向件　e）压紧件　f）紧固件　g）组合件　h）其他件

2. 孔系组合夹具

德国、英国、美国等都有各自的孔系组合夹具。如图 6-44 所示为德国 BIüCO 公司的孔系组合夹具组装示意图，元件与元件间用两个销钉定位、一个螺钉紧固，定位孔孔径有 ϕ10mm、ϕ12mm、ϕ16mm、ϕ24mm 四个规格；相应的孔距为 30mm、40mm、50mm、80mm；孔径公差为 H7，孔距公差为 ±0.01mm。

孔系组合夹具的元件用一面两圆柱销定位，属可用重复定位，其定位精度高、刚性好、组装可靠、体积小、元件的工艺性好、成本低，可用作数控机床夹具，但组装时元件的位置不能随意调节，常用偏心销钉或部分开槽元件进行弥补。

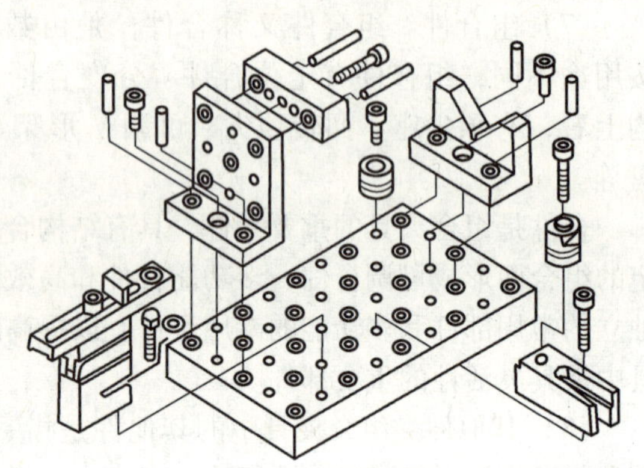

图 6-44　BIüCO 孔系组合夹具组装示意图

三、组合夹具的组装

组合夹具的组装工作是夹具的总体设计和装配统一的过程。确定组合夹具的总体结构，首先由工件的加工精度、工件定位、夹紧的要求，确定夹具的定位、夹紧、组装结构方案，并根据加工工艺方法、加工机床设备的类型，确定夹具基础板的尺寸规格，最后把空间的各定位元件、夹紧元件及其他辅助元件通过各种支承件、连接件将它们与基础件之间的空间填满，形成组合夹具的基本形状。

组装过程中，要求夹具有较大的刚度，但也力求夹具结构紧凑、轻巧灵活。正确的组装过程如下：

1. 组装前的准备

在组装前必须熟悉组装工作的原始依据，即了解工件的加工要求，工件的形状、尺寸公差和其他技术要求以及加工工艺、使用的机床、刀具等情况。在熟悉情况的过程中，最好有工件的实物，这样更便于弄清楚工件毛坯的情况，便于考虑工件的定位、夹紧、装卸方便性等。

2. 确定组装方案

按工件的定位原理和夹紧的基本要求，在熟悉资料的过程中，经过分析研究，确定工件的定位面及其夹紧部位，选择定位元件、夹紧元件以及相适应的支承元件、基础板等，从而初步确定夹具的结构形式。在考虑组装方案时，应注意各种夹具的特殊性，如铣、刨夹具要求刚度好；平磨夹具和镗孔夹具要求有较高的精度。

3. 试装

试装就是把前面设想的夹具结构方案先组装一下，摆一个“样子”，对有些主要元件的精度，如等高度、平行度等需进行测量和挑选，但各元件之间暂不紧固。试装的目的是检验夹具的结构方案是否合理，从而对前面设想的结构方案进行修改和补充，以免在正式组装时造成大的返工。

4. 组装连接

组装连接即按照预先确定好的组装方案由里向外、由上到下依次安装。在装配过程中，应注意保持各接合面的紧固、牢固。在连接的同时要进行有关尺寸的测量和调整，组装和调整应交替进行。夹具的重要定位元件间的位置公差应取工件相应位置公差的1/5～1/3。

5. 检验

夹具各元件全部紧固后要进行一次仔细全面的检查，检查内容与试装时相同，最后检查零星元件是否配齐。

以上组装步骤并不是一成不变的，有时可几个步骤同时进行。

如图6-45所示为按上述步骤组装好的车削管状工件的组合夹具，此夹具由基础板1，直角槽方支承2，圆形支承4、6、9、10，简式方支承5，V形支承8等元件组成夹具的支架。工件在支承8的V形槽和支承9、10的定位表面上进行定位，由螺钉3和11夹紧，各元件由平键和槽定位，通过螺钉连成刚体。

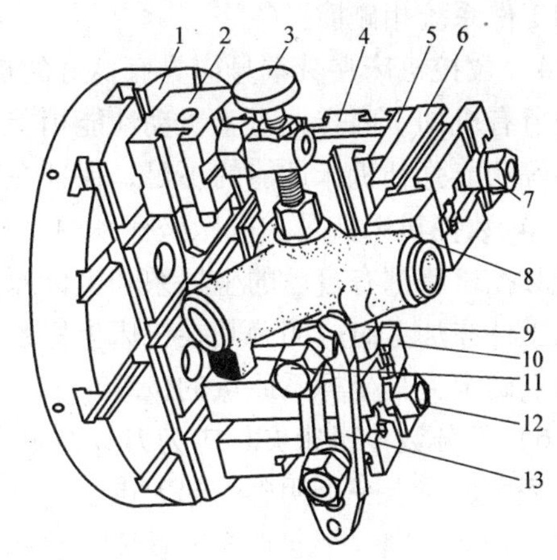

图6-45　车削管状工件的组合夹具

1—90°圆形基础板　2—直角槽方支承　3、11—螺钉
4、6、9、10—圆形支承　5—简式方支承
7、12—螺母　8—V形支承　13—连接板

第五节　数控机床夹具

现代机械加工生产中，数控机床的应用越来越广泛。数控机床夹具必须适应数控机床的高精度、高效率、产品转换容易、生产准备周期短、机床自适应性强、多方向同时加工、数字程序控制及单件小批生产的特点，比较适合于外形轮廓较复杂、不易装夹的工件及多品种\ 多工序小批量工件的加工。数控机床夹具主要采用可调夹具、组合夹具、拼装夹具、专用夹具和数控夹具（夹具本身可在程序控制下进行调整）。

一、对数控机床夹具的基本要求

1）应具有较高的精度以满足数控加工的精度要求。数控机床精度很高，一般用于高精度加工，所以对数控机床夹具也提出了较高的定位安装精度要求和转位、对定精度要求。

2）应能快速装夹工件以适应高效、自动化加工的需要。为适应高效、自动化加工的需要，数控机床的夹具结构应适应快速装夹的需要，以尽量减少工件的装夹辅助时间，提高机床切削运转的利用率。

为适应快速装夹的需要，数控机床夹具常采用液动、气动等快速反应夹紧动力，对切削时间较长的重要夹紧，在夹具液压夹紧系统中附加储能器，以补偿内泄漏，防止可能造成的松夹现象；若对自锁性要求较严格，则多采用快速螺旋夹紧机构，并利用高速风动扳手辅助安装；对于柔性制造单元和自动线中的数控机床及加工中心，其夹具结构应注意为安装自动送料装置提供方便。

3）数控机床夹具应具有良好的敞开性。数控机床加工为刀具自动走刀加工，夹具及工件应为刀具的移动和换刀等快速动作提供较宽敞的运行空间，尤其对于需多次进出工件的多刀、多工序加工，夹具的结构更应尽量简单、开放，使刀具容易进入，以防刀具运动中与夹具的工件系统相碰撞。

4）数控机床夹具本身应具有良好的机动性。数控机床加工追求一次装夹条件下，尽量干完所有机加工内容，对于机动性能稍差些的二轴联动数控机床，可以借助于夹具的转位、翻转等功能弥补机床性能的不足，保证在一次装夹条件下完成多面加工。

5）数控机床夹具在机床坐标系中坐标关系应明确，数据简单，便于坐标的转换计算。每种数控机床都有自己的坐标系和坐标原点，它们是编制程序的重要依据之一。装夹在夹具上的工件在加工时应明确其在机床坐标系中的确切位置。设计数控夹具时，应按机床坐标的起始点确定夹具坐标系原点的位置。

6）部分数控机床夹具应为刀具的对刀提供明确的对刀点。数控机床加工中，每把刀具进入程序均应有一个明确的起刀点。若一个程序中要调用多把刀具对工件进行加工，需要使每把刀具都由同一个起点进入程序。因此，各刀具在装刀时，应把各刀的刀位点都安装或校正到同一个空间点上，成为对刀点。

对于数控机床，多在夹具或夹具中的工件上专门指定一个特殊点作为对刀点，为各刀具的安装校正提供统一的基准。对刀点应该便于刀具和工件坐标系关系的确立和测量。

7）数控机床夹具应具有高适应性。数控机床加工的机动性和多变化性要求夹具应具有对不同工件和不同装夹要求的较高的适应性。一般情况下，数控机床夹具多采用各种组合夹具，在专业化大规模生产中，多采用拼装类夹具，以适应生产多变、准备周期短的需要，有时也采用较简单的专用夹具，以提高定位精度。

二、数控机床夹具的主要类型

1. 通用夹具

通用夹具已标准化、系列化，如机用虎钳、通用角铁、动力卡盘等，可满足简单零件的装夹要求。该类夹具的生产成本较低，但柔性化较差。

如图 6-46 所示为 T 形槽角铁夹具在卧式加工中心上的应用，其箱体工件装夹在角铁上，镗削平行孔系。

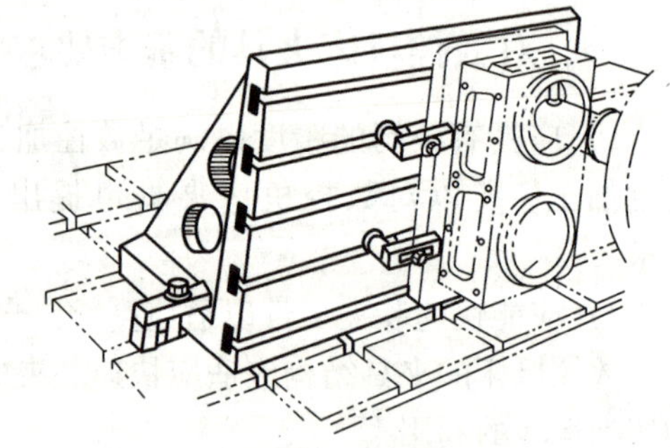

图 6-46　T 形槽角铁夹具

如图 6-47 所示为用于数控车床的动力卡盘。在高速车削时，平衡块 3 所产生的离心力经杠杆 4 给卡爪 1 一个附加的力，以补偿卡爪夹紧力的损失。卡爪由活塞 12 经拉杆 6 和楔槽滑块 7 的作用将工件夹紧。

如图 6-48 所示为用于数控铣床的机用虎钳，图中分别表示了夹具的零点 W_2 和工件的零点 W。

2. 通用可调夹具

常见的通用可调夹具如通用可调卡盘和通用可调虎钳加工范围广，可装夹形状较复杂的零件。

如图 6-49 所示的通用可调夹具，用于装夹以两孔一面定位的箱体零件，两转盘 2 上的插销 3 可调整，圆周调整经轴 5、蜗杆 6 和传动蜗轮实现，直线调整经齿轮轴 7 和滑板 4 实现，工作台上的 T 形槽中可配置夹紧机构。这类夹具适合一组相似箱体零件的装夹。

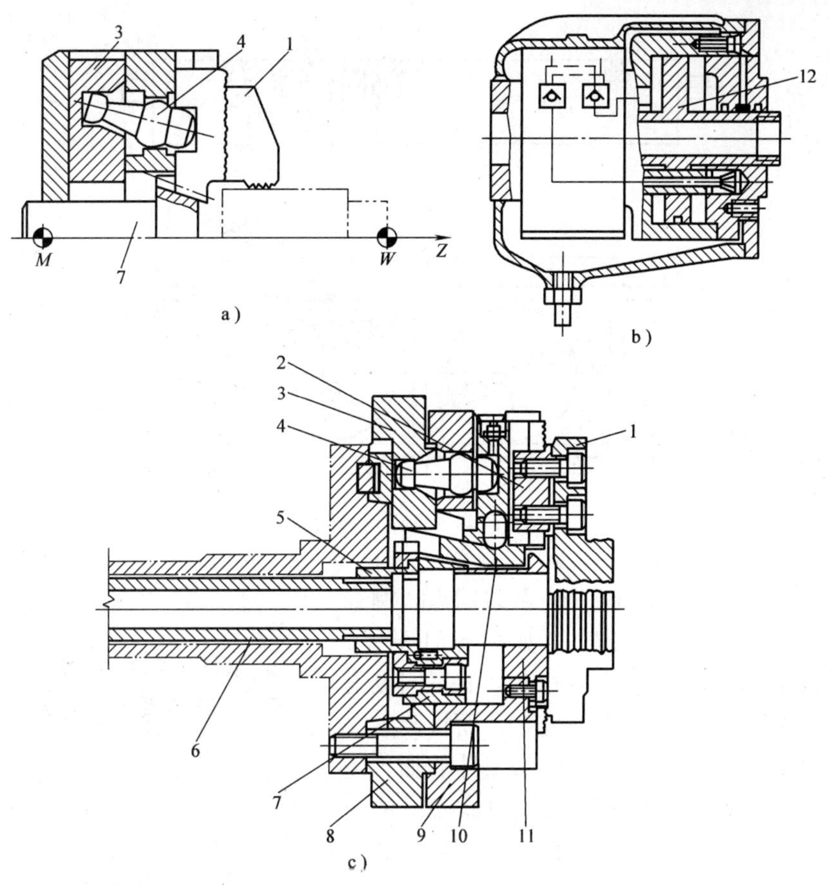

图 6-47　用于数控车床的动力卡盘

a）动力卡盘原理　b）动力卡盘液压缸　c）动力卡盘结构

1—卡爪　2—T 形块　3—平衡块　4—杠杆　5—连接螺母　6—拉杆

7—楔槽滑块　8—法兰盘　9—盘体　10—卡爪座　11—盖　12—活塞

3. 组合夹具

组合夹具有良好的柔性，常用于装夹形状较复杂的零件，是一种很经济的夹具。如图 6-50 所示为箱体零件在孔系组合夹具上的装夹。使用组合夹具时，应在夹具上选择一个编程零点，并注意防止刀具与夹具发生碰撞。

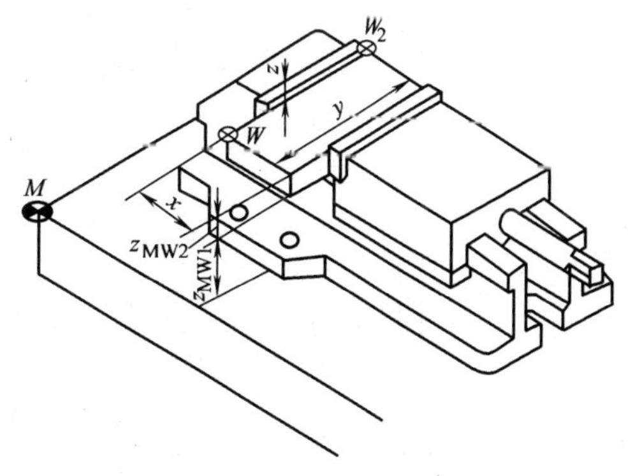

图 6-48　用于数控铣床的机用虎钳上的基准点

4. 成组夹具

多品种与中、小批量生产的企业，在数控加工单元和柔性制造系统中广泛地应用成组夹具。成组夹具是按企业的典型零件族设计的非标准可重调夹具，柔性化良好。

5. 拼装夹具

拼装夹具是一种柔性化的夹具，通常由基础件和其他模块元件组成，还包含夹紧装置系统。

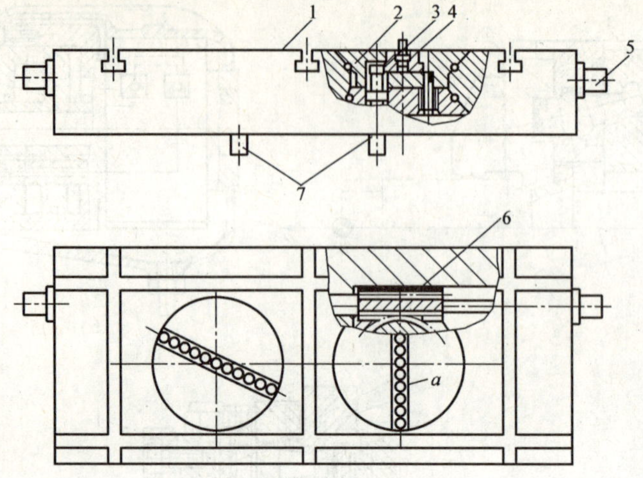

图 6-49　通用可调夹具

1—工作台　2—转盘　3—插销　4—滑板　5—轴　6—蜗杆　7—齿轮轴

拼装夹具与组合夹具之间有许多共同点，例如都具有方形、矩形和圆形基础件，如图 6-51 所示，且在基础件表面有网络孔系。两种夹具的不同点是组合夹具的万能性好、标准化程度高，而拼装夹具则是非标准的，一般是为本企业产品工件的加工需要而设计的，当产品不同时或对加工方式不同的企业，使用的模块结构会有较大差别。

目前，拼装夹具只有企业标准，其标准模块的基础件有网格孔系四方立柱、T 形槽四方立柱、网格孔系角铁和平台等。在拼装夹具上允许使用专用定位元件。

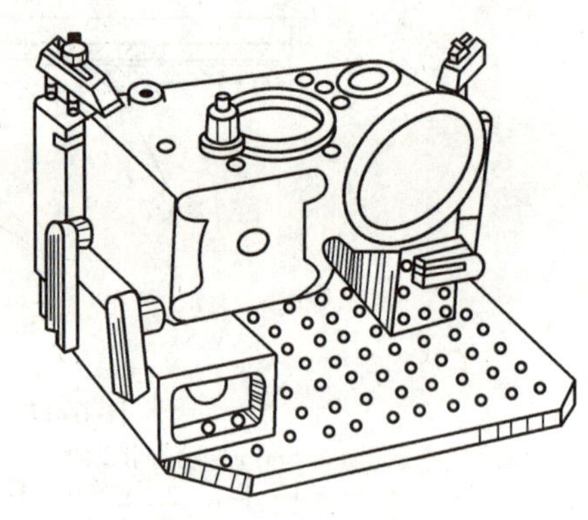

图 6-50　孔系组合夹具

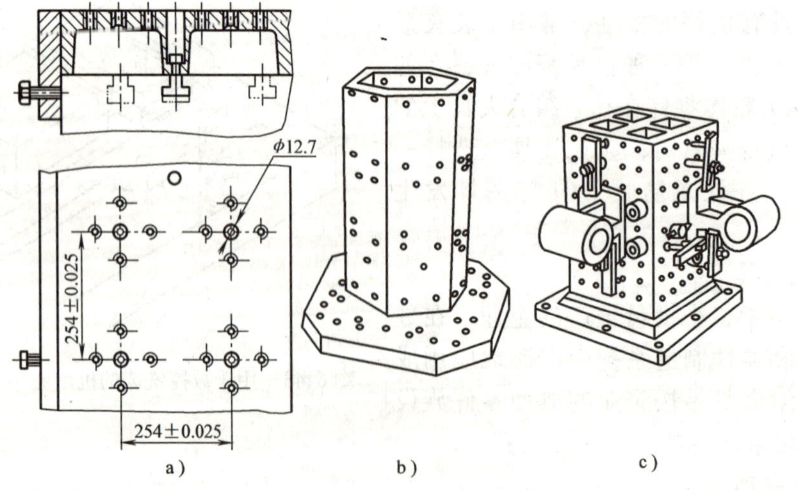

图 6-51　拼装夹具的基础件

a）板式　b）六面体形　c）方形

如图 6-52 所示为用于数控镗床的拼装夹具，主要由基础板 10 和多面体模块 8、9 组成。多面体模块常用的几何角度为 30°、60° 和 90°等，按照工件的加工要求，可将其安装在不同的位置。左边的工件 1 由支承 2、6、7 定位，用压板 3 夹紧，右边的工件为另一工位。

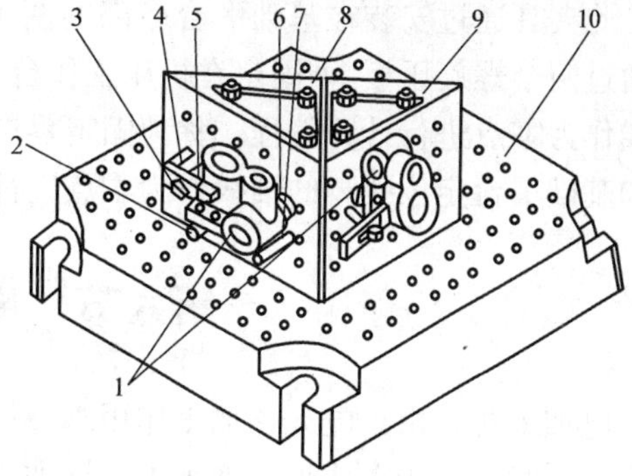

图 6-52 数控镗床的拼装夹具

1—工件 2、6、7—支承 3—压板 4—支承螺栓 5—螺钉 8、9—多面体模块 10—基础板

6. 专用夹具

专用夹具的柔性化差。在产品的大量生产中，为解决一些形状复杂零件的装夹问题，广泛使用专用夹具。

三、数控机床夹具实例

如图 6-53 所示为一镗箱体孔的数控机床夹具，用来镗削工件上 A、B、C 孔。整个夹具为孔系拼装夹具，基础件为孔系液压基础平台 5，工件用平台平面和三个定位销 3 定位，夹紧机构是由两个液压缸 8、拉杆 12 和压板 13 组成的液动夹紧系统，以实现快速和自动夹紧。

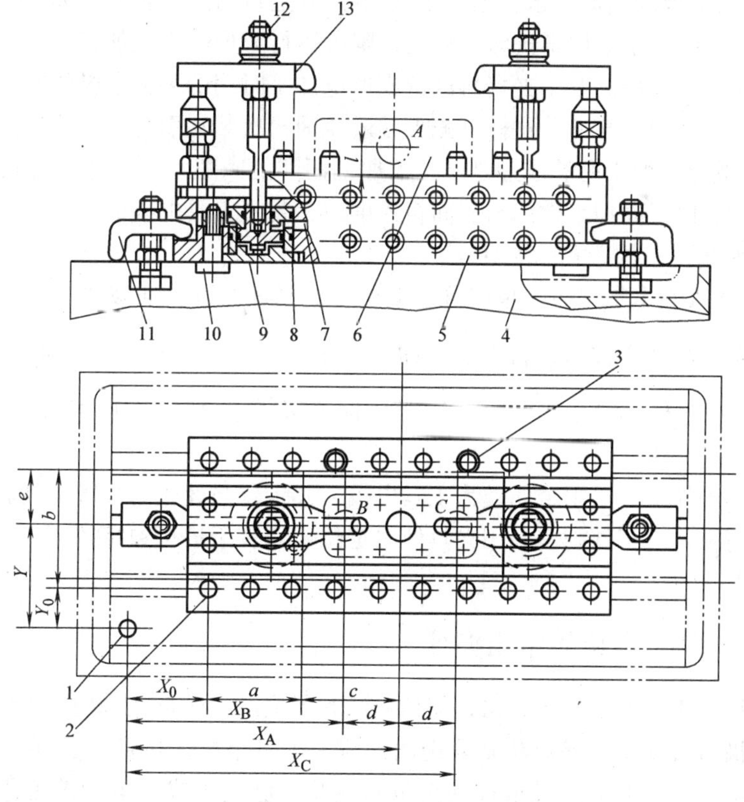

图 6-53 数控机床夹具

1、2—定位孔 3—定位销 4—数控机床工作台 5—液压基础平台 6—工件 7—通油孔 8—液压缸 9—活塞 10—定位键 11、13—压板 12—拉杆

此夹具通过安装在基础平台底部的两个连接孔中的定位键10在机床的T形槽中定位，并通过两个螺旋压板11固定在机床工作台上。三个加工孔的坐标尺寸可用机床定位孔1的轴线作为零点进行计算编程，称为固定零点编程；也可选夹具上方便的某一定位孔的轴线，比如基础平台定位孔2的轴线作为零点进行编程，称为浮动零点编程。

第六节　电加工机床夹具

电加工时，由于电火花加工作用于被加工工件上的力小，所以施于工件上的夹紧力也比较小。同时，由于在成形电加工中，被加工工件将定位并以夹紧元件或以工件本身重力安放于工作台上，工作台只在粗加工时，做X、Y方向的移动，以调整被加工工件与成形工具电极的相对位置，此后，被加工工件一般不再做移动，直至加工完成。所以，电加工时装夹被加工工件的夹具相对比较简单。

一、电加工用夹具的特点

1）成形电加工用成形工具电极需进行专门设计与制造，其加工尺寸、形状、位置精度要求达到模具成形件的设计要求，或比其要求较高。

2）成形工具电极的制造一般需装夹在专用夹具上进行，当制造完成成形工具电极后，连同专用夹具一道装夹于电加工机床主轴上，则可进行成形电火花加工。

制造成形工具电极用的专用夹具与进行成形电加工时用的装夹电极的专用夹具应是同一个专用夹具，同一个定位基准，这样可减少或避免因再次装夹引起的定位误差。

3）为改善成形电加工用的成形电极与被加工面间的间隙状态，减少其间二次放电和冲去其间的蚀除物，以提高加工效率与表面粗糙度值，装夹工具电极的夹具往往设计成可进行二维、三维“平动”结构形式的夹具。

4）被加工工件在电加工时，也需符合六点定位原理，以保证被加工面的尺寸、形状与位置精度，则需限制六个方向的自由度，即$\vec{X}$、$\vec{Y}$、$\vec{Z}$和$\widehat{X}$、$\widehat{Y}$、$\widehat{Z}$；成形工具电极则需限制五个方向的自由度，即$\vec{X}$、$\vec{Y}$和$\widehat{X}$、$\widehat{Y}$、$\widehat{Z}$，保留$\vec{Z}$自由度，以作为成形电火花加工的进给运动。

电火花线切割加工，采用金属丝为工具电极，其走丝与丝张力系统，已成为线切割机床的组成部分，而被加工工件则需采用夹具使之定位、安装于进行数字控制（NC）X、Y方向运动的工作台上。

二、电火花加工电极的常用夹具

电火花成形加工有两种工艺方法，即仿形法和展成法。仿形法采用与工件形面形状相同的成形工具电极直接加工；展成法则采用圆柱体为工具电极，按数字程序（编码）规定的路线进行展成加工。因此，工具电极的定位和夹紧，已成为成形电加工工艺系统中的关键技术。

成形电加工工具电极的常用夹具，是在电加工工艺实践中，经不断创造、设计形成的一套通用、标准的工具电极用夹具，是针对不同结构的成形件的设计要求而设计的组合工具电极用装夹多电极的专用夹具。电火花加工常用的夹具如下。

1. 套筒形夹具

如图 6-54 所示为装夹圆柱形电极用的套筒形夹具（此为标准夹具）。

2. 钻夹头夹具

如图 6-55 所示为使用钻孔夹头式的电极夹具，适用于装夹直径较小的电极。

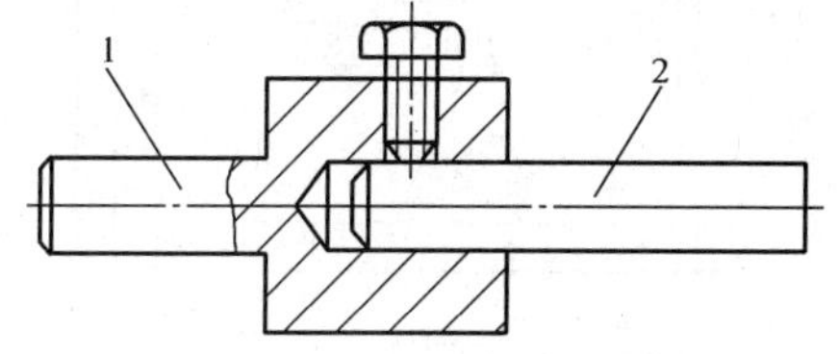

图 6-54 套筒形夹具

1—夹具 2—电极

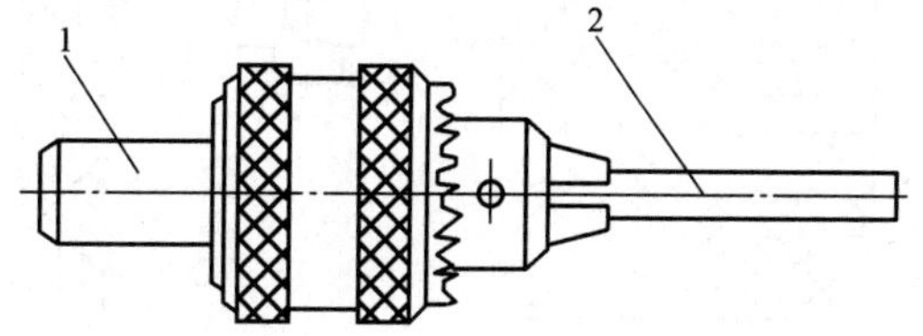

图 6-55 钻夹头夹具

1—钻夹头 2—电极

3. 螺纹联接式夹具

如图 6-56 所示为采用螺纹与电极上的螺孔相联接，进行装夹电极式的夹具，适用于装夹尺寸较大、较重的电极，电极以平面 a 定位。

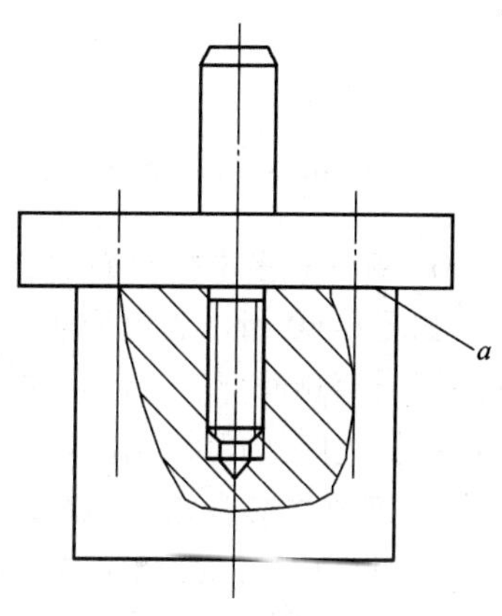

图 6-56 螺纹联接式夹具

4. 联接板式夹具

如图 6-57a 所示为采用将电极固定于联接板 2 上的联接板式夹具，适用于镶拼式电极的装夹。如图 6-57b 所示是由三个拼块拼合成的镶拼式电极，可采用螺栓 3 拼合、固定，也可采用聚氯乙烯醋酸溶液或环氧树脂粘合。若电极材料为石墨，则需采用如图 6-58a、图 6-58b 所示的方式，装于联接板 2 上，联接板则定位、装夹于电极柄 1 上。

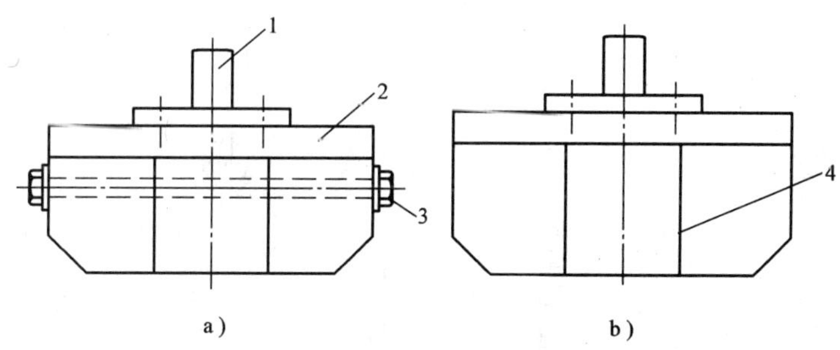

图 6-57 联接板式夹具

1—电极柄 2—联接板 3—螺栓 4—粘合剂

5. 方形多电极通用夹具

如图 6-59 所示为方形多电极通用夹具，a、b 面为互相垂直的精密定位面，c、d 面上的紧固螺钉可在其槽内随滑块任意移动，再根据各电极之间的尺寸位置关系，配置通用、标准或专用精密垫块，则可在方框内按照模具成形件型面的结构要求，布置电极的定位和夹紧位置与方式。

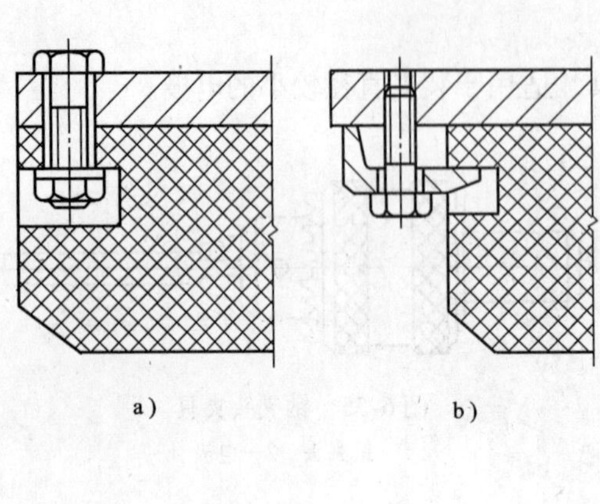

图 6-58　石墨电极的安装方法

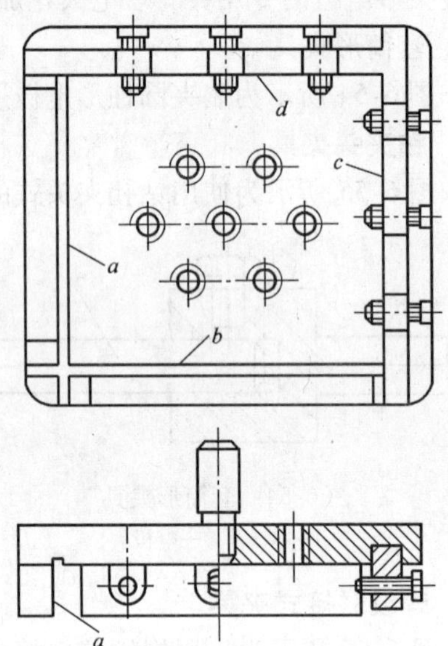

图 6-59　方形多电极通用夹具

6. 单槽式多电极侧面定位通用夹具

如图 6-60 所示为单槽式多电极侧面定位通用夹具，四个矩形电极定位于定位块 1 上，并采用槽两侧面上的螺钉紧固。所以，定位块 1 需进行精密制造，以保证电极精密定位，并保证电极之间的尺寸、位置关系与精度。

7. 双槽式多电极侧面定位通用夹具

如图 6-61 所示为由标准垫块 2 将槽分割为双槽式的通用夹具。因此，标准垫块需进行精密制造，以保证电极精密定位和各电极之间的尺寸、位置关系与精度。

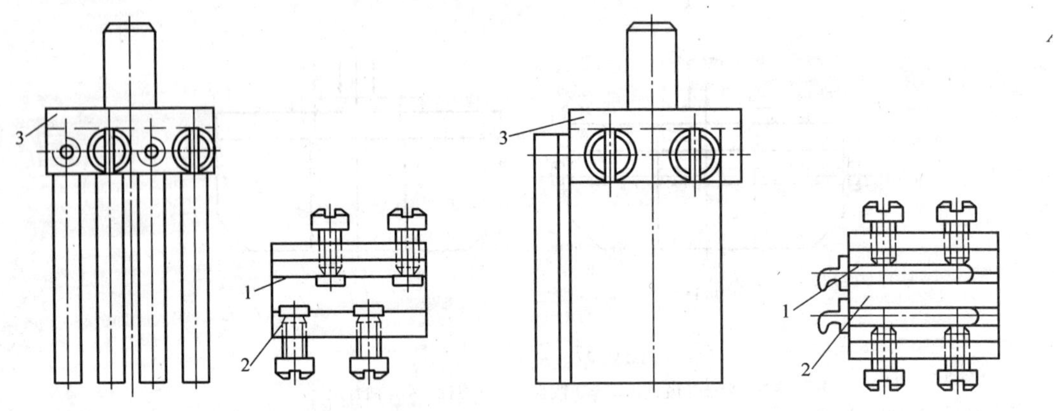

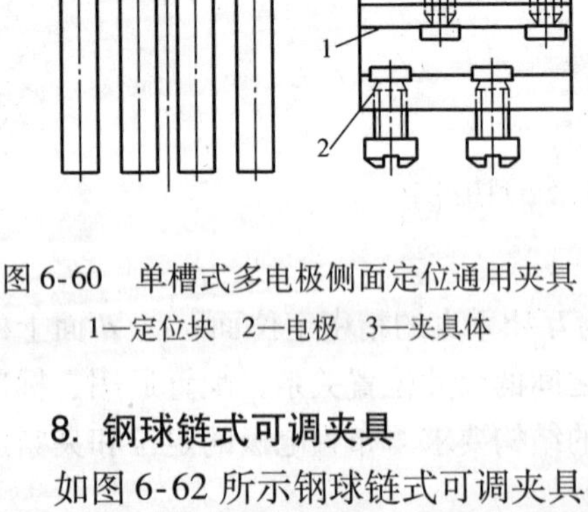

图 6-60　单槽式多电极侧面定位通用夹具
1—定位块　2—电极　3—夹具体

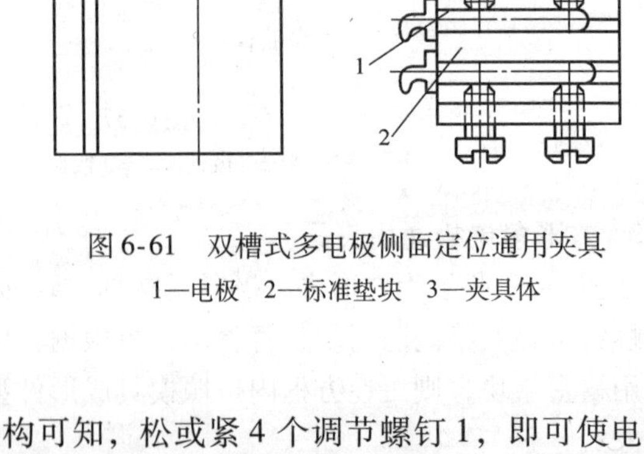

图 6-61　双槽式多电极侧面定位通用夹具
1—电极　2—标准垫块　3—夹具体

8. 钢球链式可调夹具

如图 6-62 所示钢球链式可调夹具的结构可知，松或紧 4 个调节螺钉 1，即可使电极的轴心线调整到与机床主轴轴心线平行或使之与工作台垂直，以保证被加工型面的位置精度，但调节范围小。

9. 钢球铰链式角度可调夹具

如图 6-63 所示为钢球铰链式角度可调夹具，图中，电极轴心线与机床主轴轴心线平行，其与工作台面垂直度的调节方法与图 6-62 所示相同。为保证被加工面在工件上的角度位置精度，在进行电加工时，需调整电极绕其轴心线旋转的角度误差，以保证在允许范围内。调节方法是：松开螺钉 2，通过弹簧 3 使 1 与 4 间产生间隙，调节螺钉 5，即可进行角度调节，其可调范围为 ±15°。

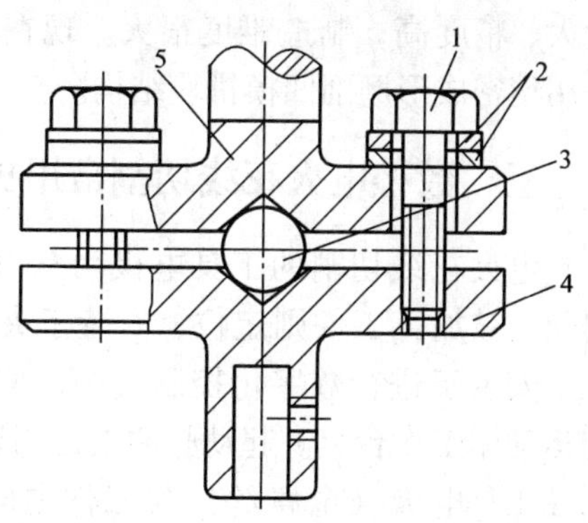

图 6-62 钢球链式可调夹具

1—调节螺钉 2—球面垫圈 3—钢球 4—电极夹套 5—夹具体

10. 批量加工用多电极专用夹具

如图 6-64 所示为批量加工用多电极专用夹具。根据成形件的型孔、型腔结构要求，同样工件数量较多，即有一定的加工批量，则可设计、制造专用多电极精密夹具。图 6-64 所示为两种以侧面定位的精密专用夹具示例，这类夹具在模具成形件的电加工中使用较少。

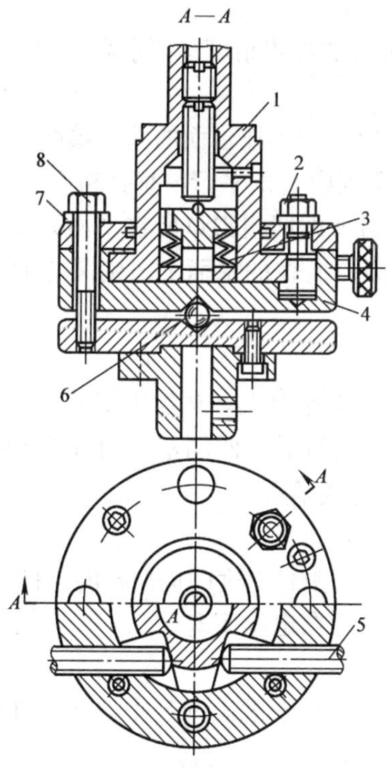

图 6-63 钢球铰链式角度可调夹具

1—夹具体 2—压板螺钉 3—盘形弹簧 4—外壳 5、8—调节螺钉 6—钢球 7—球面垫圈

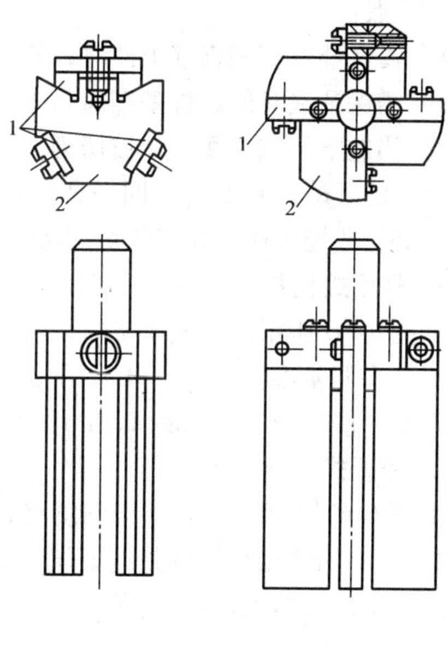

图 6-64 批量加工用多电极专用夹具

1—电极 2—夹具

11. 电动机定、转子整体冲槽凹模组合电极专业夹具

如图 6-65 所示为电动机定、转子整体冲槽凹模组合电极专业夹具。为保证整体冲槽

(24 孔或 36 孔) 凹模的槽孔与凸模的相对位置精确与冲裁间隙均匀，常采用与凸模固定结构相近的精密组合电极夹具，并加长凸模作为凹模槽孔电加工的常用方法，但由于镶块 2 数量大、精度高，制造难度很大。现在的电动机冲模常采用精密成形磨削凹模拼块结构。

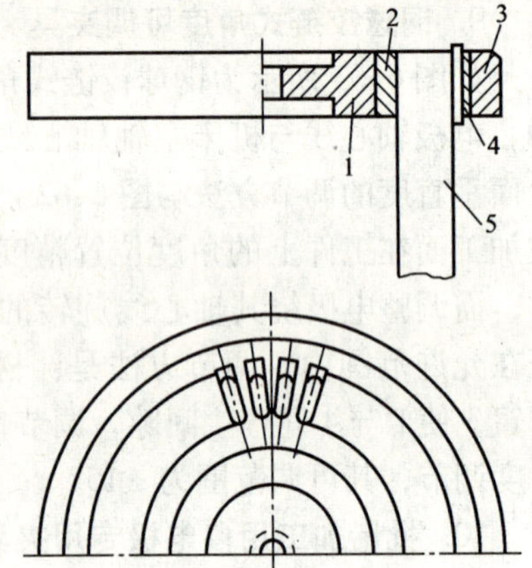

图 6-65 电动机定、转子整体冲槽凹模组合电极专业夹具
1—衬圈 2—镶块 3—热套圈 4—斜销 5—电极

三、数控电火花线切割常用夹具

电火花线切割的工具电极为 0.10 ~ 0.18mm 的金属丝，被加工工件则定位、安装于夹具上；夹具则定位、安装于进行数字化控制（NC，CNC）做 X、Y 方向运动的工作台上。起动脉冲电源与数字化控制系统，则在工具电极（金属丝）与工件之间的放电间隙中，产生脉冲放电，并沿数控程序规定的路线连续放电切割工件坯料，直至切割完成由二维型面所围成的冲模成形件（即凹模）。因此，与其他加工工艺系统一样，按照六点定位原理设计、制造电火花线切割工艺中的定位、装夹被加工工件的夹具，同样是线切割工艺系统的关键技术。

电火花线切割的夹具结构较为简单，但其定位基准面的位置精度却要求高，主要有以下要求与特点：

1）需保证在切割直壁工件时，其工具电极（金属丝）与工作台面的垂直精度。

2）需保证夹具的定位基准面与 X、Y 运动方向（全程内）的平行与垂直精度。

3）当放电切割斜面时，被切割工件主要定位基准面（即凹模刃口所在平面）需与工具电极线架的摆动圆心 O 点在同一高度上，即 O 点需在刃口所在的平面上，则圆心 O 点的运动轨迹必是数控程序所规定的切割路线。

1. 悬板式夹具

如图 6-66 所示的悬板式夹具，采用螺栓固定在机床工作台上。被加工工件定位于两侧基准面 A 和两基准面 B 上，并以螺栓、压板夹紧。安装夹具时，两侧基准面 A 必须进行校正、调整，使之与工作台的 X、Y 运动方向（全程）平行或垂直。

2. 悬板式切斜度夹具

如图 6-67 所示为悬板式切斜度夹具。数控电火花线切割带斜度凹模型孔的条件：

1）O 点为线架旋转调整电极丝斜度的圆心，此圆心需在定位面上。

2）凹模刃口面即为其定位基准面。

3）垫板 2 的作用是使夹具的定位基准面 A 与机床工作台面的高度等于 O 点与工作台面的距离，工件采用螺栓 4 固定于夹具定位面 A 上。

3. 电火花线切割回转工作台

如图 6-68 所示为电火花线切割回转工作台。回转工作台安装于可进行数字化控制 X、Y 坐标运动的工作台上，其本身亦可做当量为 1″的数控旋转运动。回转工作台可用来切割阿基米得螺旋曲线凸轮之类的二维型面。回转工作台用两对蜗杆副组成。对线块装在心轴上，用以校正电极丝与主轴回转中心的同轴度。

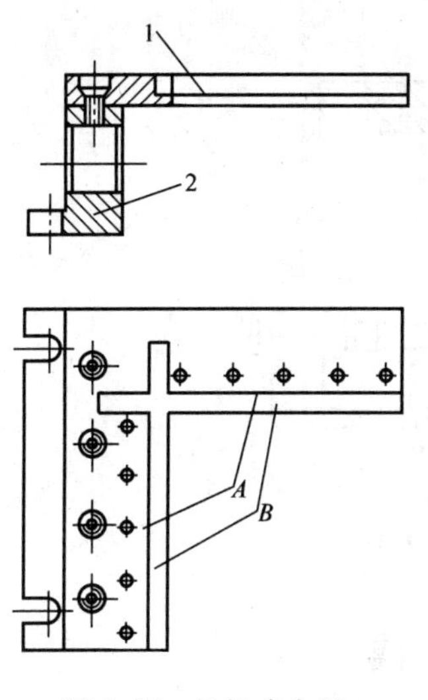

图 6-66　悬板式夹具

1—定位板　2—安装板

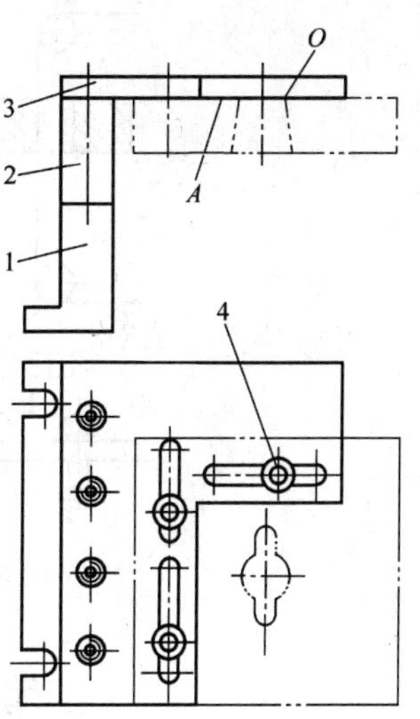

图 6-67　悬板式切斜度夹具

1—安装板　2—垫板　3—工件定位、装夹板　4—螺栓

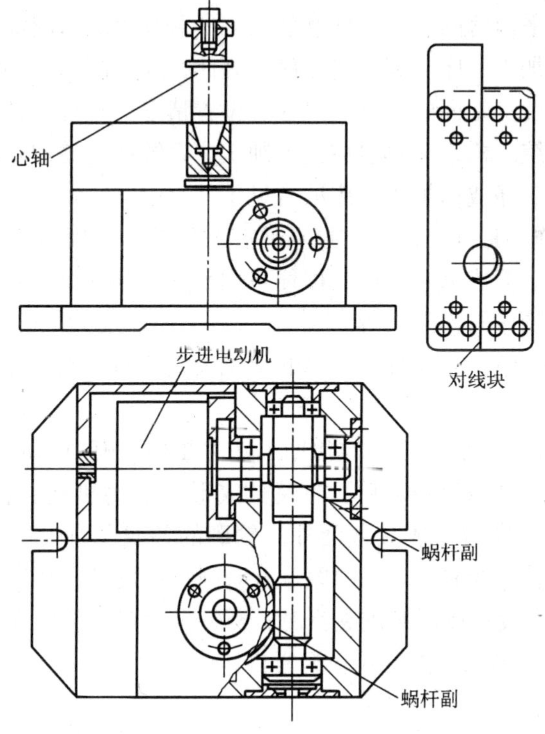

图 6-68　电火花线切割回转工作台

4. 电火花分度线切割夹具

如图 6-69 所示为电火花分度线切割夹具，主要用来切割等分槽、齿状加工面，也可用来切割超出机床加工范围的工件。夹具固定在机床工作台上，工件以圆心定位在夹具上，定位盘齿数为 144，能加工由 144 除尽的等分槽。线切割等分槽时，以定位销插入齿中定位。

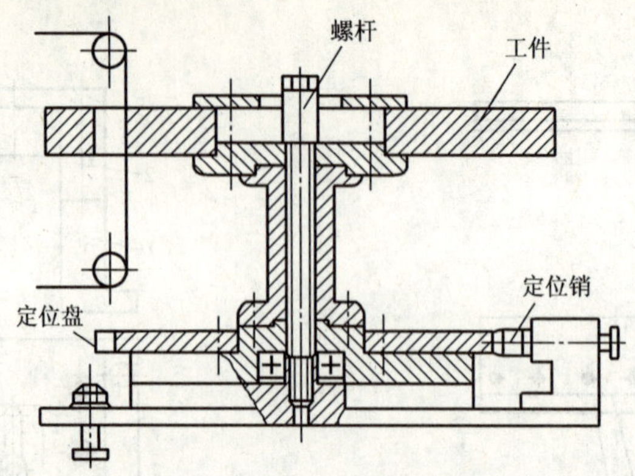

图 6-69　电火花分度线切割夹具

第七节　磨床夹具

一、磨削加工常见工件及其定位基准

磨削加工一般包括平面磨削，内、外磨削，成形磨削等。磨削加工为模具工件或机械零件加工工艺过程中的精加工工序或为最终工序。因此，经磨削后的加工面必须保证加工面的粗糙度要求，同时需保证加工面的形状、尺寸、位置精度，符合设计精度的要求。所以，与车削、铣削加工工艺系统一样，夹具也应是磨削工艺系统中的关键技术之一。

采用磨削作为最终工序或精加工工序的常见工件有以下几种。

1）采用平面磨削作为最终工序的常见零件有各种具有六面体的模板斜面，也可采用正弦夹具调整其斜角使加工面成为水平面，以便采用平磨，其常见工件有单、双斜面组成的 V 形导轨面和斜楔抽芯机构中的楔形块等。

2）采用内、外圆磨削作为精加工工序的常见模具零件有导柱、推杆、圆凸模及导套、推管和圆凹模等。

3）采用成形磨削作为精加工工序的常见工件主要是冲模中的成形件，即由二维型面围成的凸模与凹模拼块等。如图 6-70 所示的模具成形件电动机定、转子硅钢片槽冲头（凸模）与凹模拼块的工序基准与构成其截面外形轮廓的各线段有关：当磨削曲线段时，其工序定位基准应为曲线的曲率半径（R）的原点；磨削直线段时，其工序定位基准则应为与之对称的平面 A。所以，在设计成形磨削夹具时，需根据六点定位原理和各线段的定位基准来确定夹具上的工件定位基准、定位方式和夹紧机构。

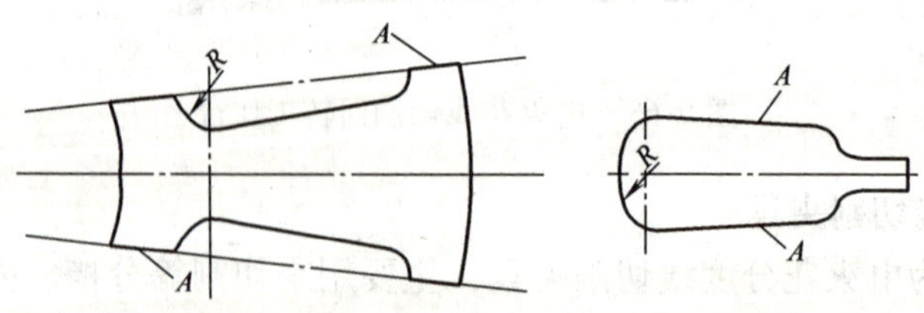

图 6-70　电动机定、转子硅钢片槽冲头（凸模）和凹模拼块

二、磨削加工常用的夹具及其结构

磨削工艺为精加工工序，一般为最终工序，故其切削用量较小，磨削时比其他机加工方法的切削力也较小。所以磨削夹具的设计与制造必须精密，以保证被加工面的精度与表面质量。

另需说明的问题是：由于数字化磨削工艺技术，即 NC、CNC 曲线磨削工艺与机床的普遍应用，分段成形磨削工艺在成形磨削工艺中又被视为传统加工技术。同时，原需采用成形磨削作为模具成形件最终工序的精加工工序，常被数控电火花线切割（WEDM）所取代。所以，适用于分段成形磨削时采用的夹具，已成为不常用或不常备的夹具了。但是，由于成形磨削夹具的设计原理为数字化磨削工艺的技术基础，CNC 曲线磨床的价格又很昂贵，精密 WEDM 往往又不能完全取代成形磨削工艺作为最终工序，已被视为传统的成形磨削工艺技术，但仍有很大的应用价值。所以，一些分段成形磨削夹具仍列入常用夹具中，以供学习与应用参考。

注：分段磨削是指如图 6-70 所示的冲模成形件，在进行成形磨削时，可定位、装夹于万能夹具上。当磨完一段形面后，则采用垫量块规法，将工件截面外形的另一段曲线的加工基准，即其曲率中心，调整到与万能夹具的回转中心重合，则可用展成法磨削该曲线段，直至按顺序分别磨完每一线段为止。

1. 平面磨削常用的夹具

具有相互垂直、平行精度要求的六面体模板是模具中的基本构件，为此，将模板正确定位、夹紧于磨床工作台上进行平面磨削是常用的加工方法。

（1）平面磨削用精密机用虎钳　平面磨削用精密机用虎钳由螺杆、螺母、钳体、活动钳口与测量柱组成，钳体与活动钳口需淬火，并进行精密磨削、研磨，使钳体两侧面对底面及钳口的垂直度为 90°±1′，其结构如图 6-71 所示。

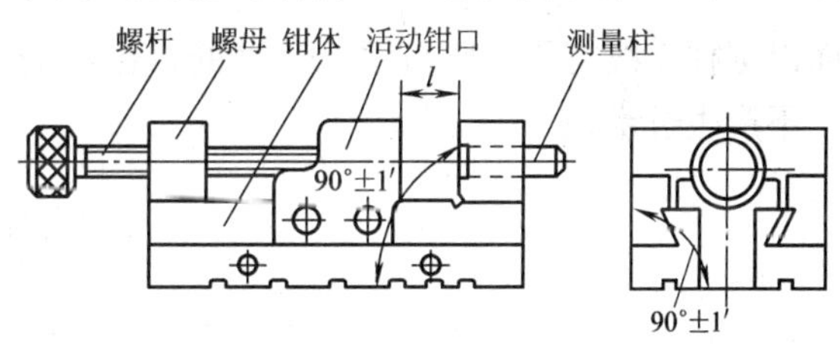

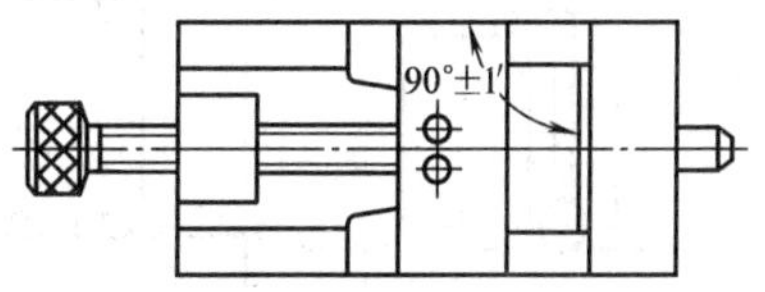

图 6-71　精密机用虎钳的结构

精密机用虎钳装在磁力工作台上，并校正其钳口平行或垂直于机床 X、Y 运动方向后使用，其作用与用途如下：

1）定位、夹紧工件，以备磨削垂直基面；

2）定位、夹紧磁力工作台难以吸住的细小工件或非导磁材料；

3）也可定位、夹紧工件，进行成形磨削。

（2）平行导磁铁　平行导磁铁如图 6-72 所示，四个导磁面需精磨，以保证相互垂直。相同尺寸的导磁铁，可做成两件或四件为一套，以方便应用。

平行导磁铁的应用方式如下：

1）侧面定位。如图 6-73 所示，工件以侧面定位磨削上平面，要求与侧基准面相互垂直。磨削加工时，侧基准面被导磁铁吸住定位，工件下平面以圆柱支承，则可限制工件 $\vec{Y}$、$\vec{Z}$ 和 $\widehat{X}$、$\widehat{Y}$、$\widehat{Z}$ 的自由度，$\vec{X}$ 由磁力作用限制。

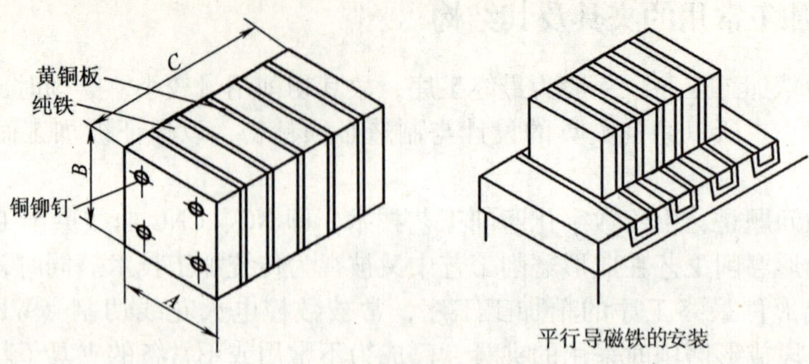

图 6-72　平行导磁铁

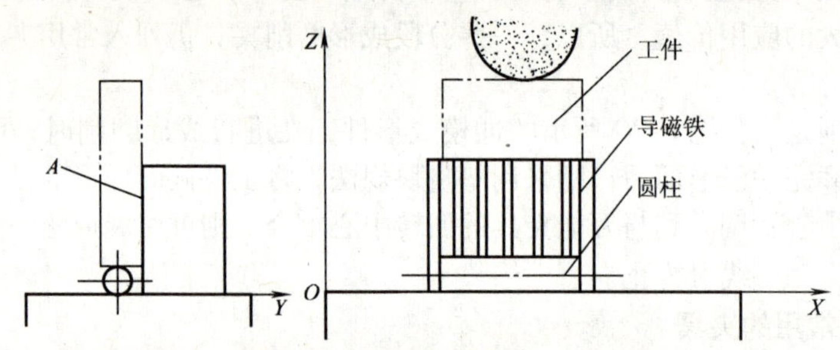

图 6-73　以侧面定位磨削上平面

2）侧面与端面定位。如图 6-74 所示，工件以侧面和端面定位磨削工件上平面，要求其与两基准面 A、B 相互垂直。磨削加工时，采用两个导磁铁吸住工件的 A 面与 B 面定位，下平面以圆柱作线支承，则可限制工件的自由度为 $\vec{X}$、$\vec{Y}$、$\vec{Z}$ 和 $\widehat{X}$、$\widehat{Y}$、$\widehat{Z}$。因下平面为线支承，不产生过定位。

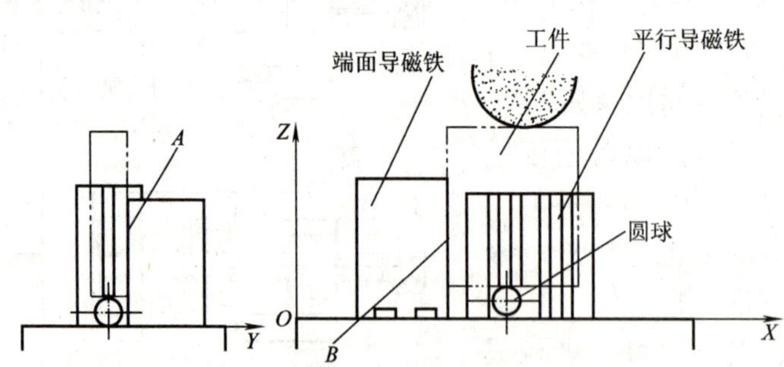

图 6-74　以侧面和端面定位磨削工件上平面

3）下平面定位。如图 6-75 所示，工件以下平面定位磨削带凸缘的长圆形工件的上、下平面，要求保证其间平行度。磨削加工时，让开凸缘，由导磁铁吸住下平面，则可磨削上平面，限制的自由度为 $\vec{Z}$ 和 $\widehat{X}$、$\widehat{Y}$，其他自由度受磁力作用限制。

4）两侧面定位。如图 6-76 所示，工件以两侧面定位磨削工件上平面，要求其与两侧基准面垂直。磨削加工时，采用两块平行的导磁铁，分别吸住工件两侧基准面，其下以圆柱进

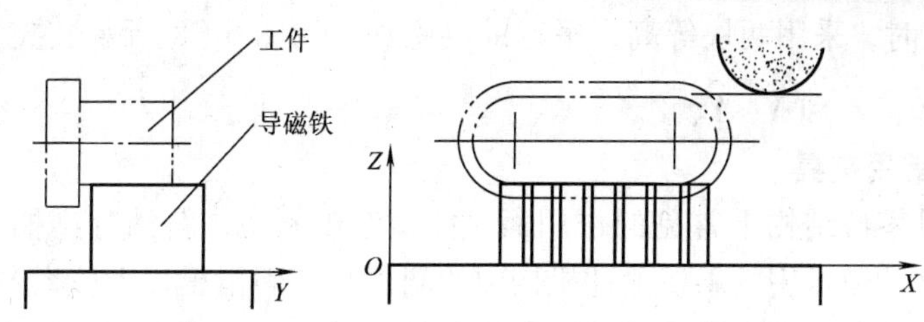

图 6-75　以下平面定位磨削上、下平面

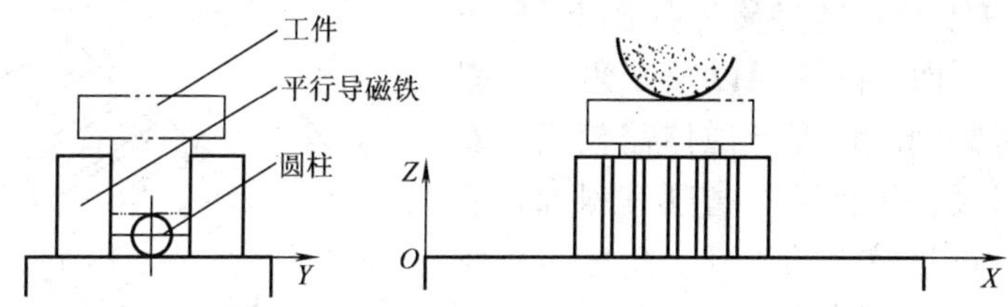

图 6-76　以两侧面定位磨削上平面

行线支承，限制工件的自由度为 $\vec{Y}$、$\vec{Z}$ 和 $\widehat{X}$、$\widehat{Y}$、$\widehat{Z}$，$\vec{X}$ 由磁力作用限制。因为线支承只限制 $\widehat{Y}$，不产生 $\widehat{X}$ 过定位。

5）内面与侧面定位。如图6-77 所示，工件以内面与侧面定位磨削四外平面，要求保证其与内四方孔相应平面 *A* 平行，并与工件侧面 *B* 垂直。磨削加工时，采用两个等高、平行的导磁铁，以内平面 *A* 和侧面 *B* 为定位基准，则限制的自由度为 $\vec{Y}$、$\vec{Z}$ 和 $\widehat{X}$、$\widehat{Y}$、$\widehat{Z}$，以磁力限制 $\vec{X}$。

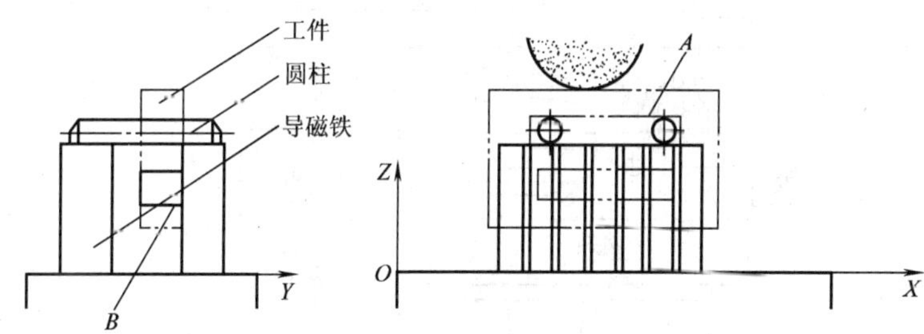

图 6-77　以内面与侧面定位磨削四外平面

6）下台肩面定位。如图6-78 所示，工件以下台肩面定位加工上平面，要求与其台肩面

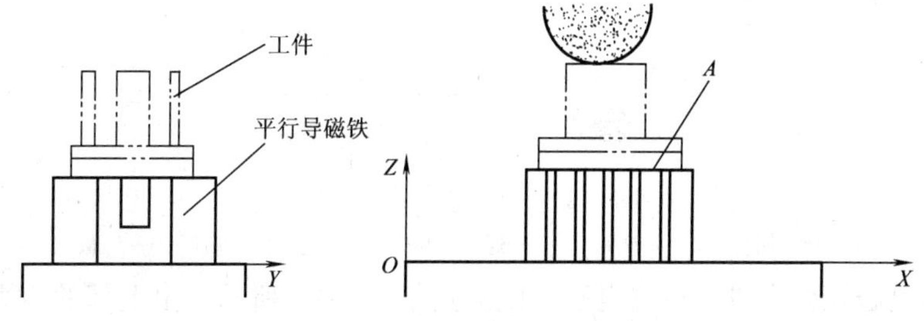

图 6-78　以下台肩面定位加工上平面

A 平行。磨削加工时，采用两块等高、平行的导磁铁，如图 6-78 所示装夹工件，限制的工件自由度为 $\vec{X}$、$\vec{Y}$、$\vec{Z}$ 和 $\widehat{X}$、$\widehat{Y}$、$\widehat{Z}$。

2. 斜面磨削常用夹具

斜平面是模具零件结构上常见的作用面，如型芯楔紧块，斜销分型抽芯机构中的斜滑块、斜滑槽，大型冲模常用的斜楔侧冲机构中的斜滑块与斜滑槽以及安装导板用的斜面等。加工这些斜面时，不仅要求保证斜角精度和位置精度高，而且其表面粗糙度 Ra 值亦要求在 Ra0.32～0.63μm 范围内。所以，这些斜面在进行磨削时，常用以下类型的夹具。

（1）角度导磁体　角度导磁体如图 6-79 所示，导磁体的上、下面，两侧面以及 β 角的两斜面，均需经过精密磨削。角度导磁体需校正，安装于磁力台上，以吸住工件，并磨削其斜面，适用于磨削带斜面、批量较大的工件。角度导磁体的 β 角度通常为90°，α 通常有 15°、30°和 45°等。

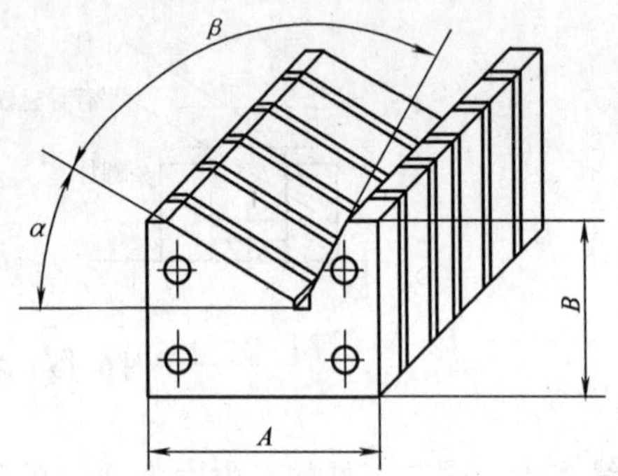

图 6-79　角度导磁体

（2）单向正弦机用虎钳　单向正弦机用虎钳如图 6-80 所示，主要由精密机用虎钳与正弦规组成，在正弦圆柱 4 与底座 5 之间垫上一定尺寸的量块，可使机用虎钳形成所需斜角，以磨削斜面。两正弦圆柱的中心距为 120mm，最大调整角度为 45°。如图 6-81 所示为单向正弦机用虎钳的实物图。

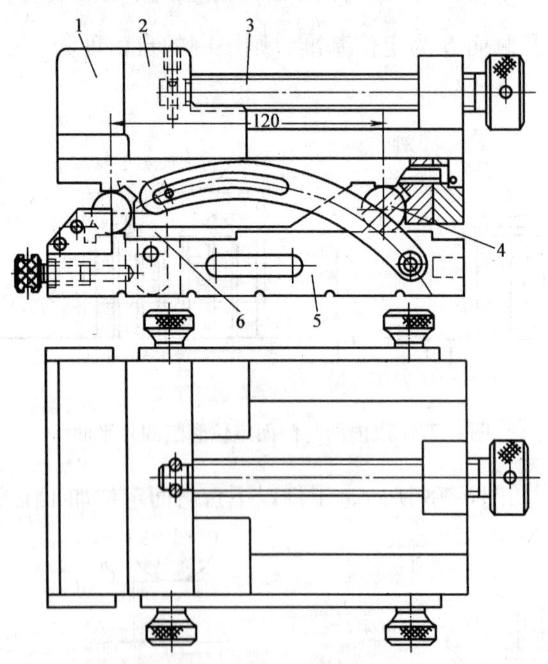

图 6-80　单向正弦机用虎钳

1—台虎钳体　2—活动钳口　3—螺杆　4—正弦圆柱　5—底座　6—压板

（3）单向电磁正弦夹具　单向电磁正弦夹具如图 6-82 所示，由上部的磁力工作台和下部的正弦规组成，挡板 1 为磨削时的定位基准面。基准面需与正弦圆柱的中心线平行或垂

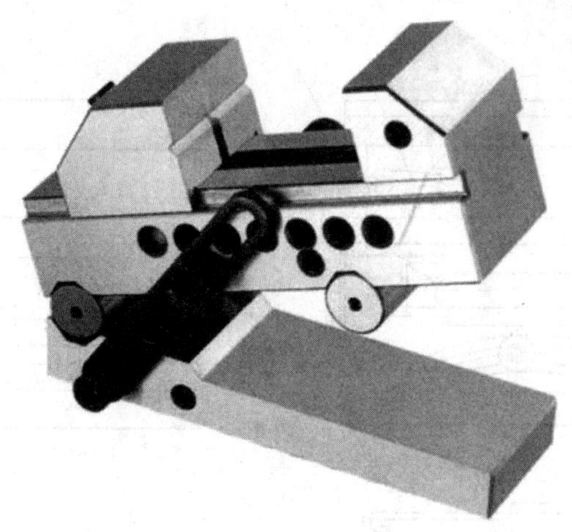

图 6-81　单向正弦机用虎钳的实物图

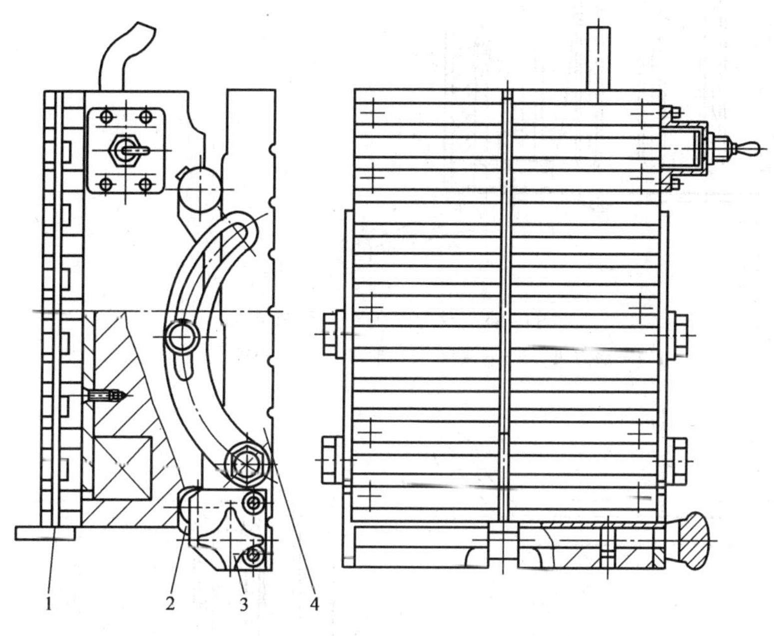

图 6-82　单向电磁正弦夹具

1—挡板　2—拉紧板　3—偏心轴　4—底座

直。正弦圆柱上套有拉紧板 2，通过偏心轴 3 使其紧贴在底座 4 上，两正弦圆柱的中心距为 150mm、200mm 或 250mm。

（4）双向永久磁力正弦夹具　双向永久磁力正弦夹具如图 6-83 所示，夹具的上部是由永磁体、隔磁板与纯铁构成的磁力块经精密加工、装配成的磁力工作台；下部由两组正交的正弦规构成。永磁磁力工作台、正弦规与夹具基体之间，均采用精密配合的心轴铰链联接。手柄 5 为磁力开关的手柄，转动此手柄，则经偏心轴 4 带动联接板 2，推动磁力块在铝制框架内移动，可切断或接通磁路，以方便卸去或装夹被磨削工件。

（5）正负向永久磁力正弦夹具　正负向永久磁力正弦夹具如图 6-84 所示，夹具的上部为装于支架 2 上的永久磁力工作台，支架 2 和底板 1 通过轴 4、支承套 6 和螺钉 5 构成能左

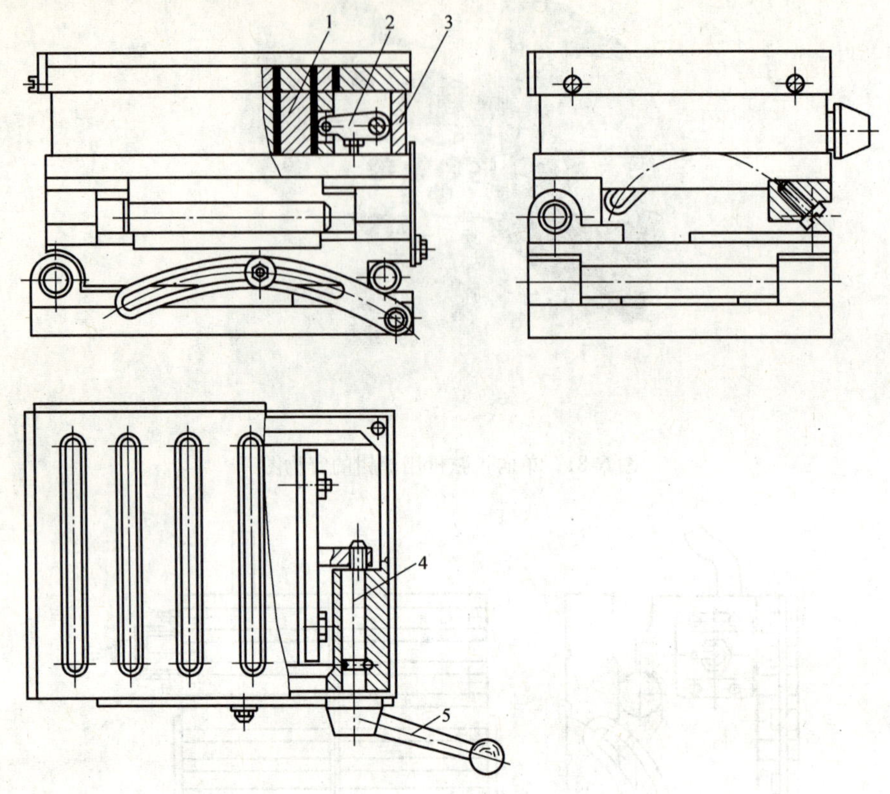

图 6-83　双向永久磁力正弦夹具

1—磁力块　2—联接板　3—框架　4—偏心轴　5—手柄

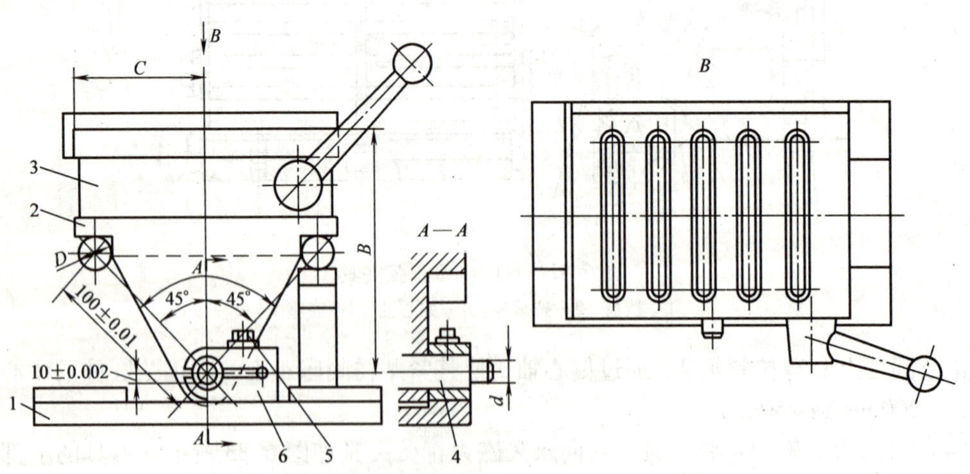

图 6-84　正负向永久磁力正弦夹具

1—底板　2—支架　3—永久磁力吸盘　4—轴　5—螺钉　6—支承套

右摆动的正弦规。若在正弦圆柱（$D=\phi20\text{mm}\pm0.002\text{mm}$）与底板 1 支承面之间垫上一定高度的量块，则可使磁力工作台调整成一定角度，以磨削正或负的斜面。图 6-84 中的 B、C 为确定斜面斜角 α、计算量块高度的基准尺寸，轴 4 伸出支承套 6 外的小轴径 d，可作测量用。

习 题

1. 车床夹具可分为哪几类？

2. 车床夹具主要由哪几部分组成？各有何特点？

3. 车床夹具与车床主轴的连接方式有哪几种？试绘简图说明。

4. 使用车床夹具有哪些注意事项？

5. 在 C6140 车床上镗如图 6-85 所示轴承座上的 ϕ32K7 孔，*A* 面和两个 ϕ9H7 孔已加工好，试设计所需的车床夹具，画出车床夹具草图，并对工件进行工艺分析

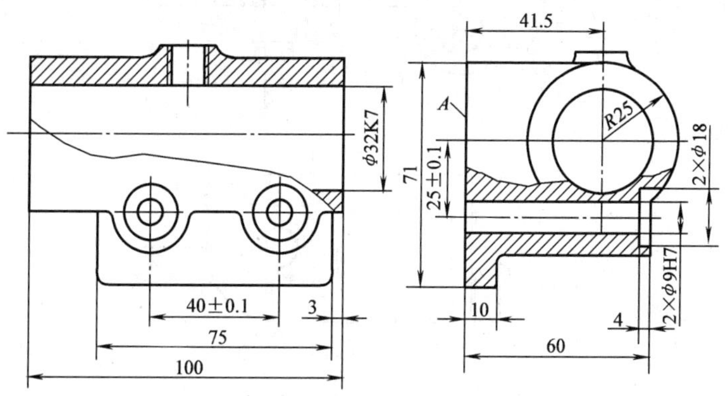

图 6-85 题 5 图

6. 铣床夹具有什么特点？

7. 铣床夹具的定位和夹紧装置有什么要求？

8. 安装好铣床夹具后，如何调整铣刀与工件的相对位置？

9. 铣床夹具的总体结构设计特点是什么？

10. 绘简图说明铣床夹具与机床的连接方法。

11. 定位键起什么作用？它有几种结构形式？

12. 在图 6-86 所示的接头上铣槽，其他表面均已加工好。试对工件进行工艺分析，设计所需的铣床夹具并绘制草图。

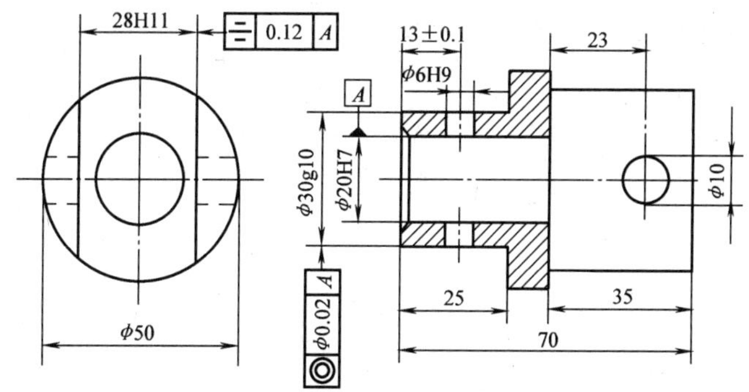

图 6-86 题 12 图

13. 钻床夹具主要有哪些类型？各自有何特点？

14. 钻床夹具通常由哪几部分组成？常见的钻模板结构类型有哪几种？各有何特点？

15. 常用钻套分哪几类？应用范围各是什么？

16. 选择钻模板时要注意哪些问题？

17. 需在图6-87所示支架上加工ϕ9H7孔，工件的其他表面均已加工好。试对工件进行工艺分析，设计钻模并绘制草图。

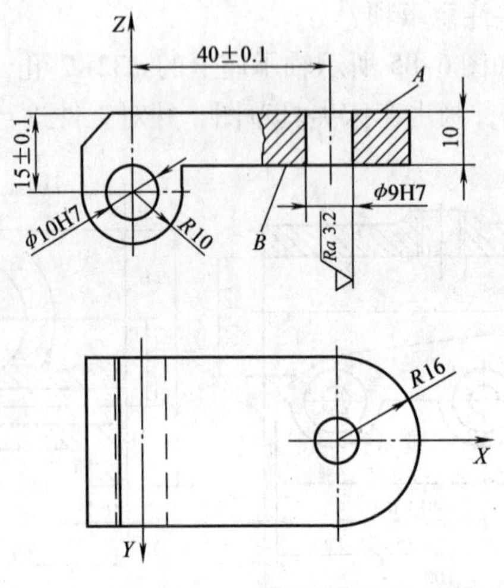

图6-87　题17图

18. 组合夹具有何特点？主要应用在哪些场合？

19. 组合夹具由哪些基本元件组成？各自的主要作用是什么？

20. 简述组合夹具的组装过程。

21. 数控机床夹具的主要类型有哪些？各自的特点及应用场合是什么？

22. 数控机床夹具的基本要求是什么？

23. 电火花加工用夹具有何特点？

24. 电火花线切割夹具有何要求与特点？

25. 采用磨削的常见工件有哪几种？

26. 试述平面磨削用精密机用虎钳的用途。

27. 绘简图说明平行导磁铁的应用方式。

参 考 文 献

［1］赵志修．机械制造工艺学［M］．北京：机械工业出版社，1989.
［2］刘守勇．机械制造工艺与机床夹具［M］．北京：机械工业出版社，1994.
［3］傅承基，杨桂珍．机床夹具［M］.2 版．南京：东南大学出版社，1995.
［4］浦林祥．金属切削机床夹具设计手册［M］.2 版．北京：机械工业出版社，1995.
［5］王先逵．机械制造工艺学［M］．北京：机械工业出版社，1995.
［6］杨黎明．机床夹具设计手册［M］．北京：国防工业出版社，1996.
［7］黄鹤汀，吴善元．机械制造技术［M］．北京：机械工业出版社，1997.
［8］郑修本．机械制造工艺学［M］.2 版．北京：机械工业出版社，1997.
［9］孙凤勤．模具制造工艺与设备［M］．北京：机械工业出版社，1999.
［10］邓文英．金属工艺学［M］．北京：高等教育出版社，2000.
［11］王雅然．金属工艺学［M］．北京：机械工业出版社，2001.
［12］任家隆．机械制造基础［M］．北京：高等教育出版社，2003.
［13］吴恒文．机械加工工艺基础［M］．北京：高等教育出版社，2004.
［14］兰建设．机械制造工艺与夹具［M］．北京：机械工业出版社，2004.
［15］李云程．模具制造工艺学［M］．北京：机械工业出版社，2004.
［16］宁生科．机械制造基础［M］．西安：西北工业大学出版社，2004.
［17］陈仪先，梅顺齐．机械制造基础：上册［M］．北京：中国水利水电出版社，2005.
［18］蒋建强．机械制造技术［M］．北京：北京师范大学出版社，2005.
［19］马幼祥．机械加工基础［M］．北京：机械工业出版社，2005.
［20］杨櫂，陈国香．机械制造与模具制造工艺学［M］．北京：清华大学出版社，2006.
［21］肖继德，陈宁平．机床夹具设计［M］.2 版．北京：机械工业出版社，2007.
［22］赵建中．机械制造基础［M］．北京：北京理工大学出版社，2008.